U0182174

茶的社会史

茶与商贸、文化和社会的融合

[英] 简·佩蒂格鲁 [美] 布鲁斯·理查德森 著
蒋文倩 沈周高 张群 译

A SOCIAL HISTORY OF TEA

Tea's Influence on Commerce, Culture & Community

中国科学技术出版社
·北 京·

图书在版编目（CIP）数据

茶的社会史：茶与商贸、文化和社会的融合 /（英）简·佩蒂格鲁，（美）布鲁斯·理查德森著；蒋文倩，沈周高，张群译 .—北京：中国科学技术出版社，2022.4

书名原文：A Social History of Tea: Tea's Influence on Commerce, Culture & Community

ISBN 978-7-5046-8738-8

Ⅰ. ①茶… Ⅱ. ①简… ②布… ③蒋… ④沈… ⑤张… Ⅲ. ①茶叶—文化 Ⅳ. ① TS971

中国版本图书馆 CIP 数据核字（2020）第 134757 号

总 策 划	秦德继
策划编辑	符晓静　王晓平
责任编辑	符晓静　王晓平
封面设计	红杉林文化
正文设计	中文天地　中科星河
责任校对	焦　宁
责任印制	徐　飞

出　　版	中国科学技术出版社
发　　行	中国科学技术出版社有限公司发行部
地　　址	北京市海淀区中关村南大街16号
邮　　编	100081
发行电话	010-62173865
传　　真	010-62173081
网　　址	http://www.cspbooks.com.cn

开　　本	710mm × 1000mm　1/16
字　　数	284千字
印　　张	18.75
版　　次	2022年4月第1版
印　　次	2022年4月第1次印刷
印　　刷	北京博海升彩色印刷有限公司
书　　号	ISBN 978-7-5046-8738-8 / TS·104
定　　价	128.00元

（凡购买本社图书，如有缺页、倒页、脱页者，本社发行部负责调换）

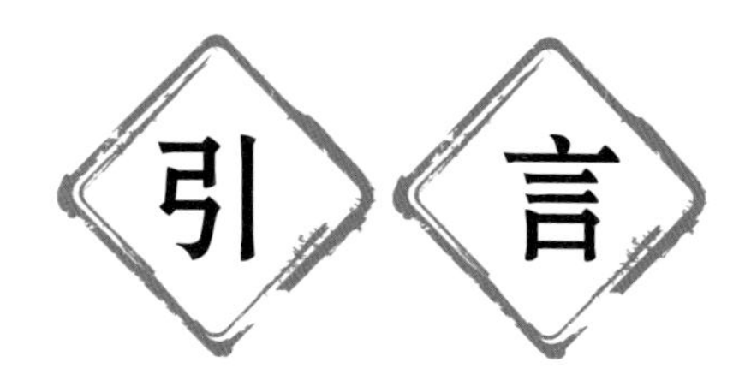

本书对茶叶的研究涉及各个方面，主要是从欧美地区为读者展示令人着迷的茶叶传奇。曾经欧美的贵族、农户、商人、政客和普通工人的日记，权贵庄园和普通市民的家庭账簿，以及保存在图书馆、档案馆、私人收藏和餐茶叶公司文物中的书籍、票据、手稿、宣传册和档案都是他们钻研的材料。随着研究的深入，一条非比寻常的茶叶道路凸显了出来——自 17 世纪起，来自中国的茶，逐渐渗透进了欧美人生活的各个领域。

随便挑选一个时期或话题，几乎都能找到茶的身影：人们反复以茶为主题歌颂它的功效，甚至为饮茶活动制定规则和仪式；瓷器、银器和橱柜制造商，也被饮茶的活动所影响；直接改变两地茶叶消费的政府行为和税收政策；以及中英两国的鸦片战争和美国独立战争。本书还揭示了“下午茶文化”以及能让女士独自进餐的茶室的出现和流行；描绘了当时英国茶会礼服的发展，并且加入了近些年受到人们关注的茶与健康和幸福的关系。

茶在日常生活中开始扮演的角色越发重要，也被越来越多的人所接纳。相信阅读本书，能够为茶叶爱好者在享用这种古老而特殊的饮品时，添加别样的趣味。

这种乐趣既得自品味一杯饱含人文历史的茶汤，更源于一份能够连通世界的文化纽带。因此，我们真诚地希望本书能够帮助读者更进一步理解、悦纳茶中蕴含的历史，并从茶与社会的角度感受历史的脉搏。

吃早餐的睡帽夫人（1772 年 2 月 27 日，为卡林顿 · 鲍尔斯所印，以作饮茶举止教导）

目录 Contents

18世纪英美茶事 047

四 19世纪英美茶事 123

五

20世纪英美茶事 199

21世纪初英美茶事 263

参考文献 283

后记 290

19 世纪早期的水彩画，展现了欧洲人想象中的采茶场景

一 茶的起源

茶的起源 The Origins of Tea

尽管“印度神话”坚称茶起源于印度北部，并于公元前500年移栽至中国四川地区。然而，有文献记载，中国关于茶叶的传说更为久远，可上溯至约公元前2737年的神农氏时期。相传这位神农氏身负诸多神异，制耒耜、种五谷、尝百草。“神农尝百草，日遇七十二毒，得茶而解之。”

“茶”与“茶”是古今字，到7世纪（唐代），两者的音、形、义才正式分开。中国唐朝时政府主持编写的《新修本草》（又称《唐本草》《英公本草》）中便有了关于茶的正式记载：“主瘘疮，利小便，去淡（痰）热渴。主下气，消宿食。”

地处中国西南的云南省是公认最先开始栽植茶树的地方。随着人们消费需求和品茶兴趣的增长，这种植物被传播到其他地区进行栽种和利用，直到几乎整个中国南方地区都开始生产茶叶。几个世纪以后，中国人逐步发展出多种加工和品饮茶叶的方法。起初，人们将新鲜的、未经加工的茶鲜叶投入水中熬煮，得到的汤水滋味苦涩。随后，人们发现可以将茶叶干燥再碾碎，投入水罐中熬煮，取代了原先煮饮鲜叶的方法。直到9世纪，人们掌握了蒸青绿茶的制作工艺——将茶蒸过，然后压制成扁平的茶饼，再串起烘焙到足干、坚硬。这就要求人们在烹茶前，先把茶饼碾碎成小片，再行煎煮。也是在这个阶段，中国与周边国家之间的茶叶贸易开始蓬勃发展，各种形状和大小的茶砖可以用来以物易物。

通过搅打把茶末制成茶汤的点茶法，是10—12世纪中国饮茶的主流方法。这种烹茶方法也启发并衍生出日本茶道的核心流派。早在8世纪，曾在中国学习的最澄禅师携带茶籽回到了日本，将其栽种在他修行寺庙的花园中，并将关于茶的知识和饮用方法一并传进日本。数年以后，日本天皇品尝了这些“新奇”树木的鲜叶所制成的饮料，欣然指示在京都（当时日本的首都）周边 5 个州县内建立茶园。

曾经盛行于整个中国的点茶法则在大约 1300 年，逐渐被泡茶法所取代。这也是我们今天仍在使用的烹茶方法——将散茶浸泡在热水或开水中。早期的欧洲旅行者在中国商人开始和荷兰人、葡萄牙人做起茶叶生意以后，接触到了这种饮用方法，就将泡茶法作为烹茶的标准方法。

中国茶园中，茶工用烘笼在炭火上烘茶（19 世纪早期绘画）

1790—1800 年的中国茶叶贸易（油画藏品）

二 17世纪英美茶事

茶与西方的初见 Tea Awaits Its Western Debut

不知是何原因，意大利旅行家、商人马可·波罗在他的《马可·波罗游记》中，并没有提到茶。在穿越福建和云南茶区的旅途中，他“必然”是尝过这种饮品的。对此，有些历史学家认为，可能在像马可·波罗那样的欧洲中世纪人的认识里，这种用树叶煮出来的饮品，大概没什么可赞叹的；还有一些学者则对这位冒险家究竟是否到过中国，保持着怀疑……

不论这个关于茶的遗漏因何而起，欧洲人真正认识茶还是要到1557年，从中欧商路由葡萄牙人自海上连通起来开始。据史料记载，早在1610年，葡萄牙、荷兰两国分别开始从中国广州珠江口的澳门港和爪哇岛的万丹港（今印度尼西亚）内各自的贸易站，将茶叶运往欧洲交易。

自1611年开始，荷兰人也开始从日本进货。荷属东印度公司的董事们曾致信爪哇总督，特别请求：“今，吾国人用茶之风渐盛，特望每船可携数罐中国、日本两国茶叶同行。”

遗憾的是，欧洲的霸权导致日本政府从1633年开始实行长达200年的闭关锁国政策。除长崎县和平户岛港口保持对外开放以外，其他地区则严禁外国人进入。就在西班牙、法兰西、葡萄牙和英格兰满世界进行殖民掠夺的时候，自我隔离的日本却在相当长的时间里享受着和平与宁静，而欧美地区却因工业革命发生着剧变。

尽管在这个时期，英国人对茶并没有产生足够的兴趣，他们没有从平户港的临时货栈（1613—1623年）进口茶叶，甚至直到1672年才在中国台湾地区成立他们自己与中国之间的专属贸易站。但17世纪的人们依然见证了“英属东印度公司”的崛起。这一切都开始于1600年由伊丽莎白一世女王签发的一张皇家特许状。此后，英国皇室又在1629年向查理一世建立的马萨诸塞海湾公司颁发了另一份意义重大的皇家特许状。这两份特许状将英格兰皇室的帝国野心极为高效地外包给了私人冒险家和资本家，同时也为盎格鲁—美洲地区那波澜壮阔的奋斗史奠定了基础；更是150年后发生在波士顿港口的那场因茶而起的人民起义的发端。

初入英格兰 The First Tea into England

1660年，时任海军书记官的塞缪尔·佩皮斯在9月25日的日记中这样写道，他“确曾品尝茶（Tee）饮一杯（一种中国饮品），此前未得一试”。佩皮斯品尝人生中的第一杯茶时，英国刚刚恢复君主制5个月，距离他本人乘船陪同查理二世从海牙返回英国本土也不过几周而已。

塞缪尔·佩皮斯

注：在1660年的那条日记里，他记录了人生中第一次喝茶。他一直十分热衷于被带到伦敦的各种异域事物。

17世纪中叶的茶叶仅仅是随着英属东印度公司的商船，运往伦敦港不可胜数的舶来品之一。在获得伊丽莎白一世女王授权以后的60年间，缔造公司的海商们一直在探索远东地区，以寻求通往香料群岛的航线。他们向西班牙人、荷兰人、葡萄牙人宣战，通过血腥的战斗开疆拓土以获取海洋霸权和自主贸易权。这一切不屈不挠的努力，都是为了保住豆蔻的稳定供应——这种香料在当时被认为可以驱邪避疫。每当返航时，在海商们破旧的船舱里，还会装满旅途中搜罗到的各种奇珍异宝。那些丝织品和棉织品、烟草、糖、巧克力、咖啡、热带水果干、橙子、瓷器和珠宝，对于英格兰的富人们而言，具有无法抵抗的诱惑力。他们用口袋里的真金白银换来旁人垂涎欲滴的日用必需品。

政府官员、贵族和皇室成员，凡是能够负担得起这些奢侈品的人，无不迷恋那些口味新奇的食品和饮料，沉醉于异国面料那奇妙的色彩和质感，不可自拔地沦陷在晶莹透亮的瓷器中。只不过，由于进口商们往往并没有完全弄懂这些物品的用途和源头，所以到达使用者手里时，物品的名字时常被搞错，糊里糊涂地被张冠李戴。印度的棉织品被称作“华布”，因为当时的人们错误地认为它是来自中国的产品；而真正产自中国的壁纸则被认为是印度造的。这倒也无伤大雅，反正人们也只需要知道东西是来自远方大陆的就行了。

随着交流和运输手段的提升，这些舶来品跟着客商、摊贩和乡下店主的足迹，流向伦敦以外的区域。曾经只服务于本地货品的制造和贩售的地区经济体，开始向着国家主导的一体化市场演变。大型城镇逐渐成为包含百货商店、法律服务机构、医疗机构、地产代理机构、剧院和公共集会场所等在内的综合商业中心。贵族绅士和富有的庄园主们常常往返于城乡之间，有时也带着家眷们一起参加商业活动，顺便享乐休闲。

1619 年便已远航至日本的英属东印度公司，一边愉快地和中国政府做着生意，一边分出了大量精力，在争夺香料独家经营权的问题上，与荷兰人展开血腥的权益争斗。经过长达 4 年的角力，最终胜出的荷兰人将英国势力驱逐出印度及其周边岛屿。失去了连通中国的大本营，英属东印度公司在早期贸易活动中收获甚微。这直接导致茶叶进入英国本土的时间推后至 1669 年。

不过，公司的代理商们对这种流行的饮品也是有所耳闻的。1615 年，常驻日本平户岛的代理商理查德·威克姆就曾写信给驻扎在中国澳门港的同事，请求他帮忙寄送一罐“茶（chaw）之佳品”。英国游记作家塞缪尔·珀切斯，在他 1625 年出版的著作《珀切斯朝圣者书》（*Purchas His Pilgrimes*）中推测：“（中国人）特取一草植之粉末，以充填核桃壳为限，于瓷碟中加热水，冲而饮之。”同时他也说明，在中国和日本，这种饮料适用于所有的娱乐场合。几年后，一位来自康沃尔的旅行家，彼得·孟迪（Peter Mundy）记录了他 1637 年游历中国福建省见到的饮茶场景：“中国人奉一独特饮品于我等，名为‘茶’（chaa），盖某草叶于热水煎煮而成罢了。”

到 1641 年，茶叶已经是街知巷闻，就连伦敦和外省的酿酒师都因为著名的《热啤酒论》听说了茶。这篇鼓励人们饮用热饮而非冷饮的文章，引用了一位意大利牧师的叙述：“我闻中国人多饮热浆，出于植卉，其名为‘茶’（Chia）。”1659 年，另一位印度常驻巴拉索尔，名为丹尼尔·谢尔顿的英属东印度公司职员，曾写信给在西孟加拉地区班德尔工作的一位同事，求他帮忙找到一些茶样，送给他时任全英首席主教——坎特伯雷大主教一职的叔叔——吉尔伯特·谢尔顿博士：“如蒙赐少许‘茶叶’（tee），余必不吝任何代价。叔父谢尔顿博士待余亲厚，日前因他人请托，需研判此不明草木之神效；余愿亲往中、日二国，为叔父觅得此物，解其疑窦。”

无论如何，那个时期的英国人到底还是错失了茶叶生意，在 1657 年获准将这些小商品运往伦敦的则是荷兰商人。依据《航海条约》，货品被装载在注册于英国的商船上，由荷兰人交付到收货人手里。因此，当英属东印度公司想要向查理二世和皇后（来自葡萄牙的凯瑟琳·布拉甘萨公主）呈贡一箱茶叶时，也不得不向荷兰商人采购。

一个世纪以后的 1756 年，旅行家乔纳斯·汉韦在向两位贵族进献新到港的茶叶时，这样说道：“阿灵顿勋爵（Lord Arlington）与欧弗瑞勋爵（Lord Offery）于 1666 年将茶自荷兰携入我国，其内闱家眷为之倾倒非常。当时，命妇贵女大多效仿……”汉韦的说法虽然不一定完全符合历史事实，但他准确地理解了茶叶在当时仅能由权贵阶层消费的本质——价格高昂的茶叶是仅属于富人的奢侈品。

航向英格兰 The Journey to England

从中国到伦敦，海途漫漫，对于第一批茶叶而言，这条路可谓是道阻且长。尽管中国的农人们人均拥有的土地很少，但是他们依然在耕种着多种作物，茶也是其中之一。依据茶农的经验，春天里头两轮采摘的茶鲜叶，能做出质量最好的茶，这些茶大多出口至国外。第三、第四轮采摘的夏季鲜叶则主要用于生产满足国内需要的茶叶。这些被称为“小农”的种茶人，将茶叶卖给前来询样的本地茶贩。每收满 620～630 小箱的茶叶，茶贩就把茶归拢为一“挑”（chop）。受雇于茶贩的挑工、苦力们，将茶逐“挑”运出大山，送到批发门市，方便本国和欧洲

供茶叶交易的批发门市

来的茶商们挑选心仪的茶叶。商人们采买的茶叶从这里乘漕船沿着中国发达完善的内河水网顺流而下，直达广东的主口岸——位于香港段珠江上游不过40英里[①]远的地方。

东印度公司大商船（1647 年版画）

那些产自偏远山区的茶叶则至少需要6周的时间才能抵达港口，运输距离将近1200英里。烈日暴晒和大雨连绵都极易损毁茶树，茶农甚至会因为这些不利因素损失一整年的收成。到9月，各类春茶通常已经抵达港口，等待各个欧洲公司的代理商进行第二轮挑选。船舱里装满了茶叶、丝织品、香料和瓷器的东印度大商船（英属东印度公司商船的统称），将会在来年冬季或后年春季抵达伦敦。在17世纪的伦敦城里销售的茶叶，最终要经历18～24个月的贮藏。

在最早的贸易阶段里，欧洲的红绿茶都依赖于进口。因此，无论哪种茶叶最初的品名都是从3个常用名里选择其一："Tea"（音"替"）或"tee"（音"得"）因荷兰商人常与厦门的中国商人接触，从福建厦门方言中的"茶"字演变而来；以澳门为大本营的葡萄牙商人、接触过广东方言和普通话的其他欧洲商人，则将"Cha"（音"查"）流传了出去；"Bohea"（武夷）一词很快便专指红茶，其名就源于今天依然盛产红茶的武夷山地区。随着茶叶贸易发展到18世纪初，欧洲消费者已经能够享受到大约20种名字各不相同的茶叶产品了。

商人们为了帮助大众了解所购买的产品，还经常发表关于现有产品的解释说明。英王威廉三世的私人牧师，约翰·奥文顿在1699年撰文《论茶叶的特征和品质》中记述了当时不同种类的茶及运输包装方式：

① 译注：1英里≈1.61千米，为与原书保持统一，本书不再换算。

茶之类有一，名为‘武夷’（Bohea），中国人以地名呼之武夷（Voui）；其形短小，叶色近黑，入沸水则汤色棕，或有近赤色。尝闻其国人羸弱者，善保养者，皆进此茶，体感不适时尤以之慰……茶之类有二，名为‘松萝’（Singlo），汉语谓之松萝（Soumlo）；因其产地、饮用之法和茶性不同，分而别之。有一品，其茶条细长。另有一品，茶条较小，叶色青绿，嚼之干脆……经三至四泡，汤味尤在。此类茶大多盛装于 totaneg（一种中国的特殊金属材质）所制圆罐内，以纸糊封，存于木匣内……茶类之三，名为‘片茶’（Bing），或‘贡熙’，茶条叶大而松散……中国人亦珍而重之，其价高达前述两类茶之三倍。该茶同以厚壁 totaneg 罐盛装，存于木匣或细竹筐内。

英属东印度公司 The East India Company

打败了西班牙无敌舰队以后，英国商人在 16 世纪末就开始筹划在印度洋区域展开一系列远征探险——想要在同其他欧洲商人的竞争中率先找到新市场和新产品。一群商人向伊丽莎白一世女王请愿出海，获准以后即刻派出 3 艘舰船于 1591 年绕过好望角，驶向阿拉伯海域。其中一艘在 1594 年共同返航伦敦以前，勉强抵达了马来半岛。

开辟新航道往往代价高昂，有时甚至是灾难性的。几次尝试以后，女王在 1600 年 12 月 31 日，向“坎伯兰郡伯爵、随扈 215 名骑士、兼任市府参事与民选议员的乔治大人”颁发了皇室特许证。此时刚刚成立的“伦敦商人东印度贸易公司”（Governor and Company of Merchants of London Trading with the East Indies）则被授权掌握自本国沿南美洲大陆南端前行，东至好望角，西至麦哲伦海峡，与航线区

伦敦港区

域内所有国家15年的独家贸易权。此后的东印度公司（也被称为“公司”或“约翰公司”）逐渐成长为全球最具权势的贸易公司，并在此后的250年间横行天下。

英属东印度公司在1601年首次派船出海，8年之后的1609年，新继位的英王詹姆斯一世，重新给公司颁布了无限期特许证。在成立最初的几年里，英属东印度公司为谋取香料贸易中的一席之地进行了艰难的斗争，毕竟当时的货源早已被荷兰人和葡萄牙人瓜分殆尽。

这些英国人于1603年在爪哇岛的万丹城开办了自己的第一间工厂，到1615年在印度西北部海滨的苏拉特城开办了第二间。随后，他们沿印度次大陆海岸，在各战略要地开设自己的贸易站。其中，3个最重要的站点分别是加尔各答、孟买和马德拉斯。它们所在的地区随后也逐步成长为规模可观、意义重大的城镇。随着在印度的贸易活动范围不断扩大，英属东印度公司实力上逐渐超越了对手葡萄牙；到1647年，在南亚次大陆上已经建成了23座工厂，雇佣着90名专职员工。

为了保障英属东印度公司的利益，英王查理二世在17世纪七八十年代，向商人授予了多项权利，包括武装商队、圈地、获取巨额财富、建设武装要塞、建

1648 年落成的位于伦敦利德贺街的“东印度大楼”
注：该大楼曾经占用了伦敦东部多达 30 英亩[①]土地的公司码头，如今则被称为“伦敦港区”。

立同盟、发动或停止战争，甚至私设法庭。如此一来，英属东印度公司依靠其深远的影响力和煊赫的权势，最终成了大英帝国在整个印度地区的总代表。

他们所能代理并运回伦敦的货物，范围扩大至香料、棉织品、丝织品、靛类染料、硝石、瓷器和茶叶。随着罂粟在印度东北部的阿萨姆地区被发现，公司便在当地扩大种植面积，并依靠船务代理、中间商和贸易商组成的复杂网络，向中国贩售这种违禁毒品。

茶叶贸易在初期的增速其实很慢，1669 年仅有一张发往孟买的订单，要求运回 100 磅[①]品质最好的茶叶。其后 20 多年，求购不同等次中国茶叶的订单，开始从伦敦发往远东，再经过中国的澳门、厦门、印度的苏拉特和孟买等港口，一路将这些货物送回英国本土。

由于茶价太贵，最初的订量往往很小，但却保持着稳健的增长态势。1703 年，登上“肯特”号商船的官员们就被告知，这艘船即将满载 7.5 万磅松萝绿茶、1 万磅昂贵的“贡熙绿茶”，还有 2 万磅福建武夷红茶。1711 年，英国全国的茶叶消费量为 14.2 万磅。这个数据到 1791 年已经增长至 150 万磅，而且人们还在追加订单。仅 1789—1793 年，输入英国的茶叶（年）贸易额已接近 1200 万英镑。相比之下，作为贸易额排名第二的商品，棉布此时也仅有 300 万英镑的总价。更加令人惊叹的是，18 世纪中叶，英国政府仅从进口茶叶一项征收的关税就占到总财政预算的 6%。

① 译注：1 英亩 ≈ 4046.86 平方米，1 磅 ≈ 0.453 千克，为与原书保持一致，本书不再换算。

尽管塞缪尔·佩皮斯在1660年的日记中简短记录，首次揭示了英格兰人已经开始消费茶叶，但他显然不是第一个知道这种来自东方的“新草药”的英国人。

> 中国嘉茗，其名曰茶（Tcha）。他国曰‘茶’（Tay）或‘茶’（Tee），医者力荐。现皇家交易所旁，斯威廷思巷口（Sweetings Rents）的‘苏丹之首’（Sultaness-head）咖啡馆有售。

英国历史上最早的茶叶广告被登载于1658年9月2日出版的《公报》（*The Gazette*）周刊上。这本仅有7页内容的小册子上，前4页都用来刊登奥利弗·克伦威尔逝世的噩耗。这对宣传茶叶饮料及其品饮优点来说，真可谓“天赐良机”。可惜这则广告当天并没激起什么浪花，毕竟那天的新闻奇事足以吸引《公报》周刊读者几乎全部的注意力。“苏丹之首”的经营者为了给宣传效果提供双重保证，在《公报》刊登广告两周后的9月23—30日，又在其竞争性刊物——《政治信

Mercurius Politicus,
COMPRISING
The sum of Forein Intelligence, with the Affairs now on foot in the Three Nations
OF
ENGLAND, SCOTLAND, & IRELAND.
For Information of the People.
——*Ita vertere Seria* {*Horat. de Ar. Poet.*

From Thursday *Septemb.* 23. *to* Thursday *Septemb.* 30. 1658.

Advertisements.

A Bright bay Gelding stoln from *Hatfield*, in the County of *Hertford*, Sept. 23. of about 14 hand high or something more, with half his Mane shorne and a star in the Forehead, and a feather all along his Neck on the far side. A yong man with grey cloaths of about twenty years of age, middle stature, went away with him. If any can give notice to the Porter at *Salisbury house* in the Strand, or to the White Lion in *Hatfield* aforesaid, they shall be well rewarded for their pains.

THat Excellent, and by all Physitians approved, *China* Drink, called by the *Chineans*, *Tcha*, by other Nations *Tay alias Tee*, is sold at the *Sultaness-head*, a *Cophee-house* in *Sweetings* Rents by the Royal Exchange, *London*.

英国历史上最早的茶叶广告（出现于1658年的伦敦）

使报》(*Mercurius Politicus*)的最后几页刊印广告，这就是茶叶进入公共媒体宣传的首次试水。

一年后，茶叶在伦敦城的商铺里面基本就可以买到了。正如托马斯·鲁格在他发表的报道中记载:“1659年11月14日，此时城中街头巷尾，均有一土耳其浆饮售卖，名为咖啡；另有一饮，其名为茶；至于名为巧克力之饮料，别为一品，热美非常。”

根据学界公认的伦敦城中第一位茶商托马斯·卡洛韦的商业档案记载，最早从事茶叶生意的时间应该还要早于他首次卖茶的1657年。他的文献记录解释了当时茶叶价格昂贵的原因,“此前(茶)为珍稀之物，仅见于王公欢娱飨宴，贵胄分赠之仪礼”。

1710年10月10日出版的《闲谈者》(*Tatler*)上，刊登的一则广告宣称:“天恩寺街(Gracechurch Street)‘贝尔’(Bell)商店内，店主法维先生今欲特价出让一批武夷茶(Bohea)，品色不逊一等舶来茶，每磅仅售16先令[①]。各位看官须知海外最高品质的武夷茶的正当价值为每磅30先令。市面上每磅价格仅20先令或21先令的武夷茶，多为以次充好或混入一定劣茶(绿茶或武夷茶)的劣质茶叶，叶片入水仍为黑色，岂可为饮。”关于英文中武夷茶的发音书写问题，曾有一本19世纪的书籍专门解释过,“称武夷茶为‘薄西’(Bohea)，实为英语之谬译，其汉语发音更近于‘吾亦’(woo-e)‘符逸’(voo-yee)或‘巴亦’(ba-yee)，茶得名于地，乃福建、广东交界处，方圆12英里之丘陵尔……”

经历了相当缓慢的增长以后，英属东印度公司经营茶叶的商业潜力显露无遗。1669年，公司订购并运送了第一批仅有143磅重的茶叶，转年又加购了79磅，先后两年都是从公司在爪哇万丹设立的贸易站进行收购的。除向万丹站订货以外，公司也开始长期从印度地区的苏拉特、甘贾姆和马德拉斯，多站式收购一定量的茶叶。连同其他货物一起，第一批共计两舱的茶叶，于1689年从中国厦门港运抵英国本土。“随船携茶150担(peculs)，一半装货箱(canisters)，1/4装

① 译注：先令是英国的旧辅币单位，1英镑=20先令，为与原书保持一致，本书不再换算。

罐（potts），再装入盒中，每罐则装有1～4个小茶罐（cattees）。”“担”（pecul），源于马来语“挑担”（pikul），意思是“负重运输”。“罐子”（cattee）同样来自马来语，指可以装2/3～1磅茶叶的小罐，后来演变为英语中的小茶罐（caddy）。

尽管长途贩茶已经常态化，但英属东印度公司的采购量却并不大。缓慢的增长意味着英国的社会大众对于饮茶依然可有可无，需求自然也小。1678年，5000磅茶叶都可能在伦敦滞销。尽管进口贸易还在维持，中英两国之间常态化的茶叶贸易却直到17世纪80年代都还没有建立起来。

英镑、先令和便士

1971年，现代英国货币体系正式转换为十进制。按币值大小，此前的英元体系可以分为英镑（pounds）、先令（shillings）和便士（pence）3个层次。1英镑等于20先令（写作20s），1先令约合12便士（写作12d）。1便士可以兑换2个半便士（ha'penny）硬币，或者4法辛（farthing，写为0.25d）。

此外，还有“弗洛林”硬币（florin）价值2先令；“半克朗”硬币（half crown）价值2先令6便士；价值6便士的银币被称为“六便士”（sixpenny piece）或“谭纳尔”（tanner）；“三便士”硬币（写作threepence或thrupence）等值于3便士；还有一种得名于制作材料“铜子”（copper）的硬币，价值为1便士。

在今天的十进制货币体系中，1英镑等值于100便士，旧币中的半克朗币（half crown）价值12.25便士，1先令等价于新5便士，1便士等于0.417新便士，1法辛等于0.104新便士。

茶价高自然是贸易进展慢的原因之一。例如，前文所述托马斯·卡洛韦先生所记，茶价从每磅16～60先令不等。1666年的一位主妇的账单上记录了“到布里斯托城购买优质白兰地酒并糖果点心。白兰地酒用去31先令……1磅中国新茶花费达40先令”。据贵族如阿盖尔伯爵夫人玛丽的家庭账簿记载，1690年购买6盎司[①]茶叶，共花费10英镑16先令（每磅茶叶的单价超过26英镑）。

考虑到当时人们的薪资水平，这个价格可能还要更加令人咋舌。比如，在贝德福德郡的乌邦寺（Woburn Abbey），第五代贝德福德伯爵的乡村别墅中工作的全体员工（包括临时和全职女仆、厨师、侍从、门童、书记官、警卫、马童、马夫、园丁、管家、律师和税务官）1658年的工资总额也不过登记了600英镑而已。其中，

① 译注：1盎司≈28克，为与原书保持一致，本书不再换算。

地产律师一年赚了20英镑，1个侍从则仅有2~6英镑1年。1磅茶叶26英镑的价格，很明显，能负担起这种新鲜玩意儿的人也只有伯爵和伯爵夫人了。

初入北美的茶 The First Tea in America

第一任新阿姆斯特丹总督彼得·史岱文森肖像画（1660年，亨德里克·寇特瑞尔作）

和英国本土一样，美洲大陆第一次见识茶叶，是由荷兰东印度公司带来的。他们先落脚于新阿姆斯特丹的定居点。尽管尚未发现明确的记录能表明在美洲大陆第一次茶叶消费的情况，但在荷兰东印度公司董事彼得·史岱文森于1647年出任总督开始，美洲地区就已经开始消费茶叶。早期记录表明，新阿姆斯特丹的上流社会和他们在荷兰祖国的同胞一样，保持着饮茶的习惯。茶盘、茶几、茶壶、糖缸、银匙和茶滤都是荷兰家庭在新世界的体面所在。

富人们经常和家人一起，走到花园凉亭下品茶，吃水果和午后面包。一位礼仪周全的新阿姆斯特丹贵妇，不能只给客人们上一壶茶，而是要根据各人的喜好，泡出好几种能满足大家需求的茶水。后期从法国传过来往茶里加牛奶或者奶油的习惯，此时并不会出现在夫人们的茶会上，糖却是有的，有时可能还有番红花或者桃树叶，让大家各自调味。作家埃丝特·辛格顿在他的著作《荷兰式纽约》（*Dutch New York*）中展示了当时的家庭储藏记录。从中能看出，新阿姆斯特丹地区饮茶风尚的流行：

“德朗医生拥有很多茶杯，不少于136个。劳伦斯·德帝克的成套器具中，有1个茶盘。范瓦里克先生则有1个不大的椭圆形绘桌，1个有脚木盘、1个糖罐、3个精瓷茶杯、1个茶盅、4个杯托、6个小茶碟、6个画彩圆茶盘、4个素圆茶盘、4个棕色茶杯、6个小茶杯、3个红蓝彩绘茶杯、1个茶碟和2件最上等瓷杯。”

1664年8月，史岱文森被迫将归属荷兰的所有定居点移交给英国人，至于新阿姆斯特丹地区，也因致敬英王查理的弟弟约克公爵詹姆斯而重新受洗，更名为“新约克”（New York）。殖民地最大的自治领则因向凯瑟琳王后致敬，被命名为“皇后”区。殖民地人民一直以来的日常饮茶习惯，倒是在英国人的统治下保存并发展着。1690年，波士顿商人本杰明·哈里斯和丹尼尔·弗农依照英国殖民地法律对食品承办商的要求，申领并获取了卖茶执照。首席法官塞缪尔·斯维尔，在他公开出版的日记中也曾经提到过茶。他记述了自己曾经于1709年一个周四的演讲活动中，在温斯罗普夫人家中品茶，但并没注意到那个来自亚洲的饮料有多么罕见。

弗朗西斯·德雷克在她的著作《茶叶》（*Tea Leaves*）中这样描述着早期波士顿名流的社交习俗：“当贵妇们出席茶会时，她们总会带上1个小包，装着自己的茶杯、杯托与茶勺。茶杯都是做工最好的中国瓷器，能装下的茶汤大概和1个普通葡萄酒杯一样大。”

虽然人们越来越熟悉茶叶，但如何恰当地备好茶，对于新世界的主妇来说，仍然是一个谜。艾丽丝·莫尔斯·厄尔在她的著作《传统新英格兰地区的风俗和时尚》中讲述了在塞勒姆地区的菲利普·英格丽士家，那令人郁闷的品茶活动：“（主人）花了大价钱买茶，却把茶长时间熬煮到苦涩难咽，喝的时候也不加糖或者牛奶；然后在茶渣上撒盐，就着黄油吃下去。在不止一个城镇里，人们把茶汤倒掉，却把茶渣吃掉。”

咖啡馆和早期广告 Coffee Houses and Early Advertising

托马斯·卡洛韦伦敦咖啡馆纪念牌（位于伦敦交易巷）

从发表在《公报》周刊和《政治信使报》上的第一个茶叶广告可以看出，早期的茶叶就是在伦敦的咖啡馆里进行销售的。

咖啡进入英国的时间要早于茶。一个名为雅各布的男人在1650年的牛津，开设了第一家咖啡馆。伦敦城里最早的咖啡馆则开业于1652年，就在城里康希尔区外的圣麦克小巷里。

相比于被浓郁的咖啡香吸引进入社区的人们，咖啡馆附近的住户们却时常对咖啡馆及那些“不受欢迎的”客人感到愤怒。虽然啤酒和葡萄酒的酿酒师们将咖啡馆视作威胁，但大部分人却对这个新的时尚地点相当接受，因此咖啡馆也成为当时最时髦的商务聚会场所。和绅士俱乐部很像，咖啡馆聚焦于中上阶层的全体男性。每个咖啡馆针对客户身份都有不同的吸引策略，创造出专门服务于商人、医师、政客、记者、学者、律师甚至神职人员的咖啡空间。瑞士作家缪拉尔特在他1696年出版的书籍《英法两国之风俗民情》中，这样的文字来描述咖啡馆：“以我所见，此地尤适工作，男子于馆中亦可消闲，家中多不能及也。”

作者马修·普赖尔和哈利法克斯伯爵查尔斯·蒙塔古在他1687年创作的一

伦敦咖啡馆内景一角

注：1700 年前后，老板娘和一位酒保正在更换葡萄酒杯和水杯，其他的酒保则正在从一个高瓶中为顾客倒上咖啡或茶水。火炉中吊着一个大铁锅，正在煮水，火前放着其他的瓶罐。顾客们恣意地吸烟、读书、聊天。从墙上悬挂的、被流放的詹姆斯二世的画像可以看出，这幅彩绘雕版画的主题可能是在影射斯图亚特王朝复辟的历史事件。

首讽刺诗《乡下老鼠和城里老鼠的故事》中，这样写道：

> “如我所忆，”那清醒的老鼠说道。
>
> “我闻惠氏咖啡馆中叙话良多。”布林德尔说，“汝应亲往见识，牧师啜品咖啡、诗人灵感之茶……”

1664 年 1 月 3 日出版的《公共情报员》报刊向读者广而告之：“伦敦圣克里斯托弗教堂对面，针线街中，希腊籍商贾康斯坦丁已获批执照，可以批零兼售咖啡、巧克力、果露[①]与茶。”另一位时事评论员也写过，咖啡馆老板在店中售卖

① 译注：果露的英文为 Cherbert，也作 sherbert，一种英国老式饮料，由水、糖、果汁调制而成。

“土耳其产之巧克力与果露，果露以柠檬、玫瑰和紫罗兰香露入味；兼有上等茗茶（Tea or Chaa）”。

1718年，在交易巷乔纳森咖啡馆首演的由森特利弗尔夫人创作的喜剧《良缘难结》（*A Bold Strike for a Wife*）中，伴随着角色们谈论生意和新闻，咖啡馆侍者穿梭于房间内高喊，“新咖啡，先生们！新鲜的热咖啡，还有武夷茶，先生们！”用“新鲜”一词来形容早期的咖啡和茶水，其实名不副实。当时咖啡馆中的热饮必须在每天早晨开业前全部备好，以供税务员估价核算应缴的税款。预先装满了茶汤、咖啡和巧克力的桶则被放在室内火炉旁边保温，等待客人点单。1750年，托马斯·肖特在《论茶、糖、牛奶、葡萄酒、烈酒、潘趣酒、烟草》一文中评论道：“税务官员皆于开市前调查估算其量，而非一日中检视多次，倒也无损于烈酒供应或使饮者不便。”

由于这些舶来品大受欢迎，时髦人士们趋之若鹜，政府很快意识到可以对咖啡、巧克力和茶叶课以重税。两项相关议会议案在1660年正式发布：每加工售卖1加仑[①]咖啡，生产方需缴纳4便士税款。每加工售卖1加仑巧克力、果露和茶叶，生产方需缴纳8便士税款。由此可见，这些充满异域风情、装潢富丽的咖啡馆中，菜单上的饮品必然不能以平价出售。

除了供应茶汤饮品，咖啡馆也在售卖足干的散茶。客人们可以买回一定量的茶叶，由家中女眷冲泡，让他们在自己家中就可以自由地享受这种新饮品。那个时期的妇女不被允许踏足咖啡馆，也基本没有去的动力。那种气味令人不悦，烟雾缭绕、嘈杂吵嚷，还基本都是男性顾客的消费环境，并不吸引女士们。瑞士作家缪拉特，也曾称咖啡馆是商业的中心。他写道：“就他项而言，此类馆所令人憎厌，其内乌烟瘴气，如卫兵室般，且甚为拥挤。但私以为，咖啡馆之于市民，可以开言路，通新闻；虽有流言蜚语，却紧扣时事，使市镇如村落，消息通达。”

1660年，伦敦城内的第一位茶商，托马斯·卡洛韦在维持高价的同时也尝试通过一些方式来提高茶叶销量。他在报纸上刊登消息，宣传茶是一种健康而

① 译注：1加仑≈3.78升，为原书保持一致，本书不再换算。

有益的饮料。在他刊载的《对于茶叶生长、质量和益处的精确描述》一文中这样写道："茶叶之干叶与茶汤皆具益处，其效用为法国、意大利、荷兰与基督教世界其他地区之医师与智者中德高之人亲身验证（年长者尤为显著）。"

1685年，一首劝诫人们减少饮酒的诗歌《叛逆之解药：茶与咖啡的对话》中包含了主要的诗句：

> 咖啡：国家癫狂，吾心与情随之而恸，禽兽暴行，自烈酒、麦酒、葡萄酒浆而发；除此可怖之事，烈酒、麦酒与啤酒尚有何为尔。
>
> 茶：心急如焚之愚者，切勿沉酣酒香，行入我门，得之明悟，远痴狂而近谦逊，付四法寻，神魂归矣。穷彼国之机巧财帛，得汝生之天空海阔。醉醒无算，可使钱费少许，便是狂怔，良医有我何惧。

美国的咖啡馆 The American Coffee House

关于咖啡首次出现在美洲大陆的时间，学界没有明确的考据。有推论认为在1660—1670年。一些定居者将咖啡算作家庭食材，带到了新大陆。他们在离开英国本土前，就已经熟悉了冲泡方法。还有一种观点认为，咖啡也可能是由前来殖民的英国官员带到美洲大陆的，他们此前应是非常熟悉当时伦敦的知名咖啡馆。

美洲殖民地的咖啡历史往往和当地客栈、酒馆的发展历程紧密交织在一起，因此想要从当时殖民地内提供住宿和酒水服务的公共场馆中，辨析出伦敦式咖啡馆是非常不容易的。加之来自高度葡萄酒、烈酒和进口茶的激烈竞争，咖啡在17世纪晚期和18世纪早期阶段并没有如同此前在伦敦那样，成为新英格兰人钟爱的时尚饮品。

早期美洲大陆上的咖啡馆几乎都落成于新英格兰地区的中心——波士顿。尽管普利茅茨、萨勒姆、切尔西和普罗维登斯城中也有供应咖啡的酒馆，但都没能达到波士顿咖啡馆名望的高度。其中，最著名的要数“绿龙咖啡馆”。这座见证了1697—1832年几乎所有当地和国内重大历史事件的咖啡馆，就位于波士顿城市商业中心——联合街的中央位置。各色人等常常聚集于此，在绿龙咖啡馆中借着几杯咖啡、茶或者酒精饮料来讨论各自关心的议题。他们之中有英国红衣士兵、殖民地总督、头戴假发的官员、达官贵族、高等市民、下等人中秘密谋划的革命者、波士顿茶党成员、爱国者和独立革命将领。丹尼尔·韦伯斯特曾评价这间著名的咖啡（酒）馆是“革命总指挥部”。

绿龙咖啡馆（波士顿，1760年）

茶叶在美洲大陆的历史进程与咖啡是并行的。纽约城的荷兰创始人将茶引进到时称新阿姆斯特丹的殖民地时，咖啡尚且还没有来到这里。1668年前后，关于咖啡取代啤酒成为当时市民钟爱的早餐饮品的记载，是我们看到的关于咖啡的最早文献。巧克力大致也引进于这个时期，但与茶和咖啡相比，它更加昂贵奢侈。到1683年，纽约已经成为美洲咖啡市场的中心城市，殖民地的开拓者如威廉·佩恩，在安稳定居到宾夕法尼亚州以后，就出发前往纽约去采购咖啡。

对于1682年由威廉·潘恩创立的费城贵格会聚居地特拉华河畔而言，人们将咖啡视作他的另一项历史功绩。此外，另一种能够让人们亲睦友善的重要饮品——茶，也是由他带到了这座“友爱之城”的。最初，和茶一样，只有条件宽裕的人家才能够喝得起咖啡。随着茶叶在英国殖民地，尤其是私人家庭中风靡一时，咖啡的消费状况就显得有些萎靡。

在费城初建成时期，公共场馆只有4类：客栈、酒馆、小饭馆和咖啡馆。当时的客栈是一类简朴的宾馆，为客人们提供的住宿、餐食，卖的饮料和环境也很匹配，通常有麦酒、波尔多葡萄酒、牙买加朗姆酒和马德拉白葡萄酒。酒馆虽然也能为顾客提供简单的食宿，但更着重于酒水服务。当时的小饭馆则是兼具餐馆和旅店特质的综合服务体。虽然咖啡馆在绝大部分情况下供应的都是无害饮料如咖啡和茶，但其本质上也是一类酒馆。

这些看似简陋的咖啡馆在费城乃至美国早期的历史上，扮演着不可或缺的角色。在天花板低矮、满地沙土的主屋里，那些事关民众的社会形态和工业化进程的改革，就这样伴随着咖啡、烈酒和茶水，一个个地实现着。

绅士们在咖啡馆中打发时间的同时，女士们则效仿着皇后，在家中享受私密的饮茶时光。人们相信凯瑟琳·布拉甘萨，这位来自葡萄牙的皇后，是带着一匣茶叶，嫁给英国国王查理二世的。长在宫廷的她，早已养成了每日喝茶的习惯。毕竟从17世纪初就开始，向欧洲输送茶叶的是葡萄牙人。皇后对茶的喜好，成为宫廷命妇们竞相追逐的时尚，其余的贵族妇女随后也爱上了这种高雅的饮品。艾格尼丝·思特里克兰在她出版于1840年前后的《英格兰

凯瑟琳·布拉甘萨（22岁，荷兰油画，1661年德克·司杜普所作）

注：她是开启英国饮茶风尚的葡萄牙公主，1662年嫁与英王查理二世为皇后。

皇后与女王的命运》一书中，描绘了凯瑟琳·布拉甘萨初入英格兰皇室的场景：“约克公爵夫人自伦敦乘坐私人游艇而来，以表示对皇嫂的尊敬。当她抵达皇宫时，查理二世在水边花园的大门处迎接了她。国王牵着公爵夫人的手，将她领到皇后的卧房内觐见皇后。皇后抬手婉拒了公爵夫人的吻手礼，并向她挥手致意。其余皇室成员随之落座皇后卧榻周围，闲谈叙话，因皇后爱茶，其间或有茶水奉给众人。虽不是皇后一人之功，茶叶在两人大婚以后，的确很快为国人追捧。”

在当时举国饮茶的大背景下，人们喝茶却往往在卧室或者议事间里，一起喝茶的也基本都是女性朋友，用来泡茶、喝茶的精美瓷器和茶叶一起被陈列在壁橱中。根据 17 世纪和 18 世纪富贵家庭的库存表单显示，当时所使用的茶具并不会被存放在厨房或餐厅里，而是被保管在闺房或者议事间中。

伦敦西边、泰晤士河畔、美轮美奂的汉姆别墅中居住着劳德代尔公爵夫人。嫁给了国王的一位首席部长的她，掌握着足够的财富资源，能够支撑她去追逐最新的时尚品。日记作家约翰·伊夫林曾这样描述汉姆别墅：“富丽如王子居所，墙面饰以挂毯、锦缎、天鹅绒、马海毛织物，床架、椅子以奢靡织物蒙裹填充。”1679 年，在靠近公爵夫人卧房那间不大的“白色议事间”中，陈放着“饰银黄金檀书桌 1 张，雪松小桌 1 张，和式髹漆黑色藤编坐垫扶手椅 6 把，饰银印度茶炊 1 个”。在她更加私密的议事间里，也有类似的陈设，和式髹漆藤编坐垫靠背椅 6 把，一个盛装蜜饯、茶叶之漆盒，还有雕花茶几 1 张。其中，背面也有漆饰的“靠背椅”说明，这些椅子当时并非靠墙放置，而是围着房间正中那张漆饰的小桌放好。公爵夫人坐在这套桌椅上，用她的那把饰银“印度茶炊”倒水沏茶，和她的密友们共同品尝茶汤。

虽然自 1697 年爱丽丝·布朗洛夫人便开始寡居在林肯郡波尔顿别墅中，但她却能将产业管理得井井有条，同时将 5 个女儿的婚事也安排得十分妥当。据她的家族文献记载，在她严厉的管教下，女儿们在房间里偷偷开茶会都要注意着门外可怕的脚步声。为了躲避母亲的检查，她们甚至毫不犹豫地将一整套昂贵的茶具扔出窗外。

上流阶层的家族文献和庄园账目，如实地记载了茶叶消费在 17 世纪后期的

茶会（荷兰画家尼古拉斯·维克耶，1673—1746 年所作）
注：这是最早描绘饮茶情景的画作，展现了主人为茶会搭配的，包括小茶碗、杯托在内的一整套中国瓷质茶具。桌子中央的大碗是用来盛装废水（剩余的茶汤）的，两个小碟用来装糖和面包黄油。那把小巧的红色茶壶来自中国宜兴，至于银制水壶和茶匙则可能产自英国本土。

持续稳步增长。1673 年，鲁斯勋爵的管家记录了“1 个锡制茶箱，给爵爷的茶叶保鲜”的采买。1685 年，第一代贝德福德公爵的女儿玛格丽特·拉塞尔女士，收到由她父亲的管家购买价值 1 英镑 14 先令的茶碟 1 套。这位管家先后于 1688 年购入价值 5 先令的茶盘 1 个，1689 年或 1690 年买入茶壶 1 把，价值 2 英镑 3 先令。和爱丽丝·布朗洛夫人一样，玛格丽特·班克斯夫人也是一位令人敬畏的女主人。当她 1691 年嫁给约翰·班克斯来到多尔塞特的金士顿庄园（Kingston Hall）时，整个庄园正深陷财务泥潭。在带来急需的可观钱财的同时，她还给班克斯先生生下了 10 个孩子。精打细算、仔细记账的玛格丽特，同样紧跟新茶的风潮，还配上了日渐精致的茶具和茶室家具。1693年7月，她写道:“花费10镑买入红瓷茶壶1把，12镑买入茶碟6只和糖缸1个，”到8月，她又花费2英镑6先令，购买了1把棕色陶制茶壶。同年，她开始添置茶室用具，1月时“为议事间买入黑漆桌1张，花费1镑15先令”，7月又买了“1件锡制糖缸、1个茶罐和2个有柄锅，花费4镑”。关于买茶叶，玛格丽特夫人最早的记录出现在1706年，买了“1磅重绿茶，花费1镑1先令”。1713年7月，她“花费1镑6先令买入贡熙1磅，花费1镑5先令购入武夷茶1磅”；12月，她又“使用4英镑6先令买入1/4磅重绿茶”。

在远离伦敦的城市，距离阻碍了人们对茶叶的消费。住在爱丁堡的格里塞尔·贝利夫人，只能依赖丈夫出差到伦敦的机会，带回来一些珍贵、少量的红绿茶。在家族账簿里，这位夫人定期买到茶叶的记录只出现在1708年。贵格会之父，乔治·福克斯的7个继女之一，萨拉·费尔的家庭账簿中显示，在他们的兰开夏郡的斯沃斯莫尔庄园，1673—1678年间的定期采购货品之中，基本生活物资多在当地集市上购买，而大宗的供货却需要从兰卡斯特、肯德尔和科比兰斯代尔等地，经历各种困难运送过来。他们从伦敦买糖、橙子和诸如手套之类的精致服饰，但却没有提到茶。

这种17世纪家庭账簿中普遍缺少购茶记录的情况，可能并不全是因为伦敦以外的人们对饮茶没有兴趣。也许是由于茶价高昂，人们没有将之列入日常采购记录，而是单独派遣更高等的仆人或一位家庭成员购买，这些单列的账目没能够保留下来。第一张保存在册的茶叶账单是沃本地区的贝德福德公爵，在1685年花费了10英镑买茶叶；1687年则在一种茶叶上花费了15英镑，算下来每磅茶叶都价值3畿尼[①]。这些账单并没有和日常开销记录保存在一起，是由兼任税务总管助理的管家——道森先生单独保管。作为公爵手下的高级雇员，购买茶叶的事宜由他负责。

有时候，这项差事也会交给往返于伦敦和贝德弗德郡的道森太太。她需要去

① 译注：畿尼是英国的旧金币，1畿尼价值1英镑1先令。

铺布桌上的中国宜兴茶壶、中国瓷质对杯及放在茶匙旁的糖块（油画，1630—1700年，彼得·冯·罗斯崔坦所作）

公爵在伦敦的府邸（位于斯特兰德的贝德福德别墅），协助那边的管家开展工作。在伦敦的时候，道森太太时不时就要去往城里，到一位姓理查兹的先生店里购买茶叶。贝德福德别墅里的管家也负责采购茶叶的工作，同时还要记好账目。这位先生需要定期去往伦敦港的码头，采买精致的舶来品，比如，德国的火腿、新大陆的鲜鱼、东印度地区和中国运来的瓜果。这些购物清单里面也记载了从荷兰运来的茶叶，每磅价值1英镑16先令。一旦看到需要的货品，管家就会付清货款和关税，即刻安排送往贝德福德别墅。

英格兰的茶与餐 Tea and Mealtimes in England

在17世纪早期，富贵家庭每天的第一餐大多在早上6点或7点开始，主菜有凉的鱼和肉类、奶酪、麦酒或啤酒；普通人家会多备1品脱[①]陈麦酒、1杯雪莉酒或者自家调配的草药、香料甜酒，还有一点面包；贫苦人则只能负担得起1杯麦酒和1碗用任意谷物和燕麦熬煮的浓汤。

到17世纪末，饮茶就已经成为富裕家庭日常生活的一部分。一些贵族庄园的早餐桌上也开始摆上满盘的黄油面包或者吐司，1壶茶、咖啡或者热巧克力也都上了桌。至于穷一些的人家，还有那些住在偏远地区的人们，则对这些昂贵的饮料不熟知。他们依然喝着麦酒、啤酒、威士忌，以及自酿的甘露酒和甜浆佐餐。

17世纪初期的正餐通常在11点到正午时分进行，随着时间的推移，这顿正餐的时间也被逐渐推后。烤肉、内脏类和鱼类都是富裕人家餐桌上的“常客”。塞缪尔·佩皮斯在1660年1月26日的日记中记录：他的夫人备好了一餐佳肴美馔：由骨髓1碟、羊腿1条、小牛腰肉1份、禽肉1盘、3只雏鸡、两打雀鸟装作1盘，鲜甜果馅饼1盘，牡牛（neat，公牛）舌1条，1盘凤尾鱼，1盘明虾与芝士。父亲、芬纳叔叔与两位堂兄弟、皮尔斯先生及各自夫人，连同兄弟汤姆，随吾一同进餐。

享用大餐的时候，他们通常离不开饮酒。在茶和咖啡来到英国之前，大多数人日常的主要饮料就是啤酒或者麦酒。如果能够负担得起，进口葡萄酒、烈酒也

① 译注：1品脱≈560毫升，为与原书保持一致，本书不再换算。

能出现在餐桌上。在苏格兰地区，随着工业的发展，威士忌酒也越来越流行。但是真正的国民饮料，还是大麦酿的麦酒，或者小麦、大麦加了啤酒花酿制的啤酒，都是自家酿造或者当地出产的。

1686 年，意大利旅行家杰梅里博士在他的英文作品《穿越欧罗巴》中这样描述道："他们豪饮无度，约有数种酒浆，啤酒麦酒有之，白兰地有之，梨子酒、蜜酒、苹果酒、烈啤酒亦有之，另有一类格外烧灼之酒，名威士忌。"当时男人们醉酒到不省人事，滚到餐桌下也是常有的事。

根据不同的家庭习惯和工作安排，大多数人会在下午 5 点到晚上 8 点之间吃一顿简单的晚餐。这一天里的最后一餐在富裕家庭里多半会吃到各种冷食肉类、奶酪面包，穷人家则多半会准备浓汤或稀饭、燕麦饼或面包。

正餐一结束，贵族女眷们就会离席，落座到议事间或者休息室中。她们可不愿坐在男士们中间，陪着他们吞云吐雾地吸烟、喷着酒气、聊男人们的话题。娴静端庄地做针线活、轻松地聊天，才是女士们更喜欢的活动。正是在这英格兰历史的节点上，凯瑟琳·布拉甘萨开始改变人们对酒精的态度，也给贵族女眷们的活动形式带来了新的面貌。艾格尼丝·思特里克兰曾这样描述这位皇后："尽管如此，英格兰第一位饮茶皇后，凯瑟琳·布拉甘萨确曾有功于其时。时人不论男女，整日喝着麦酒、葡萄酒，时时酒酣耳热，以致头脑不灵。受皇后饮茶的影响，他们才放下酒杯，转以茶、咖啡和巧克力之类精致有益的饮料替代。这般清简又奢侈的饮品，实则有益于大众，一改此前迷醉的气氛，令社会文明清新向上，不再酒味弥散。"

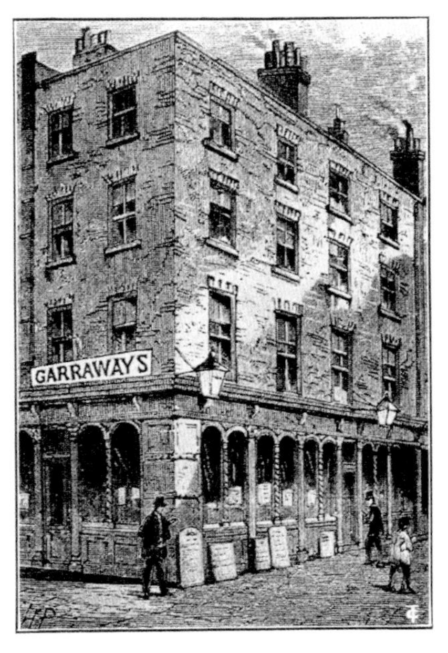

1657 年，加韦于伦敦交易巷中开设的店铺

注：加韦被认为是英国最早的茶商。

威廉·康格里夫在他 1694 年创作的戏剧《两面派》里面的一句台词，就揭示了社会风气开始融合转变的情景。剧中一个场景介绍，女士们正在“走廊尽头，一时饭毕辙退入房中，聚而用茶，配以飞短流长——亘古妇人之俗尔”。

一些绅士也会加入这样的饮茶会谈。克拉伦登勋爵在1688年2月10日的日记中写道：“柏应理（比利时汉学家）神父与吾一同晚餐，其人健谈非常。饭后用茶之时，神父大赞此茶，几与其在中国品饮者一般无二。同桌进餐之人，尚有一与神父同来的中国人，以及弗雷泽先生。”去世于1685年的吉尔福德掌玺大臣乔治·萨维尔，也有用茶待客的习惯，他招待到访伦敦之贵族名流者，常引至花厅（休息室），客不携随从，并郑重奉之以茶饮。

但他的儿子亨利·萨维尔并不完全赞同这些饮茶活动。他给当时在英国政府担任考文垂国务大臣的叔伯写信道：“餐后举意饮茶而非品玩烟酒者，不过从印度之低俗尔，私以为，敬有诚挚基督徒如府上者，应从阁下之安排，盖不予也。”

主人们在家饮茶的时候，仆人们要备好必要的器具，送到房间里。真正动手泡茶给家人和客人们的，则是家中的女主人（或男主人）。因为如果泡茶饮茶在特定的房间里，仆人们就必须运送最重要的热水来维持饮茶活动，及时倒进茶具中。茶用水壶，也就是茶炊（furnaces），出现于17世纪末。早在17世纪70年代，作为时尚先锋的劳德代尔公爵夫人就为自己位于汉姆别墅的议事间中添置了1把“印度茶炊”。1693年，住在金士顿庄园的班克斯家族，花费2英镑购买了1套“配架茶水壶”。1696年，住在爱丁堡的格里塞尔·贝利夫人的婆母，拥有1套“白铁茶壶”。

珍贵的绿茶或者红茶，用从中国进口的瓷器装好，摆在议事间的展示架上。这些小而圆，或方而高的茶罐，都配有可以量取茶叶、小巧的分体式盖子；罐身上还有精美的图案，同茶壶、茶碗上的一样。我们熟知的“小茶罐”这个词，其实直到18世纪末期才出现。

人们小心翼翼地量取茶叶，然后将其投进一个陶制小茶壶或从中国进口的瓷质茶壶里。这些茶壶通常和茶叶一船运抵伦敦，在茶商或者瓷器商人那里都能买到。自此，向茶盏中加热水，搅打茶末的点茶法被用热水直接冲泡完整叶片的

一家三口用中国茶碗品茶的场景（1727年，理查德·柯林斯所画）

注：右侧的女子用拇指和中指、食指稳稳地拿住茶碗，小拇指自然地微微翘起，以保持手部的平衡。直到18世纪，配上手柄的杯子才变得流行起来。

泡茶法取代，中国人便改造了敞口的传统水壶或酒壶，发明了能够浸泡茶叶的茶壶，做工也愈加精巧。

这片大陆上最为著名的茶壶制造中心（直到今天依然存在）是江苏省宜兴市。以这里丰富的紫砂土矿石为原料制作的茶壶，被认为是最适合突显茶味的茶器。这种不施釉的精陶小壶，大多造型绮丽，在 17 世纪 60 年代，被引入英国，走上了茶几。

就和中国宫廷中使用的瓷壶一样，那些釉光亮的瓷壶则通常画着花鸟、蝴蝶和中国风格的人物画像。茶壶并不是因为它的价格昂贵而做得小巧，只是因为中国人更为偏好单人用的小壶而已。在这个时期，欧洲商人们还没有特定的采购需求。他们只是单纯地将在日本和中国港口能够买到的商品运回国内而已。那些运抵伦敦的茶壶，很快被富人们一抢而空。

泡上几分钟后，茶汤就要从壶里分到茶碗里。中国瓷碗，造型小巧玲珑，容量从两三口茶到两三勺不等。配套的杯托做得也浅。9—10 世纪，发明杯托的是唐末五代时期的蜀地节度使的家眷。明代以前，喝茶用的杯/盏托一直是木质的，以方便放置端取茶碗。

17 世纪，关于欧洲家庭饮茶场景的绘画大多呈现了这样的茶几：茶几上摆着水壶、茶壶、茶叶罐、瓷质的碟子和杯托，1 个专门容纳茶碗底残留汤渣的渣盂，还有 1 个用来装糖的碟子或者碗；几支用来搅化糖块的小茶勺，有时还会备 1 个放置暂时不用的茶勺的碟子。人们借鉴了花草茶的饮用方法——向以花瓣、叶片和种子为原料冲泡出来的饮品中，加入甜味物质来提高适口性——开始把糖加到茶水里。这非常容易理解，毕竟茶叶曾经是作为 1 种草药出售的。正如塞缪尔·佩皮斯在 1667 年 6 月 28 日的日记里写道，他回到家中，“见吾妻备茶，药师佩林先生曾言，此饮甚好，可以疗愈伤风，涕泪不止”。当时的主妇们需要掌握给家人调制汤药，治疗小病小痛的技巧，常常会加入糖或者蜂蜜来提供甜味。由此，最初茶叶传入英国的时候，大多数人就会向其中加糖，然后用银勺调匀。

16 世纪以前，人们需要斥巨资从巴西、亚速尔群岛、加那利群岛获取糖。当西印度群岛开始供应产品时，糖价很快就回落到原先的一半。根据 1660 年的数据，当年英国人均消费的糖量大约是每年 2 磅。也许是由于当时茶叶、咖啡消费量的增长，这个数据在 17 世纪末翻了一番，当然也与糖在腌制蜜饯和烹饪甜点上的广泛应用密不可分。

不过，也不是每个人都能接受甜味浓重的茶汤。约翰·奥文顿曾写道："或有人坚称，此中国饮料确有上述优益之处，然世人爱拌之以糖阻碍了其发挥功效。此说不算作伪，确有少许举措可使茶汤能效减退；只若以利肺与肾论，则为大益友也。"

相比之下，直到 17 世纪末，向小茶碗里加牛奶的喝法都极为罕见。盛装牛奶或奶油的罐子，17 世纪晚期和 18 世纪早期才出现在绘画作品里，那时在茶汤中加入牛奶已经逐渐成为时尚。1698 年，蕾切尔·拉塞尔夫人在写给女儿的信中说："昨日饮茶时，我见有几只小瓶，可用作向茶汤添加奶浆，旁人呼作奶瓶。见之令人生喜，因此收起以作礼物赠你。" 4 年之后，她又明确说："上等绿茶配以牛奶甚妙。"

作为一种餐后饮用、有助于消化的高雅饮料，茶也可以作为更营养的饮料基础成分。1664 年，凯内尔姆·迪格比爵士记录了一份他从一位自中国回来的耶稣会牧师那里学来的茶酒汤配方：

> 为作一品托茶酒汤，取两颗新鸡子只留蛋黄，加等量细糖和足量烈酒，充分搅打混合；后加入茶汤，再混匀调和。趁热饮下。此茶酒汤适于海外商务结讫，刚刚返家，不便进用正餐之时。

他同时也提醒旁人：

> ……如以热水浸茶过久，则其中草木之泥土腥浊尽出其用时不过轻哼一首《求主垂怜》赞美诗之长……如此可得茶汤之魂灵精粹，愈加清活而直达心底，亲近自然本质。（您可稍多用些茶叶，大约一小把，即可配以一品脱水，得茶汤三饮之量）

茶具和茶室家具 Tea Wares and Furniture

在英属东印度公司向伦敦运送茶叶很早以前，他们就已经开始从中国和日本进口瓷器了。随着人们对茶叶的兴趣不断增长，对茶碗、茶壶、杯托和储茶罐的需求让东印度公司痛并快乐着。当时，欧洲的制陶工匠们还没有发现烧制精致的、釉质透亮的瓷制品的工艺秘密。因此，这些人就愈加想要得到这些瓷器。

可是，粗糙的包装运输和长达两年的颠簸海运旅途，导致不少昂贵的瓷器中途就残损破裂，使客户们对公司时有不满。1685 年，公司董事就曾十分愤怒地写信质问他们在中国的代表："简而言之，我等为足下所报之价钱甚为惊诧，自中国起航之货品，抵运者几不足 5 成；价值不抵运费，茶杯 1 件最多不过 1 便士。"

一份 1699 年运往厦门港的货运清单记录着公司运送货物的种类和相对价格：

58 箱碗，每箱 15 先令；

2.5 万只茶杯，每只 6 便士；

814 只茶杯，每只 1 先令 6 便士；

330 只茶杯，每只 5 便士。

货柜中的茶具和其他瓷器，从中国和日本离港时，款型和大小不同的碗、碟都是混装的。只有少数人会订购成套的茶具，大多是随机出现的单品。这些茶具会被商人们分销到英国各地。他们也销售茶叶、咖啡、玻璃器皿和陶器。

一份1682年11月写下的清单记录了多尔塞特伯爵遗孀——弗朗西斯·克兰菲尔德所拥有的所有瓷器：

明代瓷质茶壶（英国博物馆馆藏）

注：该茶壶1983年从中国南海的沉船中打捞上来。该中国货船沉没于1643年，一共出土255把茶壶。该船携带的货物原定自中国出海，运往雅加达港的荷兰货栈，再打包装至荷属东印度公司货船上，运往欧洲。茶壶自壶颈起至壶身主体部分绘有花卉图案，并以釉下彩方式绘有蝴蝶，呈飞翔姿态。同船的另一把茶壶收藏于明尼阿波利斯艺术研究所。

> 夫人卧房中的瓷器包括：
> 饰金叶瓷盘5件
> 茶壶2把
> 大瓷罐2件
> 小瓷罐5件
> 蓝色茶碟12件
> 白色茶碟18件
> 白色杯10件
> 白色平碟6件
> 白红杂色碟子6件，配杯1件
> 绿色瓷碟6件
> 其余各种瓷器17件
> 瓷盘1件，瓷杯及瓷质墨水台各1件
> 香料盘2件
> 茶桌1张，印度式篮筐1件
> ……

17世纪90年代，玛格丽特·班克斯在金士顿庄园里添置了几件瓷器。几年后，她就开始定期购买瓷器。1701年6月，她记录自己购买了“整套茶碟和杯托1套，花费18英镑”。1702年1月，买了“6组茶碟和杯托，花费10镑；1把茶壶，花费3英镑6先令；茶罐1个，花费3英镑6先令”。1713年，她已经买了9把茶壶，很多茶碟和杯托，1个“瓷质糖碟”，还有1副茶夹。1710年，在格洛斯特郡，德汉庄园里，主人威廉·布拉斯韦特地列了份自己想要的中国茶具清单："茶碟 12 件，精致红瓷茶杯 12 件，扇形边茶杯 6 件，茶壶 5 把，茶壶茶罐 1 套，瓷质茶壶 6 把和石质茶壶 1 把，金红釉瓷质糖缸 2 个，蓝白色棱纹茶碟 5 件，光金红釉茶杯 5 只，红绿色过火[①]茶碟 6 件和同款杯托 6 件"。

几乎在茶叶进入欧洲的同时，当地的制陶工人就意识到了茶具的市场潜力，并且开始尝试仿制中国紫砂茶壶。伦敦的富勒姆陶业公司在 17 世纪 70 年代，就制作出红色石质壶。1698 年，西莉亚·菲恩尼斯在她的日记中记录了自己从沃尔斯利到威尔士的旅行中的情景，"尝寻访至斯塔福德郡纽卡斯尔，以期目睹当地，以红土制茶壶之境况，仿中国物，视之同样奇异"。

荷兰产代夫特陶器同样也成为英国人桌上常见的器物。它源自意大利的 Majolica 彩釉陶器，是一种有着白底锡釉多彩画珐琅的壶和碟子。16 世纪中期，葡萄牙人将第一批东方瓷器由运抵荷兰的时候，当地的陶工们随即开始用已有的技术仿制那些瓷器上的典型图案白底蓝花。16 世纪 70 年代，在英国消费者眼中，荷兰制陶师们仿制最成功的作品是优于本土任何其他产品的。近一个世纪以后的 17 世纪 60 年代，人们在伦敦市的南华克区开设窑场，专门烧制当时仍然盛行的东方风格陶瓷器具。后来甚至有一群伦敦制陶师，在 1717 年迁居到利物浦，并且在那里大量生产代夫特陶瓷。这类器皿用如今人们熟知的蓝、红、黄、绿或紫色颜料在表面装饰上色，同时绘有中式风格的人物风景画、海景画和花鸟虫草图样。

尽管欧洲制陶师们在逐渐增加本土的粗陶和陶制茶壶的产量，但他们的作品在质量和美感方面，真正接近中国瓷质茶壶的制作水平，也已经是 18 世纪中期的事情了。对于富裕阶层而言，人们更倾向于用昂贵的，来自东方的瓷壶、茶碗和杯托来代替银制器具。第一把记录在册的银茶壶是英属东印度公司的成员进献给董事会的礼物。壶体錾刻着文字："此银制茶壶，由诚挚热爱可敬且盛名人物云集之东印度公司，巴克利城堡的乔治·巴克利爵士阁下，敬献于东印度公司董事会。1670 年。"

---

① 译注：红绿色过火指过火工艺，一种烧瓷工艺，明火燎过器具，创造独特美感。

这把刻字银壶壶身高，上部收细且配有直线的壶流，造型与当时咖啡屋中典型的咖啡壶非常相似。到了18世纪中期那种造型更接近圆形的银制茶壶，才受到人们的广泛青睐。除了银制茶壶，有些家庭甚至会用银制茶碗喝茶；1672年，劳德代尔公爵夫人就为汉姆别墅置办了一套18件的银茶具。这些极其不实用的茶具虽然看起来很美，但却因为导热性太好而无法盛装滚烫的茶汤。

茶叶罐也是英国银匠发挥创造力的载体。他们模仿来自中国的瓷质储茶罐的造型，大多罐体高而四面平整、表面镌刻着字母“B”代表武夷红茶（Bohea black tea），“G”则代表绿茶（Green tea）。有些茶叶罐的底座上装有一块活板，滑开以后可以方便向内部的铅罐中装入新茶；有些则是整个上半部分都可以卸下。和瓷质茶叶罐一样，小巧的罐盖取下来以后，就可以用来量取将要投放的茶叶。

自17世纪中叶开始，在茶和咖啡的饮用场合中，人们用起了小银匙。这些造型多样的银匙，有的铸接着光滑素净或者绞拧成螺旋形态的手柄，还有的则在手柄上装饰有钮状纹路。此外，这些大多镀金的小匙既可以成套购买，也可以单独购入。例如，1693年，玛格丽特·班克斯夫人就购买了双层镀金银茶匙6支，共花费1英镑12先令；1700年，购买了茶匙1支，花费2英镑6先令。又如，1697年，生活在诺尔地区的第六代多赛特伯爵，查尔斯·萨克维尔的镀银器皿库存记录显示有“镀金茶匙6支”。

茶几最早就是在一张特制的桌子，上面摆放着浅盘或托盘。它以桌腿支撑，主要为放置饮茶器具而打造的桌子，在17世纪末开始被广泛应用。其中，许多茶几都进口自中国、日本和印度尼西亚。出于对饭碗不保的恐惧，伦敦细木工公司甚至提起诉状来抗议进口茶几。他们在状纸上详述了此前4年间，进口到英国的6582张外国茶几。当时，在劳德代尔公爵夫人的私人议事间中，就放着一张来自爪哇、“錾文鎏银”的茶桌。她特意让人在桌腿下垫上了一块矮木台，用来提升桌子的高度，以适合她在房间使用。玛格丽特·班克斯夫人紧跟公爵夫人买入茶几的步伐，但在1693年她只买了1张“黑色的日本茶几，摆在议事间里”。沉寂几年以后，仿佛是为了补偿自己，这位夫人在18世纪初，接连买入4张茶桌：1702年，购入手工茶桌一张，花费3英镑；1705年，购入核桃木手工茶桌一张，花费4英镑；1709年，购入手工小茶桌一张，花费3英镑6先令；1711年，购入茶桌一张，烛台一对。

作家丹尼尔·笛福在1713年的《评论》杂志中，撰文赞许：

> 如无海贸往来之显著增长，咖啡、茶叶、可可之消费绝无此等精贵；于城中最高等商铺之中，可以得见最为昂贵之茶具、茶桌。

他是对的。随着茶叶的流行，茶壶、茶杯和杯托、糖缸、牛奶盅、糖匙和糖夹的贸易量也就水涨船高。英属东印度公司连同其他独立贸易商，自然生意兴隆。

美洲大陆渐生的茶叶热 America's Growing Thirst for Tea

到17世纪晚期，美洲的消费者对东印度地区产品的需求开始渐增，尤其是印度棉。而开始习惯喝茶的他们，也要向西印度地区的种植园采购糖。新英格兰地区的制造商和强烈需要美洲产品的西印度地区贸易商之间的新型贸易关系，就是这样被糖撬动了。

正当东印度公司的产品打入波士顿、费城、纽约和威廉姆斯堡等城市之时，当地的报纸也不遗余力地用醒目的黑体字为“伦敦进口新品”打广告。这一轮全球贸易中受到影响最大、表现最为突出的案例，当数18世纪中髹漆家具的生产制造。

这些以表面髹漆饰金工艺为代表的亚洲家具通常需要数月才能完成，所打造的款式也在其原产地（如日本、中国、印度和东南亚）极少见到。为了满足西方消费者的需求，这些器物通常以乌木色或猩红色为底，描绘包括花草、人物或风景的中式图样，表面打磨至高光明亮。受亚洲髹漆工艺的启发，英国匠人开发出多层重复涂抹清漆的技术，他们称之为涂漆工艺。

1688 年，约翰·斯达尔克和乔治·派克以《论涂漆和上漆》为题，出版了一本篇幅颇长的操作指南。从他们时有混淆的日语和印度术语中能看出，两位作者似乎和当时绝大多数的英美人一样，对亚洲地理的理解尚不够精准。两位作者声称，通过阅读他们的作品，买主们可以免于被糟糕的插画师“将这些玩意和垃圾强加给贵族和绅士们”，并且能够让“贵族和绅士们”获得正品“全套漆器”，如无此书，人们可能只能满足于一面屏风、一个化妆盒或酒碗。

这场家居风潮很快扩散到波士顿，罗伯特·詹金斯就在国王街住宅区北面的铺子里，售卖“漆面茶盘和托盘”。国王街是波士顿主要的商业大道。在这里，波士顿港众多的商业码头泊位和货栈将城里的社交和政治中心连接起来。换言之，这里也是新英格兰地区蓬勃发展的泛大西洋贸易中心。

装在木盒里的小茶罐

注：自中国广东出口到北美，装在木盒里且精雕细琢的小茶罐；木盒上刻有铭文“小种”（小种红茶）。

在波士顿和整个美洲殖民地区域的时尚家庭里，饮用绿茶的仪式重塑，促进着盎格鲁美洲文化的发展。由漆器家具的流行可见，这种文化本身也建立在全球商品流通的基础上。人们在设计别致的茶桌上（包括漆面装饰）饮茶，来自全球的器物也荟萃其上，从而方便人们饮茶，包括来自中国的茶叶和瓷器、来自加勒比地区的糖，佐茶的甜点中用的是来自印度尼西亚的香料；饮茶的活动场地中，铺设着土耳其地毯，享受着非洲的奴仆端茶递水服务的绅士淑女们，身上华服的布料也来自中国和印度。

上述全球化器物的组合里，有时还会包括亚洲风的藤编椅子以及中式风格的唯美画风的壁纸。对波士顿人而言，茶和许多其他舶来品一样，并不是一种新奇的异域物产，而是他们融入了全球化的文明和文化领域的标志。

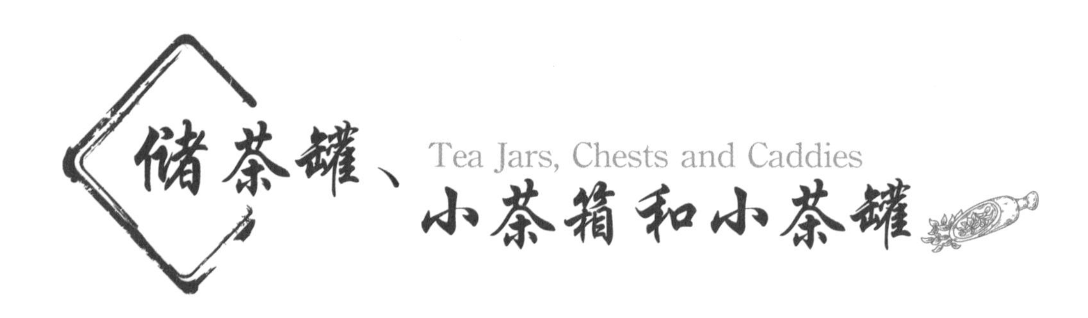

储茶罐、小茶箱和小茶罐 Tea Jars, Chests and Caddies

最初，从中国带到英格兰的茶叶大多是散茶，用瓷质或者石质的罐子盛装着。人们把这些罐子称为茶罐、茶瓶或者储茶罐，一同从中国运来的还有其他相关茶具。随着时间的推移，英国和欧洲的制陶工也开始依据自己的想法，打造一些模仿中国制造的优雅容器。有些是素简的无釉土陶质地，有些则是装饰精美，上面手绘着以奇花珍禽、田园风光、中国树木或植物为主题的图样。罐体的造型也相当多样化，从方形、长方形、圆形、八角形到构思奇妙、取材自水果和蔬菜的形状，如菠萝或花椰菜。

自 17 世纪 80 年代年起，最富有的英国饮茶者开始订制银制茶罐；18 世纪 20 年代，人们开始将茶叶罐锁进盒子或者箱子里面，防止有偷窃习惯的用人对茶叶下手。每个带锁的箱子可以分成 2 ~ 3 个区域，装着用名贵木材、珐琅质地、银质、玻璃或者锡镴制作的小型容器。其中，两个分区用来装茶叶，第三个内盒一般是 1 个玻璃碗，用来盛装和茶叶一样昂贵的另一种商品——糖。后来，有颈有盖的储茶罐被铰链式、滑动式或严密的压盖所取代，储茶器上通常刻有“Bohea”（代指红茶）和“Hyson（熙春）”或“Green（代指绿茶）”的字样。

来自马来语“kati”（意为 $1\frac{1}{3}$ 磅的重量）一词的“caddy”（小茶罐），直到18世纪下半叶才被使用起来。因为茶叶昂贵，所以它们通常是由家里的男女主人贴身保管，储放茶叶的小箱子或小茶罐则被特意摆放在泡茶和饮茶的议事间或休息室里。因此，这种小茶箱必须得是一件美丽的器物，才不会在一众精美的家具和装饰品中显得格格不入。最早的小茶箱生产于17世纪50年代，通常选用胡桃木打造。在后来的发展中，人们开始越来越多地使用昂贵而珍稀的材料，如桃花心木，乌木，椴木，龟壳，贝壳，象牙，水晶，银子，衍纸作品，豪猪刺，漆面、贴面或镶板的木料。当时，一名在伦敦家具制造铺里面当学徒的年轻人，可能需要两三年的时间，通过制作木制小茶罐来磨炼自己制作小燕尾角、薄纸贴面和精细镶嵌的技能。

17世纪英国茶叶罐和镀银茶勺

小号单室带锁的茶箱一般会被做成椭圆形、六角形、八角形，或者呈现梨、苹果、甜瓜的造型。较大的茶箱则通常以长方形和树干造型为基础，以便容纳里面的小容器。除了茶和糖的容器，一些更豪华的小茶罐和茶箱里还装配有银糖夹数个、一个茶勺、一把滤茶匙和数把茶匙。

尽管富裕阶层的大多数家庭会把茶叶存放在小茶箱或小茶罐里，但也有人更愿意便捷地把茶叶和必要的茶具收藏在茶桌或休闲桌的抽屉、收纳隔间里。一些厢房制造商把这个柜子放在一个有三只脚的架子上，人们将之称为“茶几”。在茶会时，它可以被安置在茶桌旁边，方便拿取器具，茶会结束时再挪开。

在庄园和豪华宅邸中，小茶罐无处不在。它的流行一直延续到18世纪。很多北美殖民地家庭中也能见到小茶罐。其中，绝大多数都是英国或者中国制造的——尽管中国的茶罐到19世纪初就很少见了，美国家具制造商偶尔也会制作这些家具。保罗·里维尔就至少做了2个银制小茶罐。其中一个是在1792年，为一名波士顿商人和他的妻子约翰和梅赫塔布尔·坦普尔曼制作的。

到了19世纪，那些形状各异、高端且满是异国风情的造型，在小茶箱生产中逐渐减少，取而代之的是造型普通的木箱。这也许是因为东印度公司在英国进口茶叶贸易中的垄断地位于1833年结束，且在印度和锡兰（今斯里兰卡）的种植园里生产英国茶，使茶叶更便宜，也更容易买到。随着茶税降低至每磅茶叶仅收取几便士，茶叶的价格进一步下降。此时再用贵重的盒子盛装一种廉价的商品，就显得毫无必要了。

简易小茶箱

最终，存放茶叶的地点也随之从典雅的会客厅，转移到厨房的壁橱里面。茶叶公司也选择将简易小茶箱半卖半送，作为对忠实顾客回馈和展示其品牌的广告。

约瑟芬·波拉德和 H.·麦克维克所著的《1773 年 12 月的波士顿倾茶事件》插图（多德米德公司出版，1882 年）

茶园（乔治 · 莫兰于 1790 年创作）

注：该图描绘了一个伦敦家庭在伦敦的休闲园林里喝茶的情景。

三
18世纪
英美茶事

学习历史的人经常会感到好奇，为什么17世纪中期，在绝大多数欧洲国家接纳咖啡的时候，英国和北美殖民地的人民却养成了饮茶的习惯。有两个主要原因：第一，大约也是最重要的一点，英属东印度公司在茶叶贸易上的垄断权。正如威廉·乌克斯斯在《茶叶全书》中解释的：

> （这家公司）不仅造就了世界上最大的茶叶专卖制度，也是以茶为载体实现英国文化宣教的源头。公司宣教的效果非常突出，引发了英国的饮料革命；在短短几年间，促使英国人从潜在的咖啡消费者转为茶叶消费者。这家公司不仅声名显赫，富可敌国，可以与皇权和国家一较高下；他们还享有圈地、铸币、建军等权力。这家公司可以与其他国家缔约、宣战或议和，行使民事及刑事司法管辖权。

第二，17世纪末，英国与荷兰分别与法国发生了多次战争，被驱逐出地中海海域，因此这两国便很难从黎凡特地区获取咖啡产品。商业难题很可能在西班牙继位战争（1702—1703年）期间，一方面，由于英、荷两国并肩作战对抗西班牙和法国，而重新浮出水面；另一方面，东印度公司源源不断地向伦敦和美国提供着货源稳定的替代品——来自中国的茶叶。茶叶也就成为两地人们首选的饮料。

英王乔治三世在为其美洲殖民地管理当局筹措资金时，也未忽视波士顿人日益增长的消费偏好——他们最终与伦敦人一样对茶叶情有独钟。与此同时，对议会开征茶税和东印度公司的傲慢态度的不满，也积蓄在波士顿人心中，最终在1773年12月16日催生出一场恰逢其时、席卷整个波士顿港的“茶杯风暴”。革命就此爆发，这场史上最著名的“倾茶事件”也催生出一个国家：美利坚合众国。

1714年，英王乔治一世登基时，人们对茶叶与日俱增的兴趣增加了更多商人专营茶叶的信心。食品杂货商和普通商人也将茶叶列入了他们的销售清单，来满足咖啡馆老板对茶叶进货需求的增长。托马斯·川宁的咖啡馆于1706年在河岸街的德弗罗庭院开门迎客，生意非常红火。1717年，家族集体决定将隔壁的217号铺面承租下来，扩大营业面积。

这个地理位置相当理想，河岸街就在闹市区的边沿。那里虽然已经有了2000多家咖啡馆，但离四大律师学院很近，很快就吸引了附近事务所里的皇家律师和代理律师们。另外，几个贵族家庭的联排别墅正巧坐落在这里。咖啡馆也就因此获得了一份含金量很高的客户名单，包括鲍伊斯伯爵、利希菲尔德伯爵和伯爵夫人、萨默塞特公爵、博福特公爵和斯坦福德伯爵夫人——这位夫人不仅在伦敦拥有一所宅邸，还在英格兰、苏格兰、威尔士和爱尔兰的其他地方拥有大片的乡村庄园。咖啡馆为海军和陆军军官、神职人员、“温莎城堡所有贵族、庄园和土地的管家”，以及一批杂货商和咖啡馆老板提供茶叶服务。其中一些人的生意远达温切斯特、纽伯里、切斯特、什鲁斯伯里和德维兹。

与此同时，川宁家族的黄金里昂茶咖是第一批妇女可以进入购买茶叶，而不受非议的商铺之一。此前的咖啡馆禁止妇女自行进入、购买散叶茶供家庭饮用，需要茶叶的她们不得不依赖于丈夫或男仆代为采购。有了黄金里昂这样的地方，马车可以停在河岸街边，贵族妇女直接去和茶商交谈。进了店铺，她们可以从敞开的箱子里买自己最喜欢的茶，或者让人专门拼配一款混合茶买走。理查德·特宁在 1784 年曾感叹："家祖父时……士绅淑女入店，购自好之茶，已成流俗——茶箱一字排开，祖父择其中部分，于主顾面前拼合妥当，令买主尝茶。茶料配方当时可变，直至买主适口为止。"

19 世纪初期，水彩画记录下的汤姆咖啡馆

注：1706 年，汤姆咖啡馆由托马斯·川宁开设，位于河岸街的德弗罗庭院。11 年后，他在咖啡馆的隔壁开设了自己的茶咖——黄金里昂。

川宁家族的账本记录显示，当时的专业茶商也在筹备扩充各类库存。1715—1720 年，巴斯地区的沃伦德先生从这家商店购买了 1 套瓷器餐具、1 枚钻戒、3 对骰子。药剂师、药店和咖啡馆此时也加入了瓷器玻璃商人、女帽匠、美工和金匠的茶叶贸易。例如，1805 年，布里斯托尔葡萄酒街 10 号，名为伊萨克·詹姆斯的商人就用一篇语句押韵的商品目录打广告，目录篇幅颇长，列满了各种各样的商品，包括图片、书籍、战利品、铅笔、石板、复印本、克马斯、字典、墨水、纸张、写字台、羽毛笔、钱包、线盒、口袋书，婚服手套、文具、药丸、补品、药草盒。

圣经，祷告书，预备书，赞美诗，人人颂念，各慰心事。

如你有茶，明心悦志；

如我有茶，无匹于市，

红茶绿茶，字印于纸，悉心包裹，无畏潮湿。

在18世纪的头30年里，茶叶的价格居高不下。这主要是由于国家对所有东印度公司进口的茶叶，都要征收14%的关税，还有数额浮动的后续消费税——该项税费大约是每磅5先令。因此，茶叶也就保持着昂贵且富有异国风情的奢侈品形象，是专属于富人的饮品。1723年，茶叶的消费税被降低至4先令/磅；1745年又调低到1先令/磅。这次降税以后，茶叶价格大幅下降。降价带来的消费增加可谓立竿见影。以5年为单位，1741—1745年，家庭茶叶消费量为80万磅；这一数据在1746—1750年，迅速上升到250多万磅。此后，茶叶的消费规模依然反映着税收水平。1784年，一磅茶叶的进口税和消费税总计达到119%的税收，那一年英国人喝了将近500万磅的茶。《茶与窗户法（1784年）》[又称《折抵法案（1784年）》（*The Commutation Act of 1784*）]将茶叶税降至12%，消费量在一年内增加到近1100万磅/年，此后的两年内就达到了1250万磅/年。

家庭账簿上越来越频繁的大量茶叶购入记录，也折射了这一趋势。根据温德姆家族位于苏塞克斯的别院佩特沃斯庄园保存的发票显示，1750年11月，家人从茶商爱德华和莎拉·谢林格那里以16先令/磅的价格购买了4磅熙春茶，而同样的东西在1720年的花费要多1英镑。1759年3月5日，他们购买了2磅优质熙春茶；3月17日，又从“紧邻伦敦坦普尔栅门，德弗罗庭院内‘川宁与卡特’商铺”那里又买了4磅茶叶。整个18世纪内，佩特沃斯庄园持续从许多商人那里购买日用品。其中，丹尼尔·川宁、谢林格夫妇、川宁与卡特商铺、约翰·布朗希尔和威廉·乌姆普莱比均是茶商，托马斯·摩根是瓷器商人，托马斯·威尔斯是食品、茶叶和咖啡兼营的商人。

川宁公司商业名片（介绍该公司位于伦敦河岸街216号的商铺，约1770年）

《河岸街上彬彬有礼的杂货商》插画

注：这是一本讽刺小品，1805 年在伦敦出版。放在人物身后架子上的罐子上写着的茶名，是当时常见的茶类。

18 世纪 50 年代，第四代贝德福德公爵从商人理查德·海恩斯那里购买了“2 磅优质绿茶”（价值 12 先令 / 磅）和“2 磅精品工夫红茶”（价值 10 先令 / 磅）。这位商人在科文特花园开设有汤姆咖啡屋，其中售卖最上等的香草和纯巧克力。他卖的是各种最优质茶叶、上等香草和纯卡拉卡巧克力、各种最好的茶、最好的土耳其烘焙咖啡、西班牙哈瓦那咖啡等，还有鼻烟。该店批零兼营，价格合理。1780 年，生活在德文郡索尔特拉姆别墅里的帕克先生在账本上记录：“从西蒙兹先生处以现金购茶，共计 19 英镑 12 先令。从布拉德利购茶，共计 15 英镑 7 先令。”18 世纪 70 年代，生活在威尔特郡斯托黑德的理查德·霍尔爵士，每月分 3 次购买茶叶，包括上等小种红茶、上等绿茶和一些无法确认种类的其他茶叶，以及用来放糖和刻了字的茶叶罐。

19 世纪初，在坎伯兰考克茅斯，多萝西·华兹华斯以河运方式运送订购的大量茶叶。1828 年 10 月 25 日，她订购了“6 磅优质西印度咖啡（烘焙型）、75 磅的小种红茶和 30 磅的工夫红茶”。

爱茶人托马斯·杰斐逊

Thomas Jefferson Takes Tea

托马斯·杰斐逊画像（伦勃朗·皮尔 1800 年绘制）

茶的魅力之大，令托马斯·杰斐逊也深陷其中。他偏爱的食物和饮料中，包括了几种红茶和绿茶。根据蒙蒂塞洛档案馆中，杰斐逊的财务记录和相关资料显示，杰斐逊及其家人长期保持着购买茶叶的习惯。档案馆中还留存着他们买入的茶叶的种类和数量的宝贵信息。例如，18 世纪 70—80 年代的一些文献资料显示，他们曾经从威尔利亚斯堡市威廉·巴斯德医生的药房里购买了不同种类的茶。这位巴斯德医生曾是北美联军的外科医生，也曾出任威廉斯堡市的市长。1780 年，杰斐逊还以很高的价格从里士满的一位茶商那里订购过小种红茶。在他的计算中，这 1 磅干茶应该能冲泡 126 杯茶。

旅居巴黎的时光（1784—1789 年）可能进一步激发了他对茶的兴趣，毕竟当时的巴黎人就十分沉醉于这种来自亚洲的异国饮料。1790—1791 年，居住在费城的杰斐逊似乎更喜欢贡熙。档案中也提到了相当受欢迎的熙春茶，也是在波士顿港口被倾倒入海的茶叶之一。蒙蒂塞洛的档案可以让我们一窥美国第三任总统的饮茶习惯：

1777年12月13日,“2磅武夷茶，购自巴斯德医生处，共计4英镑10先令。”1777年12月25日,“工夫红茶2磅，购自亨特小姐处，共计6英镑。”

1780年6月9日,“以70英镑购入小种红茶1磅，熙春茶1磅。”1784年11月24日,“自巴克莱夫人处购入瓷器、茶和白兰地，共计1054法郎。”

1788年4月29日,“得茶4磅，每磅10法郎，共计40法郎4生丁。”

1791年1月18日,“自坎贝尔购买贡熙1磅，花费2美元。”

1791年3月8日,“茶尽。此茶，1周饮用6次，1磅整用7周。每人每次耗用0.4盎司。如此，1磅茶花费2美元，可沏茶126杯。”1794年10月9日,“杰斐逊至费城茶叶商、杂货商，约翰·巴恩斯处。”

我这里每年需采买好茶约20磅，情知茶好则价贵，可仰赖者，尤以阁下较之旁人最甚。因每季均派家人前来费城买入食品杂货一批，彼时还请交付季度所需茶叶。现下烦请为我装1罐好茶，足称5磅。我家犹喜熙春新茶，香高味浓，但如无上等者，熙春陈茶也可。

私茶泛滥 Illicit Tea

在整个18世纪里，消费者逐渐找到了为流行货物逃避重税的方法。一个复杂的走私网络由此形成。他们从东印度群岛、印度、中国和日本，经常借道荷兰或法国，将未缴税的物资运到英国。他们在渔夫的靴子里塞满手套和珠宝，将蕾丝制品和真丝长袜藏进女人的衬裙；用空心的面包包藏琥珀和其他蕾丝制品，帆船布卷里面则堆着烟草和卷起的丝绸。在走私品的列表中，茶叶名列前茅。

私茶主要来自荷属东印度群岛，走私贩子在英格兰南部沿海地区登陆，将茶叶分装后用油皮袋包好，准备装上马匹和马车。如果不能立即运走，他们就将茶叶包藏到树篱和灌木丛下，过段日子再行收取。1778年，康沃尔郡特雷亚的爱德华·吉迪写信给海关总署署长说："自军士撤防后，走私行径几乎不受控……大约两周前，一艘大型渡轮登陆……（船上）携有1500～2000安克尔[①]烈酒、约20吨茶及其他走私货物。"走私品的总量巨大。下议院的一份报告指出，仅在1822—1824年，官员们就没收了"129艘轮船，746艘小船；查没白兰地酒3.5万加仑，杜松子酒22.7万加仑，威士忌酒1.05万加仑，朗姆酒253加仑；鼻烟3000磅；茶叶1.9万磅；丝绸4.2万码"。

其中，茶和"洋酒"是绝对的"重头戏"。根据19世纪《走私避税佣金》的报告估计，当时英国每年因走私犯罪损失的税收高达95万英镑。相比官方定价（10先令～1镑6先令）/磅的茶叶，私茶仅售5～7先令/磅。考虑到当时一个非熟练工每周平均大约10先令的工资水平，"地下黑市"的兴旺发达也就不足为奇了。

参与非法贸易的人不仅有犯罪分子和小偷小摸，甚至还包括一些地位尊崇的社会人士。他们虽然没有直接参与走私、藏匿和分销茶叶，却也必定购买过这种没有上过税的茶叶。牧师詹姆斯·伍德福德在1777年1月16日的日记中记述过，他曾和"理查德·安德鲁斯（一名走私贩子）交易，以9英镑购买茶叶1磅；以5英镑6先令一条之价购买印度产真丝手帕3条，计15.6英镑"。同年3月29日，又记录"走私犯安德鲁斯今天晚上11点左右给我带来了1袋熙春茶，重6磅。正将就寝之时，他于客厅窗户之下，呼哨叫唤我们，实为悚然。我先沽了一些日内瓦酒（也称杜松子酒），又付了33英镑茶钱，每磅作价10镑6先令"。

1784年，理查德·川宁在自己所撰写的《〈茶与窗户法〉与茶叶贸易之管见》中写道："以最保守法计算，走私犯业已成为英属东印度公司之强劲对手，几近分庭抗礼之态；亦有其余计算以为，走私犯所占者，实已2/3。"

走私行为一直持续到19世纪，亨利·肖尔在《走私时代和走私方式》一书中解释道：

---

① 译注：安克尔是英国和欧洲大陆早期重量单位，1安克尔相当于10加仑陈酒或8.25英制加仑。

> 1831 年，人们就发现了一个广大的茶叶走私系统，茶贩子从格雷斯港运入货厢，通常沿泰晤士河、怀特岛水道和汉普郡海岸行进。茶叶装在箱子里，堆在船用木料之间，假充地板板材。数年后，1833 年，又一种将茶叶和干货送入英国的走私方法被发现，走私犯穿上斗篷或大外套，把要走私进来的物品挂在肩膀上；或穿着如渔民和飞行员所用的衬裤，将货物藏在里面……1835 年，商船船工中间开始使用一种奇特的装置，就隐藏在他们的防水布夹克和裤子下面。

另一方面，美洲殖民地的人们也在想方设法规避英国茶高昂的成本。1770 年一整年，从纽约港进口的合法茶叶只有 147 磅，通过费城港口运来的则只有区区 65 磅。这些“波士顿人”一方面发现自己很难摆脱喝茶的习惯，又苦于没有建立起通往荷兰的稳定走私路线。此外，当地的两个商业巨头理查德·克拉克父子公司和托马斯·哈钦森州长的儿子们开办的托马斯及以利沙·哈钦森联合公司，则对王室忠心耿耿，当年进口了总计 5 万磅的茶叶。

至 1800 年，茶叶贸易体量发展迅猛。罗伯特·威塞特《欧洲茶叶贸易之兴起、发展和现状》中记录了“18 世纪初，茶叶并未被视为可流通之产品；如今则在亚洲进口商品中一马当先”。消费者可以从大约 20 个不同的品类中挑选。川宁公司在当时就供应有如下表所示的茶叶种类。

川宁公司供应的茶叶种类

茶的种类	批发价格 /（英镑·磅$^{-1}$）	零售价格 /（英镑·磅$^{-1}$）
武夷茶	12 ~ 21	16 ~ 24
武夷碎茶	8 ~ 12	12 ~ 16
显毫武夷茶	27 ~ 18	20 ~ 24
显毫红茶	18 ~ 20	24 ~ 30
贡熙	18 ~ 26	20 ~ 30
花拼贡熙	16 ~ 20	18 ~ 24
工夫红茶	18 ~ 20	20 ~ 30
显毫工夫红茶	20	22 ~ 30
武夷工夫拼配茶	18 ~ 20	18 ~ 22
绿茶（熙春茶）	10 ~ 18	14 ~ 20
绿碎茶	6 ~ 8	8 ~ 12
绿拼贡熙	14 ~ 18	16 ~ 24
朵型绿茶	16 ~ 20	16 ~ 26
顶级熙春茶	无	36

武夷茶、工夫红茶和显毫红茶都是红茶类。其中，武夷是最普通的条形茶，工夫红茶和显毫红茶的质量更好。小种红茶也是红茶，条索粗长。熙春是一种绿茶，贡熙则多指中等绿茶，松萝茶是绿茶中品质较低的。还有普通珠茶和平水珠茶，这两种绿茶的干茶都揉捻成紧结小珠子。屯溪茶则是一种用料粗老、条索松散的低等茶。

大多数消费者对比较常见的红、绿茶如武夷茶和熙春茶，更具有购买力。在川宁公司1713—1716年的销售账簿中，就有如下记录：

（金斯敦庄园）班克斯夫人，购买0.5磅武夷茶，单价18英镑/磅。

爱德华·斯坦利先生，购买顶级武夷茶12磅，单价18英镑/磅；1715年4月，斯托克顿先生，购买武夷茶1磅，并茶叶罐1个。

1715年10月5日，售出武夷茶0.5磅，单价18英镑/磅；1716年2月2日，售出武夷茶1磅，单价18英镑/磅。

为茶痴狂

注：这幅创作于 1785 年的名为《为茶痴狂》的漫画，描绘了伦敦茶叶店——菲利普 · 熙春门前的热闹场景。店铺招牌上声明店里的茶“童叟无欺，”即他们的产品绝对没有用其他树叶在茶叶里鱼目混珠。两个搬运工抬着一个大茶箱，正要将其运到一个绅士的马车上。这时，一个醉汉则在旁说，他的妻子现在可以喝到跟杜松子酒一样便宜的茶了。也许中国的熙春茶在英文中得名希森（hyson）归功于菲利普 · 希森，但除了这幅插图，并没有其他历史记录中提到这家店铺。而且早在这幅漫画问世的一个多世纪前，熙春茶就在伦敦有售了。它的含义可能来自中文中的“雨前”（yu-tsien），即在春雨之前[①]。后来，“雨前”不知何故变成了“熙春”（hy-son），所以熙春也被用于指代在春雨前采摘制作的绿茶。

> 1716 年 5 月 16 日，售出武夷茶 0.5 磅，单价 18 英镑 / 磅；5 月 27 日，售出优质武夷茶 1 磅，并茶叶罐。

此时的大多数茶叶都是装在箱子里散装出售的，顾客以 0.25 磅、0.5 磅和 1 磅的规格购买，售出的茶叶也都用打包纸包好。1809 年 8 月 14 日，一份写在纸上由仆人送出给格拉斯哥茶叶商人威廉 · 米勒的订单中写道：“如贵店单价 7 英镑 6 先令之红茶尚有现货在售，请以纸包装出 1 磅，并将之安置于大麦包装

① 译注：事实上，中国的雨前茶是指谷雨前生产的茶叶。

棱柄盐釉粗陶茶壶（1750 年，生产于斯塔福德郡）
注：壶身是刻有“武夷茶”的铭文，武夷茶得名于中国红茶的故乡武夷山。

袋口。”米勒先生，随后在纸上写了售出记录：“大麦 28 磅，共计 7 先令 6 便士；茶叶 1 磅，共计 7 先令 6 便士。”

美国人对茶的口味，几乎照搬了英国人的喜好。位于乔治·华盛顿的弗吉尼亚种植园弗农山，在早期记录中就有 1757 年 12 月从英国订购茶叶的内容。其中就有华盛顿本人曾经求购顶级熙春茶 6 磅，以及其他顶级绿茶 6 磅的记录。这些茶应该是为同年早期他购买的 6 把茶壶而订购的。此外，弗农山保留的茶叶订单中，也涵盖了当时常有的中国茶类，如武夷茶、工夫红茶、平水珠茶、贡熙和高等熙春茶。

波士顿茶叶商人理查德·克拉克（Richard Clarke）在一封信中写道，他认为北美地区的新英格兰人是最有眼光的饮茶者。因为他的顾客们对之前的一批劣质茶嗤之以鼻，所以他们向伦敦的批发商“发送最优质者，香高味浓者为上”。美国商人对茶的认识和使用迅速增长，到了 18 世纪 70 年代，几乎有一半的马萨诸塞州居民去世时，遗产中都有茶具陈列在册。

尽管茶叶的税收仍然很高，本身也是一种昂贵的商品，但大西洋两岸的奸商们依然找到了扩大供销的法子。他们向茶里混入杂物，正如1725年通过的一项法案的文本中所写的："大量的黑木榉叶、甘草叶、泡过茶叶之茶渣，甚或叶形雷同茶叶之乔木、灌木或其他植物叶子……将前述叶片与土粳、蔗糖、糖蜜、黏土、木屑及其他成分混合、着色、染色，混合浸染成茶，并假充真茶贩卖，将损害陛下臣民的健康，减少公帑收入并摧毁公平交易之基石。"乔纳斯·汉威在1756年确证，泡过的茶叶也在被用于交易的事实："诸位也曾听闻，府上女仆时有将叶底茶渣晒干卖出之事。如此"勤勉仙女"劳碌所得之茶，每磅可作价1先令。为求颜色相同，这些树叶需用日本土（Japan earth）的溶液浸染……"

1785年，理查德·川宁在《〈茶与窗户法〉与茶叶贸易之管见》中也提到了有关茶叶造假的细节：

> 一位绅士亲口告知我一件要事，他已然对此事进行过非常准确的问询，特向公众通报一项特殊生产之内幕。
>
> 《假红茶——以白蜡树叶制作"烟茶"之法》
>
> 采收以后，先将白蜡树叶晒干，再行烤制。随后置于地上，脚踩碎叶片，收起后再浸入绿矾、羊粪中，最后铺于地上晾干即可。

川宁先生认为，在方圆8～9英里的小区域内，每年大约有20吨"烟茶"被生产出来。

欧洲的、北美的消费者认为他们购买的昂贵绿茶，应该泛出蓝色。对此，著名的植物猎人罗伯特·福琼在其1852年出版的《前往茶叶之国》中写道："铁蓝矿料碾成细粉，3份料粉配4份石膏，得到浅蓝色染料粉剂。在最后一次烤制结束前的5分钟，再把粉末加进去。"在伦敦出版的《家庭先驱报》点评福琼的著作："吾辈英国人啜茶，就寝，辗转反侧，依旧神志清醒，起床，抱怨神经衰弱和消化不良，随后就医，医生摇头道：'吃茶去！'虽有此言，医生实指：'金属漆'。"

由于消费者逐渐了解到绿茶更容易掺假，越来越多的人开始只买红茶。这可能就是英国人开始偏爱红茶的转折点，此后绿茶的购买量日渐减少。

英国普通民众的饮茶故事

Tea for the British Lower Classes

大量的逃税私茶不仅流向了富人，也使低收入人群能够负担每周茶叶的开支。不过，其实也并没便宜多少。毕竟当时一个非熟练工一周只能挣到 10 先令，一名熟练工的工资在 15 先令到 1 畿尼之间。一些政要、贵族认为茶不是适合工人阶级的饮料。例如，1744 年，邓肯·福布斯在苏格兰时写道："然自本国与东印度贸易开市起，茶价低廉如斯，最为悭吝的工人家庭也可购买……当昔日珍稀之物，饮茶不可或缺之糖，被最为贫穷家庭之主妇买入，与水、白兰地或朗姆酒混饮，当茶与潘趣酒为所有饮啤酒与麦酒之人随意饮食作践，则其效忽且甚焉。"

这一观点得到了乔纳斯·汉威的支持。他在《八天旅程》一书中写道："约在 18 世纪初，用茶之风传入平民阶层……男子的声望与容貌受损，女子则失去美丽。甚至您家中的女仆都会因为喝茶而失去青春……这是对这个国家的诅咒，劳工和机械师将会效仿贵族……"

这一时期的家庭用人也开始爱上雇主钟爱的饮料，连工资单里通常也会加上一份茶叶补贴。德文郡的索尔特拉姆别墅在 18 世纪 80 年代的账目簿，工资一册上写着，"2 月 19 日，付简·道伊薪酬 9 个月（15 英镑又 15 先令），茶补（1 英镑又 6 先令）"。1755 年，一位探访英国的意大利人指出："即使普通女仆，每天也需饮茶两次，且是优质之茶；此事为主仆协议的第一要事；仅此项费用已相当于意大利仆人薪酬。"

正直的雇主将供应茶水作为一种免费的日常福利，这也许是当今英国职场"茶歇"的前身。曼彻斯特的艾肯博士在 1790 年写道："1760 年前某年，一位财富可观的制造商给学徒工们分出有明火的会客厅一间，以供使用，并每天两次分发茶叶。”1814 年，在柴郡河岸采石场的工业园区，工人们平均花 9.3 英镑买茶，花 7 先令买糖。据约瑟夫·塞夫顿说，一位河岸采石场的磨坊工人在向地方法院提交的饮食报告中写道：“我们周日的晚餐是炖猪肉和土豆，也吃应季的豌豆、豆子、萝卜和卷心菜。周一的晚餐是牛奶配面包，有时还有浓汤……”他表示，每天都差不多，“通常只喝水，只有生病时可以喝茶”。

另一些人则不那么慷慨和宽容，正如 1801 年给《女士博物馆月刊》（*Lady's Monthly Museum*）杂志编辑的一封信中所强调的那样：“近期在布莱顿的旅行中，我碰到一些年轻女士……都急于找到工作，尤其是服务类工作……她们中的一个告诉我，自己最近辞了工，应该会获得很好的品行推荐信，而她辞职的唯一原因是女主人受不了她一天要喝两次茶，而且看不惯她天天在帽子上插戴羽毛装饰……”

1767 年，社会评论员亚瑟·杨和当时的许多人一样，对“工人们浪费工作时间，在茶桌前转来转去；不仅如此，农庄里的仆人甚至要求在早餐时和女佣们一起喝茶。”伯克郡·巴克姆的校长大卫·戴维斯在他 1795 年出版的《畜牧业工人之现状》一书中写道：“如是有问，此类人为何沉溺于一种奢侈品——此物只适合比他们更为富裕之人，而非满足于有益健康、更加营养之牛乳。若穷者确可在周遭任意处买到牛乳如此佳物，则应以此谴责他们追捧、偏好那可鄙之饮。然则实非如此。若牛乳可得，穷者果真不喜饮用？若牛乳难得，穷者果愿以茶换之？”

那些对穷人饮茶一事态度轻慢、颇多苛责的人，是选择性地忽视《圈地法案》的广泛影响。1750—1860 年，由议会决议通过的法案取消了当地人民在普通用地上种植农作物和放牧动物的权利。从法律上一刀切，阻止数十万人自行饲养奶牛，也由此剥夺了他们在牛奶、黄油和奶酪上自给自足的可能性。工人们劳动所得的微薄工资，无法满足家庭消费相对昂贵的乳制品。在食物短缺的情况下，少量的茶叶就可以泡出温热、充足、适口的饮品。正如戴维斯向读者解释的那样：“茶叶靡费之多，仍足可惊叹。便如世人选优质熙春茶，以精糖使之甜，以奶油使之醇，我亦感其铺张。而此绝非穷人之茶。选溪水泉水，不过略添几片最廉价茶叶泡开，使汤略有色罢，再佐以最粗之褐糖（较之精糖便宜得多），便是他们为人诟病之奢靡浪费了。如此不过是财尽其用，赖以生存。如若将之夺去，则只剩面包和水，使人聊以生存。穷者不由饮茶而困苦，实由困苦而饮茶尔。”

未来英国首相的父亲伊萨克·德·以色列对乔治王时代末期，英国各地对茶的接受现状最恰当的概括：

> 这种著名植物历程犹如真理的发展。起初人们怀疑，尽管对那些有勇气品尝它的人来说非常可口。有人试着负隅顽抗，但无法阻拦它播撒流传。最后它大获全胜，登堂入室，从庙堂之高到茅屋之楼，整个土地为之欢呼，所凭不过是它自身的美好品格，和无从抵抗、缓慢流逝的时间。

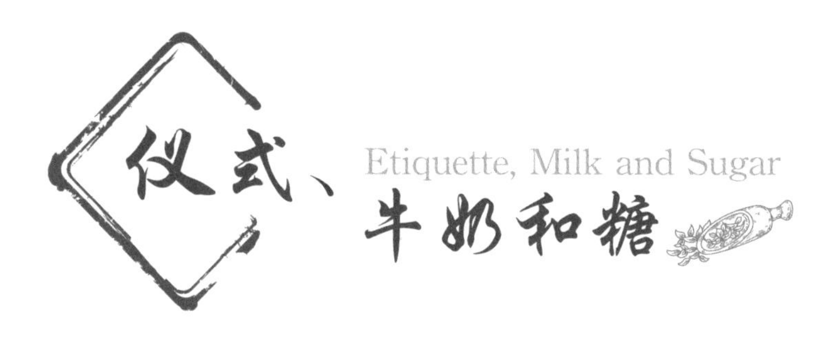

仪式、牛奶和糖 Etiquette, Milk and Sugar

茶叶是一种相对较新的商品，尽管越来越多的人在泡茶、喝茶，但并不是每个人都知道该如何正确地泡好一壶茶。诗人罗伯特·索西在他1850年出版的著作《手札本》中，讲述了一个故事：“彭里斯（坎伯兰郡境内）史上第一磅茶叶是得自赠礼，却无有饮用之法。主家将所有材料笼统放入水壶煲煮，围坐之后，于叶子中加黄油和盐混合而食，心内暗忖，如何竟有人爱此菜肴。”这一幕让人想起塞勒姆茶的早期历史。

18世纪，女主人亲自沏茶和分茶的传统被保留了下来。以糖佐茶的习惯被推广开来，几乎所有人都接受喝茶加糖——富人会在茶汤里加入精制白糖，穷人也能用上深棕色的粗糖、糖蜜或糖浆。1706年，一位名叫邓肯的医生对此的解释是：“咖啡、巧克力和茶因其风味不佳，起初只是作为药物，但若以糖使之美味可口，它们就变成了毒药。”1784 年，旅行家兼作家的弗朗索瓦在《旅居英格兰的法国人》中写道：“时人所大量求购的糖或糖蜜皆为昂贵之物，却未妨碍加糖成为一时流俗，人人爱饮甜茶，毫无例外。”

维多利亚式虹彩陶奶盅（桑德兰地区陶坊作品）

注：18 世纪末到 19 世纪初的英国陶器通常用流行的诗句、幽默的俗谚、标语或圣经文字来装饰。

买得起牛奶或奶油的人，也会将它们往茶里加。1748 年，瑞典教授兼环球旅行家皮尔·卡尔姆（Pehr Kalm）在其著述《赴美中途访英之记述》中指出，“饮茶时，绝大多数人会添上一点奶油或甜牛乳到茶杯中。”1782 年，旅行家托林顿爵士约翰·比恩在他的日记中描写，在萨里地区巴格肖特的一家客栈里喝茶时，感受着“加上奶油的新鲜感”。这位子爵很快发觉自己更喜欢奶油而不是牛奶，他是这样描述的：“某天清晨，我大口放纵地吃早餐……把 3 个热面包卷和 1 品脱奶油，配着我的茶一起吞下去。”

1729 年，乔纳森·斯威夫特在《现代女士日记》中描述了一位现代女士的家中一个典型的晨间情景：

> 此时，夫人慢啜着杯中加了奶油的茶，开始进入惯常的主题；
> 重复着昨晚的话题；
> 直叫斯派德夫人为骗子，100 遍。

以爱茶者著称的塞缪尔·约翰逊，这样总结他自己的茶癖：

> 请你附耳来听，亲爱的伦尼，不必苦烦；
> 沏茶不必求快，毕竟热茶难咽。
> 我愿祝之祷之，亲爱的伦尼，有你奉上，
> 一杯新茶入手，佐以奶油精糖。

塞缪尔·约翰逊博士（左四）形容自己是“饮茶刻板无度之人”。20 年来，借此奇葩，送饭消食；水壶在侧，夙夜温热；晚间以茶得趣，午夜借茶慰情，晨兴有茶相迎（水彩石版画，约作于 1775 年）

爱德华·杨（Edward Young）大约发表在 1725 年的诗《名慕集》，描绘了 18 世纪的人们是如何持拿茶碗的，优雅的爱茶人如何将精美的瓷器举到唇边饮茶：

> 两片红唇假作吹风，她要武夷茶汤快快凉下，免得美人烫伤；
> 一根玉指配合拇指，她举起茶杯的风情，世界也为之倾倒。

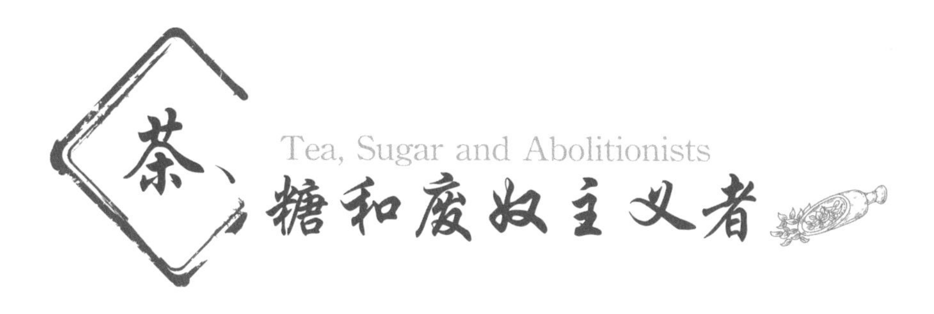

茶、糖和废奴主义者 Tea, Sugar and Abolitionists

外国政要访问英国并做客于伊丽莎白一世女王的宫廷后，往往对女王令人震惊的口腔问题印象深刻，女王陛下满口的牙齿都已腐烂。这难以挽救的状况，又因她的糖瘾雪上加霜。不过，用糖佐茶并不是真正的原因。事实上，英国皇室直到1600年还没有尝过茶。早在1099年，英国历史文献中就有糖的记载。到1319年，伦敦地区就可以买到糖，售价2先令/磅，这个价格相当于今天的30~35英镑/磅。在17世纪上半叶，荷兰人在巴巴多斯岛向英国人传授了制糖技术，英国的制糖工业由此从那里传播到背风群岛和牙买加。此后糖价开始下降，消费量开始增长。紧随其后，数千名来自非洲的工人开始成为奴隶。人类学家西德尼·敏司（Sidney Mintz）在《甜与权力》一书中写道："英国打了最多的仗，征服了最多的殖民地，引进了大多数奴隶，在建立种植园制度方面走得最远、速度最快。"

17世纪下半叶以后，虽然英国和欧洲大陆关于饮茶场景的绘画作品鲜少刻画糖碟，但最初进口到英国的大部分糖确实是用于茶的调饮。到1750年，糖在欧洲贸易中已成为比谷物更值钱的商品，仅英国就有精炼糖厂120家，年总产糖约3万吨。由于税率很高，这些糖给英国政府带来了巨大的财政收入。

1784年，贝德福德郡的一家报纸报道："如今茶叶已成比屋之饮，国内餐饮之风已易，国人每日需饮茶两次。如此，我们便更应注意长期饮茶健康，一则茶有涩味，具收敛性，不同品质之红茶如武夷红茶、工夫红茶和小种红茶，应搭配使用经双重精制之糖块。绿茶如松萝和熙春，能通便，以巴巴多斯黏土糖（通常称为优质里斯本糖）调和至适当甜味，则更可开胃。"

种植园的主人们靠糖业发家致富，受过教育的民众对他们使用奴隶感到惊骇。18世纪60年代，陶瓷大师乔赛亚·韦奇伍德创作了锁住的奴隶徽标，并且把徽标做成了女士们佩戴的胸针、发夹和项链，以此来抗议奴隶制，支持废奴运动。1791年，英国的反奴隶制运动获得更为广泛的支持，人们发起抵制饮茶活动，最终吸引了超过30万个家庭加入。豪宅大院里的仆人们，也效仿雇主放弃在茶中加糖。近来，英国很多地方，反奴隶制团体定期举行茶话会，茶杯和茶壶上装饰着废奴主义者的标语和图像，一封给《泰晤士报》的信写道："在这个街区，我们有反奴隶制俱乐部，举办反奴隶制主题女红会[①]和反隶制主题茶会。"

① 译注：needle party，在目前的检索系统中，没有具体的对应，考虑前后文，内容应该是指贵族妇女之间的社交活动，needle在女性文化中与女红紧密联系，因而暂定翻译为女红会。

约翰·布尔与家人戒糖入茶

注：这幅 1792 年由詹姆斯·吉雷创作的漫画展现了当时社会上有影响力的女性鼓励人们停止使用糖，尤其是在茶中加糖的场景。这幅漫画展示了乔治国王和夏洛特王后带着他们的 5 个女儿喝茶，茶桌上有面包和黄油，但没有一般会向茶里添加的糖。王后在说：“啊，我亲爱的宝贝们，快尝尝吧！你想不出这茶不放糖有多好喝，然后再想想，你能为那些可怜的黑奴们省下多少劳作！最重要的是，记住这会为你们可怜的爸爸省掉多少开支！哦，这迷人的清凉饮料。”国王在旁喃喃道：“哦，美味啊，美味！”

自 19 世纪 50 年代起，甜菜取代甘蔗成为制糖的主要原料，糖价逐渐下跌，成为在英国人人都能负担得起的产品。喝茶放糖也变成一种常态，1878 年的《餐饮服务商和茶点承包商公报》以《如何沏一杯好茶》为题写道：“饮茶者所犯的一个重大错误就是太过随意地用糖调和茶味。只要情况允许，酒店和咖啡厅的顾客会肆意浪费糖直至断供。因此，上述环境里，必然限制供应每个人的用糖量。糖不是用来使茶变甜，而是用来中和苦味。”

早餐茶 Tea at Breakfast

早餐（1750年，理查德·休斯敦刊印，菲利浦·梅西尔绘制）

18世纪初，大多数人早餐时并不会喝茶，反倒是以酒佐餐。但是苏格兰博尔金地区的麦金托什先生在1729年留下记录，“一日早晨，我来到朋友家中，曾有人问我是否已经喝过早酒？如今人们问我是否喝了茶？喝了一大杯有益健康的苏格兰烈酒之后，他们用架在火上的茶壶，装着果酱、奶油的银器和瓷器，替代了一大杯威士忌和烤面包”。

随着时间的推移，除了最贫穷的家庭，人们用配着面包、吐司和黄油的早餐茶来开启一天的时光之旅。博物学家皮尔·卡姆教授在1748年记录：

> 早餐在英国几乎全是经济较为宽裕的人方能享用，且必然喝茶，非瑞典那般，空腹喝大量的热水，没有其他东西。英国风尚更为亲近自然，他们喝茶同时会吃一片或多片小麦面包。这些面包片先在炉火上烤过，透热以后抹上黄油，再将其撤离火炉，这样黄油便能浸入面包融合滋味。

作家弗朗索瓦·德·拉·罗什富科在1784年描绘了一家上流社会家庭典型的

英式早餐:“上午9时，家中最为普通之早餐开始。及此事，女士衣着皆已全部穿好，鬓发梳理妥当，可维一天不乱。早餐必有茶饮，各种面包和黄油一同皆备。豪富家中，尚有咖啡、巧克力等。桌上亦有早报摆好，早餐时也可随意阅读。”

在19世纪早期，托马斯·塔尔博特牧师旅居于索尔特拉姆别墅，与妹妹弗朗西斯·帕克的团聚时，曾写信给妻子告诉她在这所房子里的生活日常，语调总有些尖酸。如果家里没有客人，早餐就会摆在一楼的蓝蝶厅，吃那种“最朴素”的早餐。别墅内有客人留宿的时候，早餐会在10点30分摆到晨间起居室里，“或聚会中有八人及以上在席……桌上一边放装了红茶的罐子和水盂——另一边放绿茶，咖啡摆在边上——此地的早餐和面包一点也不好。”

当时的早餐会由时尚人士举办，场地有时设在卧室，有时在早餐厅中。伍德福德牧师在其1768年8月9日的日记中写道:“为庆祝斯塔沃代尔爵士的成年，梅尔利亚尔夫人在卡里牧师院举办了一次公众早餐会……花园里的舞会一直持续到下午3点。”

对于18世纪早期的穷人来说，每天第一顿饭里的麦酒或啤酒逐渐被茶取代。尽管在当时负担饮茶的花销对大多数工人阶级家庭来说并不轻松，但发表于1758年题为《茶之利弊作用》的论文却证实了这一习惯的存在:

> 早上的茶也被当作一顿餐食。泡茶的方法众所周知，无须任何指导。有人喜好在茶里加奶油和糖；有些人只加其一；还有些人喝的时候既不加奶油，也不加糖，这在我看来最是清贵。优质吐司和黄油在早餐中最是耐饥的部分，或者依据个人喜好，吃抹了黄油的面包，也有人喜好抹了黄油的热面包卷。人们通过喝茶润滑咽喉，送下主食。如果没有这些必要的伴侣，即使有个好胃口，也只会因茶而失望。

正如皮尔·卡尔姆所写:“在伦敦工作的仆人们也会吃这样的早餐(即面包、黄油配茶)，但如果在乡下，他们不得不安于能吃到的任何东西。”工人们可以在去办公室或商店的路上买到茶来当作早餐。刊登在伦敦一家报纸上的一则广告声称："在此告知所有淑女和绅士们，斯宾塞原味早餐屋位于休·米德尔顿爵士巷口与紧邻新河岸的圣约翰路之间，正对萨德勒水井；除了周日，每天早上供应茶、糖、面包、黄油和牛奶，每位 4 便士，咖啡每杯 3 便士。下午供应茶、糖和牛奶，每位 3 便士，广受青睐，座无虚席。"

饭后之茶 Tea after Dinner

18 世纪初的正餐在下午 2 点到 4 点之间，选任意时间开饭，但这个习惯被逐渐推移到下午晚些时候，或傍晚时分。吃完最后的食物，男士们拿着烟斗、红酒、波尔多红葡萄酒和波特酒留在餐桌旁。那里他们可能会喝酒谈天，用时两个小时或更多。与此同时，女士们则会走入休息室聊天、喝茶，稍后男士们也可能加入她们的行列。依据弗朗索瓦·德·拉罗什富科的记录："两三个小时后，仆人宣告茶已备好，并领着绅士们放下酒杯，往女士们所在的休息室里去。这些仆人被雇来专职冲泡茶和咖啡。饮茶的时候，通常会有人玩惠斯特牌，还有冷肉留着给半夜肚子饿的人吃。"

有时，为了有一个合适的饮茶区，人们甚至会重新设计房屋。例如，1752 年，乔治·莱特尔顿写信给他的建筑师表示："莱特尔顿夫人希望在餐厅和客厅之间特设一个独立房间，让女士们获得清静——毕竟男士喝酒聊天时，往往喧哗嘈杂，即使在哈格利，这样的情况也时有发生。"

在柴郡的邓纳姆梅西庄园有一个房间，就被命名为茶室，专门在晚餐之后提供茶（还有咖啡和巧克力）。18 世纪 60 年代，维尼家族在白金汉郡的克莱顿别墅，修建了一个充满异域风情的茶室。这间设置在别墅楼上、名为"中国房间"的私

茶桌

注：这张 1710 年由约翰 · 鲍尔斯在伦敦刊印的插画，表现了一首关注女性习惯在茶余饭后，围桌闲聊八卦的讽谏诗。这首诗的精髓："诸多丑闻，随武夷茶流播而去"，以及"人若添油加醋，则流言愈盛"。在喝茶聊天的同时，善良的力量被一个挥舞着蛇的恶魔驱赶了出去。而魔鬼则坐在桌下，边喝茶，边享受这种可耻的闲聊。

密客厅，依照茶室的格局陈设，用石膏雕塑出精美富丽的中国风图案，让家人们可以坐在壁厢里的长沙发上喝茶。

第一代多塞特公爵莱昂纳尔 · 萨克维尔[①]曾回忆起在肯辛顿宫中威廉国王和玛丽皇后的宫廷夜宴。这正是 17 世纪末早期饮茶活动的一个例证：

① 译注：这位公爵幼时曾在皇宫中长大，幼时受封为巴克赫斯特爵士，后文出现的"巴克爵士"即是对他的昵称。

几乎同所有荷兰人一样，威廉国王从未缺席每晚的茶饮之事。一日午后，皇后陛下（玛丽皇后）依着国王的习惯泡了茶，等待国王驾临，但是此时的国王在走廊另一端的内书房里，被公事绊住。这样的耽搁让皇后不耐烦起来，当时（4 岁）的男孩听到皇后的抱怨，就拖着自己的小推车，向内书房跑去。到达门口时，他敲了敲门，国王问“是谁在那儿？”“巴克爵士！”男孩答道。“巴克爵士想要我做什么？”陛下又问。“你必须马上来喝茶，”男孩说，“皇后在等着你。”

然而，并不是所有的男人都喜欢这种相当女性化的活动。约翰比昂在 1794 年的日记中写道，有一天，他晚饭后去骑马，但被雨赶回来了。“回家之时，我见 B 太太正在吃茶，家中几位女士也在；我便同她们一起坐在茶桌旁，一言不发地枯坐了一个钟头……”

乔纳森·斯威夫特在其 1729 年出版的《一位现代女士的旅程》中写道，“女性饮茶者聚在一起时，场面可能会变得难堪起来。此时，女主人常常为一群聒噪、大惊小怪、卖弄风骚、撒泼打滚的人包围”。

茶不仅可以直接喝，还可以作为调味品。例如，第二代沃灵顿伯爵的女儿玛丽·布思保存的一本书《收入》（*Receipts*）中，就记载了早期用茶给食物调味的例子：

取奶油 1.5 品脱，鸡蛋 8 个，留蛋黄。将蛋黄充分打发以后，加入一半的奶油，再依据各人口味加糖调至适口甜味。取另一半奶油，配半盎司最上等绿茶，一起炖煮直至滋味汤色足够。过筛以后将茶味奶油浆倒入适当的蛋黄奶油，小火慢炖，并搅拌至浓稠；关火后继续搅拌直至冷却，最后分入碟子，便可上桌了。如家中有那不勒斯饼干，也可以花朵形状或其他样式装饰在奶茶汤上。亦可用意大利松子或菠菜汁（原文如此）为奶茶汤调色，但以不加为上。

16—17世纪，主人通常会用蜜饯或各种蛋糕、时令水果和几种酒精饮料，招待到访私人住宅的客人们。这个传统一直延续到18世纪。当时，茶尽管还没有正式成为午间社交场合的饮品，但是它也开始逐渐为大家所接受。艾肯博士在其1795年出版的《曼城简史》（*The History of Manchester*）一书中写道：

> 大约1720年时，镇里马车也就三四辆之数。其中一辆属于一位住在索尔福德的……夫人。这位可敬的老夫人热衷社交，但不惯于饮用时尚饮品如茶与咖啡；她每于午间访友之时，主家则特为她奉上麦酒1罐、烟草1斗，以便享用。在此之前不久，有位乡绅迎娶伦敦城中人家的女儿为妻；这位夫人惯于饮茶，邻里间为表恭维敦睦，便也主动提出一起饮茶。

另一位饱学之士亚历克斯·卡莱尔博士，曾在自传中描述了1763年约克郡哈罗盖特（Harrogate）的茶会："女士们轮流为大家准备下午的茶和咖啡，因每人要4~6个星期才会轮到1次，总数就微不足道了。"这或许可以证明，在当时定期茶会还是一种相当昂贵的娱乐方式。但剑桥一位外科医生的女儿萨克雷小姐的叙述与之相矛盾，她口中的茶会是"一种并不靡费的会面活动。家里在田中养牛1头，便有大量奶油供给于我们，1个普通蛋糕总也是能吃到的。但因家中人数太多（有13个孩子），节俭与好客相济，也就不适合以奢侈炫富”。

由此，越来越多的主人们把茶叶这样的时髦提神新品，作为待客饮料。在18—19世纪，有无数条日记记录了朋友和邻居来访时，主人提供的茶点。住在西霍利（West Hoathly）的托马斯·特纳显然是位爱茶人士，在他的日记中，每周有四五次记录了他在一个或几个邻居家里喝茶的情景。典型记载：

1755年9月7日　星期日

教堂礼拜结束后，主风笛手留下来与我一同抽了一斗烟。之后，我们喝茶，我和妻子散了一会儿步。

1756年1月21日　星期三

园丁哈兰为我整理了葡萄藤，又与我们一起喝了茶。

1756年8月16日　星期一

我们大约3点出发，到奥文迪安姨妈家做客，并一起饮茶，大约在8点35分回家。

上层社会的男孩们，即使在公立学校里就读，也开始饮茶。1766年，威廉·达顿从伊顿公立学校写信给父亲，“请求您能好心见赐，让我在这里的下午时间可以用些茶和糖。没有这些，便无法与此地的男孩子们长久相处”。1739年，理查德·霍夫从伦敦西南部的旺兹沃斯，写信向住在城中天恩寺街的母亲汇报：“敬爱的母亲，我已收到了金斯伯格叔叔的信件；另，昨晚寄来的那件衬衫非常合身，只领口太窄。如能蒙您爱赐，送些茶来，我将十分喜乐，我已无茶可饮良久。”乔纳森·斯威夫特曾经嘲笑那些因为喝茶而忽略学业的学生：“因害怕思想僵直，多少青年将神魂从严肃学业中抽走，代之以游艺嬉戏，方才有那资格上得茶桌。”

从18世纪到今天，茶一直是大型聚会上最受欢迎的提神饮品。弗朗西斯·班克斯在位于金士顿庄园的家中写信给自己的母亲，并向她描述了兴办于1791年12月23日、她称之为“宴饮”（fete）的活动：

> 我那卧室中有1张窄长桌子，正好能搁在床脚到内墙边上的空当里。就和旅店的吧台一样，上面铺着桌布，摆着茶、白葡萄酒和红葡萄酒调制的尼格斯酒，还有杏仁浆[①]、柠檬汁和宴饮时人们一般要取用的所有东西。这张长桌效用很好，班克斯先生的更衣室和我卧室壁炉的那一边，拨给了沏茶的人用。这样一来，他们可以进出室内拿取所需的东西，又不打扰会面正常进行。班克斯先生更衣室里壁炉的火上，一直都烧着足量热水。即使许多人来访，也能适时供上热茶和尼格斯酒，对此我很是自信……我们雇着10个女仆。其中，南希和加尼翁专司在茶桌侍奉。她们两个碰巧穿着一样的粉色和白色衣服，还挺赏心悦目。

班克斯太太允许5个孩子熬夜玩乐，他们对此非常开心，“12点时，我向安妮提议，让她上床睡觉。她却神采奕奕地走过来，恳求和其他女士们一样坚持不睡。不过，我把她和乔治带进茶室，吃下不少面包、牛奶和水，然后哄他们上床睡觉。”

随着在家中和公共礼堂里举办化装舞会、音乐娱乐和舞蹈会（结合跳舞和音乐会的活动）的逐渐流行。这些活动通常包括打牌、喝茶和晚餐，各项活动分别

① 译注：一种最初用大麦制成的糖浆或冷饮，后来用杏仁、橙汁调制水制作。

在不同房间进行。在爱尔兰的莱斯特宅邸，莱斯特公爵和公爵夫人，“会在4点30分或5点30分进餐，然后去喝茶，9点左右开始打牌，玩到晚饭时间，所以睡觉的时候就已经相当晚了。”

茶屋 Tea Houses

如果在家里，家人和客人可以漫步到花园里寺庙（temple）或者钟塔（folly）造型的装饰性建筑里喝茶。这标志着第三道菜的上菜习俗，以及在宴会厅屋顶或者主屋的空地上主办大都铎或斯图亚特式晚宴的习俗，有了长足改进。例如，贝丝在哈德威克庄园通往屋顶的楼梯间旁建造的宴会厅。在这里，她可以为访客供应蜜饯、水果和甜酒。的确，从18世纪开始，此前的宴会厅常常被改成了茶屋。在北爱尔兰唐郡的斯图尔特山（Mount Stewart）有一座“风之神庙”（Temple of the Winds），最初为宴会厅，附带有带锁的地下室和通往酒窖和餐具室的通道。后来，在炎热的夏季午后和夜晚，这座厅堂也可能给下午茶活动遮阴纳凉。

德文郡索尔特兰花园中的城堡（建于18世纪70年代早期）

注：图中的房间是为方便访客在游览期间停下来喝茶、欣赏园林景色而修建的。

有记载的、最早的“茶屋”建造于17世纪40年代的牛津郡贝克特地区。该建筑又称“中国屋”，是一栋简单的方形建筑，墙体中央有一扇门和两扇窗户。1735年，威尼斯建筑师贾科莫·列奥尼为奥克尼爵士，在白金汉郡的克利夫登设计建造了一间八角庙（Octagon Temple）。这座庙宇式建筑坐落在悬崖边上，可俯瞰泰晤士河，从楼上的观景室里可以看到壮观的景色，其下层是“凉室一小间，旁边有石窟”。这座用于饮茶的庙宇式建筑至今仍然矗立着，尽管它早在19世纪末就被改建成了小型礼拜堂。

18世纪70年代，“能人布朗”[①]为亨利·布里奇曼爵士布置了他在斯塔福德的郡韦斯顿庄园的花园。在花园里的神庙池边上，詹姆斯·潘恩设计建造了一座戴安娜神庙。在神庙里设有一间圆形的茶室、一间八角形的音乐室、一间柑橘暖房和一间为奶牛女工专设的卧室。这位女工也会在必要时帮忙准备茶水。

在当时的建筑体系中，景观园林为饮茶场所的建造提供了绝佳的灵感。位于威尔特郡的斯托海德风景园里，建有一座乡村小屋、一座太阳神庙、一座花神神庙、一座万神殿和一顶土耳其帐篷。几乎可以肯定的是，这些建筑中至少有一个是用于饮茶活动。在17世纪40年代白金汉郡的斯陀园里，主屋中的餐后活动被迁移到了风景园林。在这里，科巴姆勋爵和他的辉格党盟友，被称为“爱国者男孩”的皮特、格伦维尔和利特尔顿，在餐后走到友谊圣殿，在那里喝着波尔多酒谈论时政。与此同时，科巴姆夫人会和朋友们一起去淑女神殿（后更名为“皇后神殿”）边喝茶，边做女红，然后用做成的绣品和贝壳工艺品装饰墙壁。

如今在伦敦西南部旺兹沃斯地区的圣安妮山上，查尔斯·詹姆斯·福克斯的别墅里仍然矗立着一间茶屋。这座两层建筑的入口处和对面墙面上装饰着哥特式拱门，室内墙壁和天花板上的装饰模仿着石钟乳和贝壳，地面上用鹅卵石铺成几何图案并架设有木楼梯可以通向阳台。据说，福克斯曾在那里饮茶。

如果在庄园别墅中没有合适的建筑，主人们也会在花园里搭起帐篷，为夏季活动遮阴避暑。贝德福德郡威廉姆森家族1748到1765年的书信集里有一封信，是1762年从南安普敦寄来的。信中说：“用早饭前，自花园中摘当日最好的水果、鲜花；早餐到正餐之间，是我们的读书时光；正餐后，出于健康考虑，多饮用干红或马德拉酒，之后悠闲散步直到饮茶时间。茶饮就设在靠近花园的帐篷里。在那里，

---

① 译注：18世纪建筑师兰斯洛特·布朗（Lancelot Brown），因其天赋卓绝的营造能力被称为“自然风景式造园之王”，时人称之 Capability Brown。

伦敦沃克斯霍尔花园入口处的宏伟步道和右侧的音乐台（弗朗西斯·海曼于 1743 年创作的版画）
注：茶是这些休闲园林里最受欢迎的提神饮料。纽约城中也有沃克斯豪尔花园。

9 英里外的船只经过都清晰可见。傍晚时分用完茶，仆人会将马匹送到帐篷口。上马整装以后，我们会骑马奔驰 12 ~ 14 英里……到 9 点左右，就该用晚餐了。”

咖啡馆和休闲园林里的茶 Tea in Coffee Houses and Pleasure Gardens

咖啡馆的流行贯穿了整个 18 世纪。在这里，男士们可以经商、社交、议政，在全男性的环境里享受轻松，而女士们则在家中，和家人朋友们喝茶娱乐。1714 年，丹尼尔·笛福享受着伦敦繁忙的社交生活。他写道：“我且暂宿于名为帕尔玛尔的街道上，此处因邻近女王宫殿、公园、国会大厦，是外来者最常住宿之地。人们常在附近的剧院、巧克力屋和咖啡馆中，得到最佳的享受与陪伴。如你愿听，我愿告知这里之生活方式：早晨9点起身，我们一般同其他男人们的日程一样，早上消遣到11点，或者同身处荷兰的人一样去茶桌边上喝茶。大约到12点，那几间咖啡馆或巧克力屋中，人们开始聚集，展开一幅美好画卷。”

对于工人阶级来说，社交生活集中在旅馆、酒馆和麦酒屋里，当时另一类吸引人（至少对那些住在伦敦及其周围的人来说）的场所，是休闲园林。其中，许多地方如沙德勒之井和就在伦敦西北克勒肯维尔地区的新唐桥井，最初都是药用水源地，另一些则围绕着旅馆和酒馆发展。人们建造园林，又在其中建起了茶点室、舞厅、赌桌、滚球撞柱的球道和彩票商店。人们可以参与的娱乐活动包括在五彩缤纷的花园中漫步、骑马，观赏烟火、看马戏团表演，乘船游览和喝茶。许多园林的园区中也经常能看到举止粗野的人，如妓女、赌徒、醉鬼、吵闹的年轻学徒和小偷小摸的嫌犯。他们迫使这些园林在18世纪90年代关门歇业。另一些园区则显得更加得体，也因此吸引了各个阶层的男士、女士和孩子、富人、时尚人士，甚至皇室成员也会前来游玩。

普鲁士的阿钦霍尔斯公爵在18世纪末观察并评论道：“英国人十分喜欢在城市附近的公共园林里聚会，他们可以一起在户外喝茶。人们赞叹于能在首都内保有如此多的园林空间，园区内保持着惊人的良好秩序，整洁、优雅，着实令人钦佩。然而，时尚人士很少光顾这些地点，普通民众的人民却经常去。他们似乎很喜欢听周边连起的建筑里传出的风琴音乐。”

政治改革家、社会评论家弗朗西斯·普莱斯，曾在18世纪80年代回忆起他的童年：“与许多贵族管家、成功人士、商务人士一样，家父习惯于在周日下午去公园内，喝茶、吸烟、纵饮美酒……家父最常于巴格尼格之井休闲，在那田野中放松。”1759年开放的巴格尼格园林，今天就位于国王十字路的旁边。在它宽阔的花园中有整齐的步道、修剪过的树篱、雕像、石洞、一座寺庙、金鱼池、一间宴会厅，还有被蔷薇和金银花包裹的小凉亭，用来提供茶水。

有一些园区，将茶点的费用核算到了门票里，其余的则根据客人们的具体消费实时收取。《每日广告报》于1744年为桑葚花园咖啡馆刊登了一则广告：“先生们和女士们，本店于晨间提供早餐服务，午后有咖啡和茶水供应，每人仅需3便士；如需要面包和黄油，则每人收取4便士。”

位于伊斯灵顿的白渠园中有一个向公众开放的大园区，人们在这里“轻移脚步，乐赏美景”。园中的“古色亭阁”用依弗拉芒画派风格彩饰装潢，可用来饮茶的小亭子随处可见。在这里，茶成了人们传情达意的特有媒介，信号与内容都自成一体。比如，一位绅士要想结识某位女士，可以假装不小心踩到对方的裙子。这种不算逾矩的做法看似造成了意外，实则是想要借出对这种笨拙举止的道歉顺理成章地请对方到凉亭内喝茶休憩，来弥补自己的“无心之失”。到18世纪末，每个星期日下午，白渠园通过售卖每张6便士价格的门票，就能收入总计50多英镑。门票包含茶水和面包切片，这种园子里现做的著名面包和传统的切尔西面包一样广受欢迎。“白渠面包”的吆喝声都回荡在伦敦上空。女士们一听到叫卖声就出手买下心心念念的面包，然后将它们和茶一起端给客人们。

伦敦最著名的休闲园林大概要数位于兰伯斯河以南的沃克斯豪尔花园了。它于1732年开业，并在18世纪下半叶达到了成功的顶峰，这座园林又被称为富克庄园、富克斯庄园和福克斯庄园。除了茶，园中还有步道、寺庙、百合池、烟花表演、音乐会、印度杂耍表演、马术表演、气球攀登，室内有精心装饰的灯饰和可以容纳6～8人晚餐的包厢。

在北美殖民地的茶事活动中，人们经常讨论当时的社会和经济事务。年轻男

女大都很喜欢参加茶会，因为这个场合提供了相互认识的好机会。茶还是社交聚会的引子，因为在殖民地的居民们看来，受邀出席茶会是需要特别准备一番的。本杰明·富兰克林在1745年亲手写下一张便条，以表示他对费舍尔先生“于6月4日下午5点，陪伴饮茶”的感谢。

于1748年从费城开始了北美之旅的皮尔·卡尔姆，也记录了当地的饮茶生活。例如，人们已经开始用茶水替代牛奶，作为早餐饮料，而且在下午也会喝茶。

卡尔姆教授在他3年的探险生涯中，与几位美国风云人物都有过交集，其中包括本杰明·富兰克林。在他们两位探讨自然科学和政治时局之时，富兰克林和卡尔姆谈到，“他曾饮过用山核桃树叶和苦果混煮的茶。早春，树叶刚萌发出来，未及长大便被采摘下来。然后晾干，充作茶叶”。在富兰克林看来，美国出产的“茶叶”中，也就只有这一种混合茶，能达到味觉和精神上的双重享受，仅次于来自中国的茶叶。

不过，茶汤质量的上限取决于泡茶用水。曼哈顿下城地区人们挖井汲水。这些井水虽然能够满足日常生活，但口感糟糕，带着咸味。18世纪上半叶，巴克斯特街和桑树街之间的一股清甜泉水，引发了人们的广泛关注。人们非常喜欢用这泉水泡茶，久而久之其所处的位置就被称为“茶水泵”。在地图和当时的房地产契约中，人们也直接使用了该名称。此外，查塔姆街以及第10大道和第14街交口处的克纳普泉两处，也设有茶水泵。

人们在纽约第10大道和第14街交口的克纳普泉的水泵旁，为沏茶和烹饪分取净水

皮尔·卡尔姆访问纽约时的日记里，第一次提到巴克斯特街的泉水。他写道：“城中虽无好水，但不远处有大股清泉，居民可用以沏茶烹饪。”

独立运动前夕，茶水泉及其附近区域已被建成一个受人追捧的旅游胜地。在泉水上方搭建了一个手柄长度惊人的水泵，周围区域则依当时的风尚配置完备。这个受欢迎的休闲空间就是茶水泵花园。

从这里打出的泡茶用水非常受欢迎，有人将水装在桶里，用手推车运送到城镇各处叫卖。分销泉水的人被称为“茶水人”。他们在街上走来走去，喊着“泡茶水！水泡茶！门前有水你自来！”这些上门销售泉水的推车数量众多，甚至影响了城市交通，以致市公共议会不得不在1757年6月16日决议通过《纽约市茶水工管理法规》来改善状况。

建在城中人行道甚至马路上的巨大抽水泵，连同络绎不绝的马车，令城中道路拥塞难行，迫使人们在1797年向市议会递交请愿书，希望能有效缓解交通拥堵问题。

18世纪的纽约城中，建有200多座饮茶场所。这些场所得名于伦敦的同类园林的拉内勒夫花园和沃克斯豪尔花园等休闲园林，大多分布在纽约城的下东区和包厘街两地。营业20年的拉内勒夫花园坐落在杜安街和沃斯街之间的百老汇区域。这里也是纽约医院后来落成的位置。1765年，商家为园林里盛大的烟花表演和每周两次的乐队音乐会大打广告。在花园中，女士们和先生们可以享用早餐，进行晚间娱乐。在休闲园林里，人们可以随时享用茶、咖啡和热面包卷。

共有3座园林叫沃克斯豪尔花园。第一家沃克斯豪尔花园位于沃伦街和钱伯斯街之间的格林尼治街。站在紧邻北河区的园区里，可以将哈德逊河的美景尽数纳入眼中。这座沃克斯豪尔花园里还建了一个宽敞的跳舞大厅。第二家沃克斯豪尔花园，于1798年建在桑葚街和格兰德街的交口附近。第三家也是最后一家沃克斯豪尔花园，于1803年开设在包厘街靠近阿斯特广场一段。

英国温泉小镇上的茶会社交 Tea in English Spa Towns

此时的英国，游客们纷纷涌入温泉小镇里的传统度假区，如萨默塞特郡的巴斯和肯特郡的唐桥井。刚刚开业的温泉小镇度假区（如由德文郡公爵打造、位于德比郡的巴克斯顿以及约克郡的度假胜地、哈罗盖特和斯卡布罗）也热闹非凡。在这里，茶在每天的社交生活中发挥着至关重要的作用。人们在休憩的假日里可以选择在温泉中放松，观赏戏剧、歌剧或赛马；或者在公园和花园中优雅地散步；在礼堂中参加上流社会活动的同时，还能衣着入时得体、举止礼仪完美地喝茶谈笑。

1757年，家住牛津郡哈德威克别墅的菲利普·利比·鲍伊斯律师的妻子，曾记录了她在巴克斯顿度假区的假期："哈里·亨姆洛克爵士、他家两位姐妹，还有其他人也同我们一道返程，在10点左右进入礼堂。此处的活动总由德文郡公爵主办。舞会以后，大家一起用了一顿优雅的冷餐夜宵……到家时已经快5点了。翌日晚上，我们去听了音乐会，还在第三天一起去了运动场。德文郡公爵、辛普森夫妇，还有两位伯恩斯小姐，同我们一起回来用了茶。"

在巴克斯顿度假区，人们日常生活从清晨泡澡开始，在5个浴场中的某一个舒适地泡澡，然后到泵房水吧去喝些矿泉水。早餐前，人们结伴去简餐屋喝咖啡，在那里读报纸和写信；随后，去公共花园或宴会厅参加早餐派对，派对上通常附带有音乐会、讲座和舞会。早餐时间后是教堂活动的时段。中午时分，人们在城里散步，呼吸新鲜空气，顺便与人攀谈一番。这里的午后正餐比伦敦开始得要早些，之后是晚祷和更深度地体验泵房水吧的服务。再散一会儿步之后，人们会到宴会厅喝茶。后半夜的活动多安排去剧院、舞会、赌场游玩，或拜访朋友。

19 世纪早期，上流社会的游客到温泉小镇巴斯度假的场景

注：在享受早晚餐、茶和舞会之前，他们悠闲地散步，打扮得花枝招展，如孔雀一样。

巴斯的新礼堂于 1771 年开放，在礼堂正式开业前，管理委员会的会议记录清晰地记载着，保证茶（和咖啡）的供应是礼堂的首要任务。在 1771 年 7 月 18 日举行的一次会议上，委员会由普里查德先生向法哈桑与库克店铺订购：

茶杯 550 个；

杯托 550 个，每件 6 便士；

1 品脱容积的碗 100 个，每个 16 便士；

酒杯 100 个，每个 6 便士；

此外，向 B.・雷托先生处求购杯碟 36 套，每件 6.5 便士；

咖啡杯 200 个，每打 2 镑 6 先令；

早餐碗 150 个，每打 5 便士；

奶油盅 100 个，每打 8 便士；

茶盅 50 个，每打 8 便士；

棕色茶壶 100 个，每打 12 便士

1771年8月16日，管理委员会为满足各个厅堂内的消费需求，指定卡梅伦和霍格联合公司供应“切合需求”的茶叶。两周后，他们又追加卡牌和茶桌的订单以及12个最大号茶盘。

1771年10月16日，“依据大多数委员会成员之愿望，公开舞会中将安排茶水供给，向每位到场之人收取茶钱。故此，管理委员会决议，每逢舞会之夜，将在正门处收费，每位参会人士缴纳6便士入场费后，便可随意享用茶水”。

开业后，礼堂的茶叶用量显然很大。根据1772年2月18日的记录，管理委员会付给卡梅伦和霍格公司茶叶货款共计98英镑18先令。其中，5月付款48英镑8先令，12月付茶和咖啡款项共计46英镑。1772年9月，管理委员会再次订购了新款大茶盘18个、三号茶盘18个、小茶杯加托共6打、大茶杯加托3打、大茶壶2打。

绝大多数旅行者会在日记或旅行日志中，记录旅途的见闻和目的地的风土人情，很少会巨细靡遗地记录餐食饮品。因此，今人很难清晰完整地复原出18世纪乡村旅店和小酒馆里的饮食品类。据家庭账簿中保存的发票显示，第二任贝德福德公爵夫妇曾在1701年，从伦敦前往查茨沃斯拜访公爵的妹妹德文郡公爵夫人，并曾下榻于牛津郡的一家客栈。从账单上可以看出，公爵一行人在入住当天及第二天的晚餐中享用了羊肉、兔肉、黄油洋葱、鸡肉、几内亚豆、洋蓟、小龙虾、卷心菜、咸肉炖豆子、小牛肉和鹌鹑。他们畅饮苹果酒、蜂蜜酒、葡萄酒和牛奶，但并没有提到茶或咖啡。

不过从詹姆斯·伍德福德牧师的日记中可以看出，他在1775年前往巴斯的路途中，还是有茶可喝的，“我等在伯福德镇用早餐，在塞伦塞斯特用正餐，午后在合掌客栈喝茶，大约晚上8点抵达巴斯。这一天的早餐、正餐和下午之茶，共花费80英镑”。

托灵顿子爵约翰·宾是个不知疲倦的旅行家。作为公务员的他会在每年6—7月的假期里出访多地，出入英格兰及威尔士地区的教堂、旧城堡和私人乡村。从他18世纪80年代的日记中可以看出，茶水服务在18世纪末的英国各地区小旅馆中，已经非常普遍了。例如，1782年，子爵记下了他在巴沙特的一家旅馆住宿时，早餐的“茶中加了1品脱奶油”。此外，他在旅途中喝茶的记载还有不少。例如，“饮茶之后（赶路途中，也时有渴饮茶水之事）……”。3年后，他在牛津郡的奇平诺顿镇写道：“我等于6点到场，饮茶后，于花园中畅玩保龄球。”旅居在剑桥郡的旺斯福德桥镇时，他在自己1790年6月29日星期二的日记中记载：“今日早餐丰盛，品到十分之茶。平素我吝于品评茶叶，只这里，观之一切都好。”

可见，当时的茶已不再是上流社会的清雅饮品，只出现在贵妇们的私人会客厅中，而是成为大众钟爱的饮料。事实上，在整个英国都离不开茶，无论在家中、旅行途中，抑或公共娱乐场所中，都能找到茶的“身影”。

尽管茶价仍然很高，但人们对它的热情却与日俱增，诗人、作家们用文字记录了时人的态度。许多人赞美茶，因其保健的功效而大加推广，正如100年前，

茶商加洛韦的做法。也有一些人指出了茶作为酒精替代品的好处。1708 年，科利·西伯在其剧作《女士最后的赌注》中，说茶“汝之味醇柔，亦使人醒神增智，实乃可敬之饮”。1735 年，邓肯·坎贝尔的《茶之诗》中，称赞茶对女性而言，是远比酒更好的选择。

芳茶味溢美，智慧自本身。
饮之涤昏昧，可以却凡尘。
美酒催人醉，五感乱离纷。
何如恬淡一瓯茶，明镜无处惹尘埃。
正本清神益我思，气血通达行百骸。

有人爱茶，自然也有人反对饮茶。1748 年，宗教领袖约翰·卫斯理在《寄友人信笺谈茶之忧》中表示，茶会损害消化系统，使人的神经变得孱弱，花费巨大的同时还会导致瘫痪。虽然自己也喝茶，但他宣称喝茶让他手抖。1746 年，卫斯理召集他所领导的伦敦卫理公会会员召开会议，提出会员应该为了节制而放弃喝茶，会员们当即听从了他的意见。

可具有讽刺意味的是，在接下来的一个世纪里，茶叶成为卫理公会引领禁酒运动的象征。这也许是因为卫斯理本人开始意识到，对于当时消耗着大量杜松子酒和啤酒的穷人们来说，茶是一种非常合适的替代品。在他此后的人生中，不仅重新开始饮茶，还组织部下们参与其中。

茶具 Tea Wares

18 世纪 10 年代，英属东印度公司从日本和中国进口了大量瓷器以及茶叶、丝绸、藤条、棉花、香料、外来木材、玳瑁制品和银锭。1710 年，公司董事会要求代理人发运送“直流茶壶 5000 把，茶壶配套小号深盘（壶承）5000 件，奶壶 8000 把，小号茶叶罐 2000 个，糖碟 3000 件，可装 3 品脱之大碗 3000 只，茶匙架 1.2 万个，混批各种图样之茶杯、杯托 5 万件”。当时茶杯和茶托并不是按“套”进口的，瓷商必须自己组装成套。例如，1712 年，《观察家》（*Spectator*）杂志中援引的一位零售商的叙述：“亲爱的先生，我是镇上最好的女瓷商之一。一位顾客……订下一整套茶碟，另一位要一只瓷盆，还有一位订了最上等绿茶。”

鼓形茶壶

注：1760—1800 年，保罗 · 里维尔的波士顿工作室制作了超过 5000 件银器，包括这件鼓形茶壶。壶身边缘饰以圆点花纹，壶嘴为直形带棱条，并配有涡卷形纹饰的木制壶柄。这类茶壶今存世仅有 4 件。

在这个时期，欧洲的客户们已经可以向身处中国、生产并装饰特制器具的制造商们提出定制的要求，在设计中加入特定的图标如家族纹章、政治标志、建筑外观或商标。在《东方外销瓷器对欧洲制瓷业的影响》（1979 年）中，杰弗里 · 戈登引用了一位 18 世纪美国旅行家对中国制瓷工业的描述：“瓷器从中国平原地区（景德镇，位于中国腹地的瓷器产业中心）运出，在（广州）城里绘制美丽的图样。当地商人说器具需以二次进窑的秘法烧造，并以此要了双倍价钱。当地工匠临摹技术高超，我们便又下了订单——几套需要画上家族纹章的瓷器。”现在，格拉斯哥附近波洛克故居的瓷器柜中仍然陈列着两套为苏格兰家庭制作，带有家族纹章的茶具。其中，一套生产于1750年，为伍德海德地区的伦诺克斯家族所有；另一套为托马斯·布鲁斯所有，其上刻有拉丁语铭文：*fuimus*，意为坚持不懈或坚韧不拔。

成套的茶具在18世纪70年代开始大量出现。1775年，英属东印度公司在原先1200个茶壶、2000个带盖糖缸、4000个牛奶盅、4.8万个茶杯和杯托的订单基础之上，加购了成套茶具80套。这些成套茶具通常被称为早餐茶具组，包括茶壶、带盖糖缸和糖缸盖的盖置、奶盅、茶杯[①]，加杯托共计12个。更丰富的茶具套组还会有第二把茶壶、渣碟和浅盘、奶盅的支架、茶叶罐、12个有柄咖啡杯，有时还包括有汤匙托盘和两个用来盛放面包和黄油的盘子。

1796年，英属东印度公司对其在北美独立运动革命期间所经历的种种不快，表现得十分大度。他们毫无芥蒂地赠送华盛顿夫妇一套专属的绘字茶具，其中的每一件都绘有华盛顿夫人名字的首字母和当时联邦中各州的州名。

在弗农山庄的财物库存表中，华盛顿夫妇的私人住宅里有各式各样的茶具和饮茶相关的家具，包括小茶罐、茶盘、茶箱、茶杯、锡制茶具、茶壶、茶具套组、银茶匙、茶桌和镀银茶汤壶。习惯喝茶的华盛顿家族在自家的奴隶住处也放了茶具。例如，当时的一位曾窥探过奴隶陋屋的访客回忆：“竖着破败烟囱的屋里，仅有的一把茶水壶和几个杯子。这就是奴隶们仅有的厨具，悲惨和不幸就这样直白地袒露在我眼前”。

拉斐特侯爵在弗吉尼亚州的华盛顿故居弗农山庄，拜访乔治和玛莎·华盛顿的情景（1875年，由赫尔曼·本克创作付印的作品）

玛莎·华盛顿的外孙女，内莉·卡斯蒂斯·刘易斯从小在弗农山庄长大。她曾写道：“长夏日落，

① 注：那时的茶杯没有杯柄把手。

严冬掌灯，每日的晚些时候都有茶喝。”关于弗农山庄茶事活动，更生动有趣的说法来自著名土地投机商人埃尔卡娜·华森的回忆录。他于1785年1月拜访华盛顿，并记录当时的情境：“其时为严冬所苦，我患上重症风寒感冒，咳嗽不停。他（华盛顿）建议用些补救措施，但为我所拒。如往常一样就寝后，咳嗽却愈加剧烈。不多时，感到有人轻推房门，拨开床帏。我大吃一惊，见华盛顿本人立于床边，手拿一碗热茶。我不禁掩面羞惭，心中郁郁无法形容。此事虽小，也是凡人常事，不大能引起注意；但可见华盛顿先生仁厚，私德昭彰，合该记录在册。”

与此同时，在兼有陶瓷进口贸易的欧洲地区，当地陶器厂也开始生产各类茶具。1708年，萨克森选侯、强人奥古斯主持开办梅森瓷器厂，生产高仿东方瓷器。萨克森的工匠们以日本柿右卫门瓷和伊万里瓷中的茶壶设计为蓝本，烧造以竹子、蝴蝶、鸟、花和树叶图案为主，并施以色彩丰富的红色、蓝色和黄色珐琅釉的瓷器。维也纳和法国的制造商也生产瓷质茶具，意大利的工匠则更专注于咖啡和巧克力壶、杯的生产。位于文森宫，1738年成立的法国塞夫尔瓷厂不生产咖啡或巧克力壶（只有5种不同类型的茶壶）。这倒并不能证明法国人当时究竟主要喝哪种饮料。因为塞夫尔瓷厂出产的、经低温烧结的软质瓷，并不适用于欧洲大陆通用的咖啡保温方法（将咖啡壶放在明火加热器上保温）。1756年，塞夫尔瓷厂迁入新址以后，生产的重点仍是茶具。当时的杯托往往比今天大，杯托的容积基本和茶杯一样。如此的设计主要是为了方便茶具的主要顾客：英国富裕家庭，因为他们习惯在喝茶前把茶倒进杯托里冷却一下。

同期，许多英国陶瓷并不愿意冒险尝试新方法，继续生产陶制和粗陶茶壶。18世纪50年代，英国陶瓷行业迎来了转变的契机。英国陶瓷之父约书亚·韦奇伍德在斯塔福德郡的伊特鲁里亚工厂里完善了他的“奶油色陶瓷”。这一类器皿在1765年名声大噪，夏洛特王后征订一套“奶油色陶瓷”器具，并要求将其命名为“皇后陶”。于是，几家颇具魄力的制造商开始了烧造试验。起初的生产规模较小，但来自富裕家庭的购买意愿，逐渐强化了他们的信心。这些顾客也在期待着精致的英国茶具，也愿意拿出高价采买。此时，作为东方进口瓷器和欧洲瓷器的替代品，伍斯特和明顿等公司生产的壶、碗、茶杯和杯托，已经在英国国内很容易买到。1724年，丹尼尔·笛福在《大不列颠全岛记游》一书中写道："行逾（伦敦城东）麦尔安德，到达包村，此地有大型瓷厂。其中，已生产数量可观之茶杯、杯托、盘、碟、盖碗、高足有盖汤盘，及其他各种实用瓷器……"

《箴言集》的作者拉罗什富科指出，"拥有美丽的茶具，并用之泡茶可使富人乘此机会，显露主人之财力惊人。其所用茶壶、茶杯等器具造型则多源自古伊特鲁里亚国及其他古董构型"。

尽管到了18世纪50—60年代，英国最贫穷的家庭大多也能购茶饮茶，但他们还没有宽裕到能够负担得起上等茶具的程度。所以当穷人组织茶会时，也只是使用家常的茶具而已。1756年乔纳斯·汉韦曾记述："曾有耳闻在某地，居民贫穷困顿，家中不能置办全部必要茶器。为享饮茶之妙趣，须得他们带着彼此所有器具，穿行1~2英里聚而共用"。从王公贵族到出卖劳力为生的贫苦百姓，此时社会的各个阶层都有其自身的饮茶规则和仪礼。18世纪末，茶壶已经是一件至关重要的家庭器具。无论放在富丽堂皇的豪宅里优雅的壁橱之中，还是放在村舍露天壁炉的石头炉边，每个家庭都会有1把壶，用来喝茶。

除了传统的茶具，富裕之家还会购买英国或欧洲的银制茶具。其中的茶炊，在18世纪60年代逐渐取代了大而笨重的水壶。柴郡的邓纳姆梅西庄园中，保存着第二任沃灵顿伯爵的银器。这位1758年去世的伯爵，生前拥有包括：配红木架茶桌1张，配炉、架银茶水壶3把，大号托盘2个，配托盘茶壶4把，热水瓶1个，奶盅3个，糖碟数只，茶桌烛台1个，镀金茶叶罐数个，糖盘数只，茶匙托盘1个，茶匙数把，茶滤和糖夹数个。这份详尽的清单登记在标题为"茶室"的分栏下，还包含有3件绿色丝制的茶水壶遮罩。

其他宅邸的库存清单中也有类似的记录：贝利夫人的别墅里，有黄色水壶1把；在诺尔有小茶匙6把；在奥德利勋爵和夫人位于威尔特郡桑德里奇的小屋里，保存有银茶壶1把、茶夹2只、茶匙20把、茶壶1把、茶叶罐1个；金士顿庄园有价值3英镑6先令的银壶嘴1个，价值9英镑的茶壶1把；沃本的宅院里有茶壶1把，这把私家定制的茶壶上刻有法国的家族纹章，此外还有好几种水壶、小壶和带加热器的壶架；德汉庄园里存有"茶壶1把，配加热器与壶架，还有茶壶1把”。

威廉·考伯在其1783年创作的诗歌《任务》（*The Task*）中，着重描写强调了人们越来越喜欢使用茶炊而非茶水壶。

轻拨炉火，紧闭风门，
放落窗帘，反转沙发，
茶炊轻嘶，水波翻涌，
雾气升腾，杯盏空空，
茶不醉人，再三可品，
愉情悦志，静夜可期。

茶匙在英国饮茶礼仪中具有非常重要的作用。法国王子德布罗意曾记录他在1782年访问英格兰时，切身体会到当地礼仪的复杂性：“虽是最优之茶，但若无那位大使在我饮下第12杯茶之时的善意提醒，此时我应当仍在喝它。彼时，我早已想拒绝此类如热水一般的饮料。但大使说，如直接开口拒绝添茶，便会被视为毫无教养。在当地人家中用茶之时，应将茶匙横放于杯中，以告知女主人，不必再为我加茶。”在这个寓意礼节中，人们将小匙横架在杯子上，或者将其斜放在杯子内都可以传达停止用茶的意思。

英国人和法国人在礼仪和举止上的差异

注：这幅创作于1825年的漫画，表现的就是英国人将勺子放在茶杯的另一边或里面，表示喝茶的人不需要再倒茶的习俗。画中腹胀如球的不幸的法国人并不知情，连续喝下13杯茶，形容狼狈。

随着饮茶活动的普及，人们对茶桌的需求也随之增加。为了给如潮水般涌入英国的中国漆器茶桌找到替代品，英国橱柜制造商在18世纪初开始生产造型精美的茶桌。家住格洛斯特郡，德汉庄园的缔造者威廉·布拉斯维特是威廉三世的战时秘书。作为一位非常成功的公务员，他能够观察到皇室的最新风潮，用来自新大陆的木材、远东瓷器和茶室家具装点豪宅。1703年，庄园的库存清单上就有“配底座漆饰茶桌1张，置于公共图书馆房间”以及为阳台房购入1张“大茶桌，并两名黑人随侍”的记录。7年后，清单上再次录入了1张手工茶桌。再如，1725年钱多斯公爵的府邸，位于米都塞克斯的坎农斯庄园的库存清单中叶登记有“镶银大茶桌1张，置于公爵大人的会客室中”。1740年，有人向诺尔地区的多塞特公爵夫人献上了1张茶桌、1个金质茶叶罐、带加热器的水壶1把。

人们通常用放置在木质底座上的“银制托盘”，来给客人上茶和咖啡。1722年，英国苏塞克斯郡的阿帕克宅邸保存着坦克维尔勋爵去世时一份誊录的清单，上面写道：“家中夫人的卧室和议事间内，抽屉柜上放有公主风造型木质写字板，带底座嵌饰托盘（Table）1套，茶托盘1件，1把藤编椅。”提到两次的table，很可能不是我们今天所理解的带腿桌子，而是放在底座上的大托盘。邓纳姆·梅西至今仍保留着1对1741年制作的木桌，并认定是“用来放置银制茶和咖啡托盘的2个红木底座”。

和茶桌制造商一样，橱柜工匠忙着打造可以取代17世纪开始进口的中国的装茶瓷瓶、茶箱。这种带锁的新式茶箱里，一般装有2~3个，通常用水晶玻璃或银做的罐子或盒子（用来装茶和糖）。在斯托黑德的理查德·霍尔爵士，以7英镑17先令6便士的价格购买了1个郁金香木镶嵌条饰全椴木茶箱，内饰天蓝色天鹅绒，配银制双螺栓锁芯，外加两个平口的椭圆玻璃盒，配椭圆形银制箱盖与接头。在斯图尔特山庄，客厅里陈列着1个18世纪的木茶箱。它属于第三代伦敦德里侯爵夫人弗朗西斯·安妮。茶箱以象牙装饰，上面有具有中国特色

坦布里奇风格的英式茶罐（细木工镶嵌条饰核桃木罐体，大约制作于1830年）

的图案，内部放有3个长方形的银球童勺。1775年，人们称这样的茶箱为“送茶上桌子的小号柜子”。

茶箱上配有坚固的锁，这也从侧面反映了茶叶的高价。乔纳森·斯威夫特在他1745年出版的讽刺小说《仆从指南》中强调了这个能锁上的茶箱。在“为侍女建议”一章中，他同情一个假想的仆人“上流妇女们之怪俗……任用带锁箱笼存放茶、糖，同侍女之性命无二。侍女受迫于主人，须得采买红糖，即使那叶子已失去了性灵和滋味，也要浇上热水”。当时，泡茶从来都不是仆人的事，而是由男女主人或他们的一个女儿来负责。正如拉罗什福科在1784年指出的:“家庭中最年轻的女士为众人沏茶是一种习俗。”

家中保管着茶箱钥匙的人，即使离开家，也会随身携带着它。威廉·考伯在朋友海斯凯丝夫人不在家时，还亲自写信提醒她，客人们几天都喝不到茶，因为她早把茶箱的钥匙带离了家。19世纪初，住在阿伯里斯特威斯的E.威廉姆斯先生曾致函一位朋友:“挚友见字如面。目前我暂居修道院……偶遇两位绅士，其自德国前来游学采风，还随身携有茶叶……我应与他二位同住以表礼貌……无论如何，我将尽早归家，将我茶箱锁匙和茶器奉上，乞求汝指点我那仆人沏茶，寒舍虽陋，但我必以诚待汝，万望如在家中那般自在。”

茶壶里的波士顿风暴 Boston's Tempest in a Teapot

随着饮茶在美国殖民地社会成为一种既定的习俗，人们已经习惯于早上在家喝茶，下午或傍晚外出喝茶。按照本杰明·富兰克林的说法，“至少有100万的美国[①]人一天喝茶两次”。同时期也有人认为，约 1/3 的美国人每天喝两次茶。如今，我们依然可以从当时来访的外国人眼中，生动地领略宾夕法尼亚和纽约的饮茶盛况。

在美国，茶会和饮茶成为精致家庭生活的核心。从瑞典出发来到北美游历的皮尔·卡尔姆教授在游记中写下了他注意到的细节：“在这里几乎找不到不在早上喝茶的妇女，即使是农妇或家庭穷困的主妇，也都会在早上喝茶。”费城地区有教养的妇女宁可不吃饭也要喝茶。此时，美国人对茶叶和其他英国商品的喜好，引起了英国议会的注意。捉襟见肘的他们正在为英国卷入 7 年战争寻找资金来源。

1765 年，英国议会颁布了《印花税法案》，要求所有印刷制品的原料上都要盖有官方印章[②]，以表明其已正式纳税。各殖民地对这种“未经表决强行派税”的行为，都表现出非常强烈的抵制，并引发了激烈的抗议，造成英国商品在殖民地销售量直线下降的局面。

尽管英国议会于 1768 年 3 月废除了这个不被接受的税种，损害却已经造成。殖民地的人们拒绝消费英国茶，许多城镇的人们秘密组织起来，反抗英国的“暴政”。这些社会组织有一个共同的名称：“自由之子”。哈佛毕业生塞缪尔·亚当斯[③]就领导着波士顿的运动。

尽管英国茶在殖民地的销售出现迟缓，但是英属东印度公司仍然囤积中国茶叶，直到在伦敦的仓库爆仓为止。收储来的茶叶不能无限期地存放着，所以如果失去北美市场，公司就注定走向失败。议会也将失去一个主要的财源。为了挽回局面，议会在 1767 年颁布新法规：通过《赔偿法案》允许英国海关在 5 年内，对殖民地暂停征收关税。茶叶价格应声而降，殖民地茶叶进口量在第二年回升到 80 万磅，达到历史顶点。然而，就在英属东印度公司指望通过逐渐增长的鲜叶

---

① 译注：文中对美国的概念缺乏特指，从严格意义上说，只有 1776 年以后的北美地区才有美国，此前只能说北美殖民者。

② 译注：历史学家大多认为并不是盖章，而是贴印花税票，印花税票需要额外购买。

③ 译注：塞缪尔·亚当斯是美国革命之父之一，后文的波士顿倾茶事件就是他策划指挥的。

销售额，来消化他们还在膨胀的库存之时，1767年议会通过的《汤森法案》将他们升起的希望敲得粉碎。

财政大臣查尔斯·汤森新官上任，想要以多种英国出口的普通货物为目标向殖民地征收税费，来增加财政收入。而此时两地间最重要的商品——茶叶，每磅需缴纳3便士税费。于是殖民者与本国之间重燃怨恨之火，前者的茶壶里又装上了走私过来的荷兰茶。

北美地区开始全面抵制英国商品。迫于压力，议会于1770年废除《汤森法案》，并取消了茶叶交易的政府佣金。茶叶价格戏剧化地降了下来，缴过税的进口茶叶竟然比走私茶还要便宜。可是作为议会有权向美国人征税的象征，每磅茶叶3便士的税被保留了下来。花费固然不多，但还是让殖民者们感到如鲠在喉。人们对英王乔治三世的怨恨持续发酵。1770年2月，300名波士顿妇女（身份地位显赫者居多）共同签署协议，表示在剩余的税收被废除之前，她们绝不喝茶。这股怨愤之气几乎透纸而出。

1770年3月5日发生的波士顿惨案进一步撕裂了波士顿殖民者与本国之间的关系。假发店学徒爱德华·加里克指控英国上尉约翰·戈德芬奇并未付账，双方随后发生口角。为保护哨兵，英军招来增援。由于担心自身安全受到威胁，英军开枪并杀死了人群中的5个人。此次事件中8名士兵、1名军官和4名平民被捕并被控谋杀。经过审理，法庭认定6名士兵无罪释放，另外2名为过失杀人罪并获得减刑。约翰·亚当斯律师在整个审判中代表英国官员出庭。

1774年7月，一直保持饮茶习惯的亚当斯律师，骑马来到缅因州法尔茅斯。走了30英里后，他进入一家酒馆，问女房东："假使茶是走私而来，抑或并未支付一毫，疲惫的旅人能否合法地享用一杯提神饮品？"店主警觉地答道："不，先生，我们这里已经不卖茶了。"说罢端上了咖啡。这位未来的总统见状便回答说："全球禁茶，势在必行。我必戒断，越快越好。"

一位名叫亨利·佩勒姆的年轻艺术家创作了一幅画来纪念1770年3月5日的"波士顿惨案"，雕版银匠保罗·里维尔很快就复制了这幅画。他的报道进一步鼓动了殖民地反抗的火焰。他发誓要用他的"生命和财富"来反对进口英国茶

北美波士顿通心粉的“新做法”

注：本图为当时的新闻图片。波士顿殖民者不满茶叶税高，抓了当时的英国海关关员，给对方淋上了沥青，沾满了鸡毛，强灌茶水。

波士顿惨案

叶。对于一个以制作茶桌配套茶具为生的银匠来说，这是一个带有戏剧性的说法。因为发誓以后，他制作的定制银茶壶涨价到超过 10 英镑，相当于当时一个人一年工资的 1/3。

波士顿的年轻姑娘们很快就效仿她们的母亲，签署了以下誓言：

我等是为公共利益献身的爱国者之女，愿效亲长为子孙后代计，情愿此后绝饮外国茶，力挫旁人妄图剥削我社群之谋划，立此为誓。

美国茶壶里的自由之茶 Liberty Teas Fill America's Teapots

尽管抗议活动在北美各地开始上演，但在新英格兰地区寒冷的早晨中，各家各户的餐桌上依然会有一把茶壶，倒出的热饮也温暖着殖民地的居民们。与此同时，女主人们开始在自家的花园和果园里，寻找适合泡饮的草药和水果，尝试制作可以代替他们所钟爱的武夷茶的花草茶。这些自制的茶饮被称为“自由茶”。坚持用自由茶代替武夷茶、具有冒险精神的殖民地主妇们，还将冲泡自由茶壶命名为“自由茶壶”。

薄荷科植物在自由茶中很受欢迎，如留兰香薄荷、普通薄荷，佛手柑、猫薄荷以及提炼出的薄荷油。覆盆子和草莓的叶子、柠檬香、马鞭草和鹿蹄草也是使用广泛的代用茶。

人们从花园里培育出菩提树、接骨木、红三叶草、甘菊、紫罗兰和秋麒麟草的花朵，将其调配成气味芳香和颜色丰富的混合茶；又从檫树和柳树的树皮、茴香和莳萝的种子之中找到了新的风味。干草莓、蓝莓或苹果都是可以泡茶的水果，有时人们还加些玫瑰果，起到“画龙点睛”的作用。

还有欧芹、百里香、马郁兰、迷迭香、鼠尾草等传统香草，这些在花园里唾手可得的植物，长期以来一直被用于烹调和治病。甜蕨、香灌木和天竺葵也被发现可以泡在茶壶里饮用。《波士顿公报》在1768年刊登的一篇烹饪文章，对新发现的代用茶提出了建议：

> 近期，纽伯里港的女士和先生们品尝到了新茶，是用一种生长在皮尔森镇的植物或灌木（美洲杉属植物）叶子所制。他们反馈这种茶的味道和真正的武夷茶相差无几。在这个危急时刻，如此重要的发现更加引人注目。既然我们已找到这种植物，若将它加工成我们自己独有之“茶”，那饮茶一事便不再仰人鼻息。

这种本土茶饮在北美很受欢迎，有很多口语化的名字：新泽西茶、印度茶、沃波尔茶和美洲茶。作为美国最早的出口商品之一，这种北美自产的“茶叶”还曾经出口到英国和欧洲其他地区。极具讽刺意味的是，自由茶的出口还能享受免税政策。

随着自由茶成为社交聚会活动中政治正确的饮品，新闻报纸对此大加宣传的同时，进一步报道了武夷茶进口贸易的衰落。很多提倡抵制英国茶的美国人不仅仅强调本土花草茶“有益健康”的药用价值，还掀起了一场舆论战。有些报道称英国茶实际上是有毒的，是一种“摧残健康的茶”，饮用以后会引起严重的身体疾病，从胃病到“最可怕的神经错乱”。

反英的爱国者们以深受尊敬的英国词典编纂家、痴迷饮茶的塞缪尔·约翰逊博士为例举证饮茶的坏处。一位作家曾这样描述他：“但逢席间有茶，此人便几近疯魔。”60岁的约翰逊也经常公开承认，自己是“一个顽固而不知羞耻的饮茶者……手边茶壶几乎没有时间冷却”。

1774年1月20日出版的《弗吉尼亚公报》刊登了一首经常被引用的流行诗。这首诗后来还被波士顿出版社作为重要内容刊载出来。诗的作者记录了在当时殖民地的许多上层家庭中，茶会和日常饮茶中常见的原料。

> 作别茶桌的夫人
>
> 别了，我的茶桌，还有那花俏的茶具、
>
> 茶杯和杯托、奶盅和糖钳。
>
> 那漂亮的茶箱，装着最近才收到的熙春、工夫和最好的精制茶。

1768年9月30日，八艘装载大炮的英国战舰，驶进波士顿港的情境（保罗·里维尔创作手工彩色雕版画）

注：第二天，在一场声势浩大的彩妆阅兵式中，3个团的英国民兵和两门大炮在鼓声和横笛的伴奏下沿国王街游行。每个士兵都带着16发弹药。

有你们相伴，我享受了诸多欢乐时刻，
听姑娘们闲言碎语，听仆妇们飞短流长，
庭院里的云杉似乎也在发笑，又或许不是。
如今，我不能再品尝曾经喜爱的饮品，
因为它面目可憎，
因为我已经知道（并坚信是真的）。
是它，给我的祖国，束紧了奴役的锁链；
是我，选择了自由的女神，终将把辉光洒满美国大陆。

有人坚决摒弃茶叶，自然也有人无法割舍他们的心头好。他们中有人只喝从荷兰走私来的茶，感觉这可以安抚自己隐隐不安的良心，如约翰·亚当斯。还有人常常不用茶壶，而是用咖啡壶泡茶，好给这种非法的饮品掩盖身份。美国红十字会创始人克拉拉·巴顿，曾回忆起她祖母喝茶的故事：当支持抵制茶的主人出门时，她会躲在马萨诸塞州牛津市一位亲戚的地窖里偷偷喝茶。

在哈莱姆高地战役期间，驻扎在“莫里斯－朱梅尔庄园”的乔治·华盛顿将军，每天都会喝上一杯茶。他的家庭账簿显示，当时他手边的中国茶具，来自英国，由韦奇·伍德制作。1779 年 9 月 22 日，行军过程中有人在树林里发现了一些藏起来的茶叶，华盛顿亲自写信给他的下属，建议将缴获的这些茶叶分发给下级，他写道：

> ……关于这些茶，并不包括在前述指令中。但我给出分发意见如下，留 50 磅质量最优者嗣后处置；取最上乘之茶，发诸将官每人一磅，外勤军官同内勤主管每人 0.5 磅，其余人等每人 0.25 磅；军中其他军官凡有申请，辄发 0.25 磅。

即使在局势紧张如革命前的活动暂停期间，人们普遍认为当时约 1/3 的殖民者，近 100 万人，仍然每天喝中国茶。据估算，1770 年，马萨诸塞州的年茶叶消费量可以达到 2400 箱（约 80 万磅）。尽管大多数商人曾经在店铺里面偷偷卖过，但当时没有商人会冒险公开销售茶叶。而那时茶叶依旧源源不断地从伦敦运来，然后就地堆入仓库。1770 年 4 月，《波士顿公报》发表报道称，“在《税收法案》被取代之前，镇上茶商绝不会有一人签署协议，不会处置任何茶叶”。

这项抵制行动引发了连带效应，以致当时向殖民地私运荷兰茶叶的走私犯罪嫌疑人约翰·汉考克，不得不提议由他自己出一艘船，免费将不断增加的茶叶库存运回伦敦。他的建议被采纳以后，私茶的价格才得以维持。

那时的伦敦低估了那些胆大包天的美国人的倔强。他们不仅没有被英国茶叶较低的价格所吸引，反而当他们发现这是另一种不可忍受的变相税收以后，就不再购买英国茶叶。英国茶叶的销量再一次暴跌，仍在收储的货物的品相迅速恶化。这引发了英属东印度公司内部对伦敦仓库库存即将崩盘的恐慌，公司开始向政府请求救济。

1773年春，英属东印度公司的伦敦仓库里积压着1700万磅的茶叶，超过了全英国一年的饮茶量。这些陈放数年的茶叶每天都在贬值，估值的总价不低于200万英镑。随着公司的债务不断增加，到夏天时，英格兰银行开始拒绝向公司提供任何贷款。公司此时仍未缴清关税和佣金，这意味着他们也欠着政府100万英镑。紧接着，公司债务总额很快攀升至惊人的130万英镑，股东的股息已经暂停发放。这个信号足以引起议会的高度重视。因为如果英属东印度公司倒闭，银行和英国财政部也会一同走向崩溃。英属东印度公司这棵大树，已经大到不能倒下了。

首相诺斯和议会制订了一项计划，给英属东印度公司输血——提供140万英镑的贷款，帮助他们摆脱困境。随后颁布的《1773年茶叶法案》为英属东印度公司做好了倾销茶叶的法理准备，迫使北美地区消化那些库存并承担损失。一名反对党议员警告说："如不撤销这些规定，他们（美国人）绝不会去买茶。"这位议员此时还不知道自己的预测有多准确。

《1773年茶叶法案》的出台彻底激怒了思想上主张独立的美国人。他们不希望自己的殖民领地成为世界上最大跨国公司的肥羊。企业被迫上缴超额的税赋，且没有取得任何投票权。这些都让他们如鲠在喉。从波士顿的咖啡馆到东海岸的其他城市里，人们到处都呼喊着一句"无代表不交税"的口号。而英国官方版本中却这样解释《1773年茶叶法案》："大英帝国首相诺斯爵士率部内阁，以立法手段促使英国茶叶走向美国市场"。其核心目的是帮助英属东印度公司

英属东印度公司的办公总部——东印度屋

注：英属东印度公司的办公总部位于伦敦的莱登霍尔街，并在 1729 年大量扩建，在房子后面增加了仓库。这座建筑被称为“东印度屋”，门面上装饰着船只、水手、鱼和一件大盾徽的浮雕。18 世纪末，他们又花重金扩建了后楼体两侧配套的侧翼，外观也按照新古典主义风格设计建造。就在英属东印度公司解散几年之后的 1860 年，这些建筑被拆除一空。当时，人们眼中有史以来世界上最强大的商业组织——英属东印度公司的荣光也成为绝响。

迅速清仓存于英国的 1700 万磅茶叶……

在美国商人和英属东印度公司之间书信往来频繁的同时，殖民地内的收货代理们也正纷纷使出浑身解数，抢收传闻中的货物。大洋彼岸的公司董事们也同样忙着决定，把哪些茶叶从他们爆满的仓库里运往北美。

1773 年 8 月 5 日，伦敦茶叶商人威廉·帕尔默递交了一份意见书，并在文中向英属东印度公司提供了相当巧妙的思路。当时，正有一批武夷茶在最近的一次伦敦拍卖中流拍，需要运往美国贩卖。帕尔默认为，公司应该抓住时机向美国人介绍更优质的绿茶——“松萝”。这种茶比红茶保质期更短，更容易变质，但若能以武夷茶的价格出售，即使损失了部分利润，也是总体有利的。

伦敦茶叶拍卖现场

注：伦敦茶叶拍卖是一项延续了300年的盛大传统。自1679年的第一场活动开始，季度拍卖就成为惯例，也一举奠定了伦敦作为国际茶叶贸易中心的地位。由于英属东印度公司垄断了从中国进口茶叶的业务，茶叶拍卖也就被设定在位于莱登霍尔街的公司总部进行。最初，茶叶拍卖需要"见烛行事"。拍卖开始时，拍卖人会点燃一支蜡烛，限定了拍卖的时间，每当蜡烛烧完一英寸[①]，锤子便落下，宣告拍卖结束。这个过程非常喧闹，一位不知名的茶商在1826年记录了当时英属东印度公司总部拍卖现场的噪声和混乱："外行眼中的茶叶拍卖会，无异于一场陛下的臣民们之间的肺叶气力较量。"这一情况在1834年发生了变化，英属东印度公司停止商业活动，让茶叶成了一种自由贸易商品，回归市场。茶叶拍卖从富丽堂皇的东印度屋转移到民辛巷新建的伦敦商业拍卖厅。几年内，茶商们纷纷跟随拍卖场，也在民辛巷设立办事处，成就了民辛巷"茶街"的美称。

1998年6月29日，举行了最后一次伦敦茶叶拍卖会。最后上场的拍品是一箱来自赫尔博得茶园的斯里兰卡花香白毫红茶。川宁和哈罗盖特的泰勒两家公司的激烈竞拍，使这最后一箱茶叶的价格迅速飙升。厄普顿茶叶进口公司的所有者美国人托马斯 · 埃克讲述现场的情况："竞购战几次看似结束，但就在第三次落槌之前，又会有人再次出价……伴随着围观群众的热切关注……最后，这些茶叶以555英镑的价格卖给泰勒公司的时候，掌声和欢呼打破了紧张的气氛。"最终胜出的竞价金额，达成有史以来最高的拍卖价格，将被捐给慈善机构。这箱44千克重的茶叶售价超过4万美元，约合每杯2.10美元。

---

① 译注：1英寸=2.54厘米，为了与原书保持一致，本书不再换算。

《威廉·帕默的北美输茶模式建言书》

首先需从此前买家拒收的武夷茶中提取可用之茶，但特别要小心，不取品相中等或中上以下，不取任何外箱破损者。取中者不用官方海关编号，而是依公司编号重新贴标、制单，再次称重以后打好标记，不同批次的货物分开放置。如此便不必在过关时作假，且即使照货物编号、重量逐一核对，也与“自广东出口时便已经历堆积劣变，已交由英国海关检验”的说法毫无出入。

不过，也须仔细参照北美的口味，滋味不能太过平淡或者如粗茶般过于浓烈。多以中等品质的新茶为喜。美国人对茶目前尚无明确偏好，且各茶类之间在质量上可能并无明显的比较优势，可以尝试将多种茶以一定数量送到不同的地区，将品质特征写在随货发票上加以说明。例如，可以用 12～20 个小茶箱盛装熙春茶、小种茶、工夫茶以及各种松萝茶，即屯溪绿茶、美颜茶和头茶……

松萝茶将是公司可以推广进入美国市场的优秀产品。相较于武夷茶，这类茶的保质期要短许多……这实际将成为松萝茶的优势，即使在美国市场与武夷茶同价售出，也大好于在本土以高价挂牌却有价无市，门庭冷落，放任大量茶叶在仓库中坐以待毙。

1773 年 9 月 27 日，自《1773 年茶叶法案》颁布以来，英属东印度公司第一批派往美国的 7 艘舰船上，满载着各种中国红茶和绿茶，总计 54.4 万磅。船队从伦敦

港启航，分别驶向了美国的4个城市。其中，“南茜”号开往纽约，“波利”号开往费城，“伦敦”号开往查尔斯顿、南卡罗来纳。另外4艘船，“埃莉诺”号、“达特茅斯”号、“比弗”号和“威廉”号，则驶向了反抗英国统治呼声最高的波士顿港。

1773年10月18日，《波士顿公报》报道称，英国送来的茶叶已经在途中，并鼓励民众们一起将茶叶送回英国本土，或者就地毁掉。总之，民众们要给这种“穿肠的毒药”找找麻烦。几周之内，抗议运动席卷了北美东部沿海地区的主要城市。一些认为英国茶叶对自己非法茶叶生意构成了威胁的走私者，也在其中火上浇油。爱国者们在抗议的同时，内心也颇感复杂。他们一方面认为这整件事就是英属东印度公司和议会之间的邪恶阴谋，通过向殖民地居民提供廉价但交了税的茶叶，试图让他们承认乔治三世的权威；另一方面，每艘到达美国的运茶船又都会交托给一群由参与北美贸易的英国商人向英属东印度公司提名，并效忠于英王的殖民地商人进行售卖。在波士顿接手茶叶的商人是理查德·克拉克和他的儿子们以及合作伙伴托马斯·哈钦森和以利沙·哈钦森。

1773年11月17日晚，位于学校街上的克拉克家遭到了100多名愤怒民众的袭击。当这家人撤退到二楼时，石头从窗户扔了进来。经过一个小时的折磨，暴民们散开了，一家人逃到亲戚家里躲过了余下的夜晚。波士顿海关专员亨利·霍尔顿的妹妹、效忠派人士安妮·霍尔顿在写给一位英国朋友的信中，向对方描述了对1773年11月25日晚上惶恐不安的情况。她说：

> 满载着东印度大楼茶叶的船队大约几小时后就会到达，但当地人民不会让它们在波士顿登陆。他们要求接手人克拉克承诺把货寄回去，但他严词拒绝。他坚称无论在何种条件下，都会将茶叶收储进仓库，直到他收到英国方面的通知。人们威胁克拉克会将他撕成碎片，他却坚持自己不会背弃委托人的信任，即使付出生命的代价。在克拉克的儿子从英国回来的当天晚上，他们全家人聚在一起庆祝他的回归。此时，暴民们聚集起来包围了房子，用石头和棍棒发起攻击，砸坏了窗户和家具。克拉克之子对他们大声警告，说如果他们不停止，必定会向他们开枪。他没有食言，暴徒们撤退的时候抬着一个人，很可能

波士顿艺术家约翰·辛格尔顿·科普利（左上）家族肖像画（创作于1776年）

注：他邀请岳父理查德·克拉克一起入境。作为效忠于英王乔治三世的波士顿商人之一，克拉克在1773年与乔治三世签订了合同，准备接收4艘开往马萨诸塞的茶叶运输船。在1777年这幅油画完成时，克拉克已经逃往了伦敦。科普利是18世纪波士顿城中最著名的艺术家之一。今天的波士顿科普利广场就是以他命名的。这幅全家福目前在华盛顿特区的国家美术馆展出。

就是被他开枪打伤的。在“暴民”攻击的过程中，有许多石头被扔到餐桌周围。扔进来的每块石头都大到可以杀死被它击中的人。这时，克拉克的家人还都围坐在桌旁。如蒙获上帝的旨意，那些石头没有砸到任何人。此后，为防止克拉克先生逃跑，这所房子周边的所有道路都被武装起来的人们把守着。自从我们来到美洲，这样的情境真是前所未见。

当伦敦报纸将印度孟加拉邦（今孟加拉国）100多万居民死亡的事件记入编年史并公开发表以后，殖民地的人们对英属东印度公司的憎恶进一步加深。因公司董事枉顾事实，强行向已经遭遇困境的孟加拉国人征税，造成巨大饥荒，人为地导致了如此多无辜生命的死亡。事实上，外国统治者的行为更加恶劣。他们为公司员工和官员囤积粮食，几乎不考虑正在挨饿的当地百姓。小说家班金·钱德拉·查特吉写道：“人虽饿死，税犹无止。”

发生在孟加拉国百姓身上的惨剧和公司惨无人道的压迫行径最终传回了伦敦的媒体，随后又传到了北美殖民地。1773年，在世界的另一边对英国臣民实施的暴行警醒了北美人民。名为英属东印度公司的“瘟疫”随着乔治三世的制裁，势不可当地扑向了北美。

一本名为《警报》的小册子开始在各殖民地流传，落款写着一个神秘的“Rusticus”字样。在这本小册子中，清楚地表达了北美殖民者对英国最大的跨国公司及其在世界各地的所作所为的感受：

> 如今英国大臣与英属东印度公司狼狈为奸，实行着奴役美国的计划。难道我们要放任不管，任人鱼肉吗？此前的几年间，他们在亚洲的暴行已经表明，他们根本不在乎国家法律、人权、自由甚至生命。也许你已经听闻，一年，1050万条活生生的性命，因为饥荒而消失了。这不是土地辜负了庄稼，而是这间公司和他们的鹰犬鲸吞了所有的必需品，设置成穷人无法负担的高价。

纽约和查尔斯顿的英国茶收货人此时也面临着人身伤害的威胁，他们基本上都很快就宣布撕毁那些污损茶叶的接收合同。但是波士顿的克拉克家族和其他守信商人，依然决定把英属东印度公司的茶叶收进他们的仓库。前往波士顿的4艘船将首先到达，其他城市的居民都还在观望。他们想要看看波士顿的“自由之子”成员，会如何反抗并抵制茶叶的登陆。

1773年11月28日，已经驶离伦敦9周的“达特茅斯”号，是第一个到达波士顿哈尔伯河口的。这艘载着114箱茶叶的船停泊在港口入口处附近的威廉堡。第一批运茶船已经抵达的消息很快传开了，5000名市民（约1/3的居民）第二天早上聚集在老南教堂参加市民会议，作

1773年11月28日，由船长詹姆斯·霍尔领导的“达特茅斯”号，满载着114箱英属东印度公司的茶叶，成为第一艘到达波士顿港外的船只

注：塞缪尔·亚当斯命令这艘船在1773年12月1日正式泊入格里芬码头。

为英国茶叶收货方的克拉克和哈钦森家族则试图远离公众视线。

同一时间，两名皇家海关人员登上“达特茅斯”号开始检查货物。根据英国法律，一旦检查完成，船上的东西必须在 20 天内卸下，否则整船货物都会被总督没收，之后再行拍卖。值得一提的是，总督的家族恰好也是收货人之一。对于“自由之子”的成员来说，时间非常有限，他们必须在 12 月 17 日前，给这些茶叶找到“出路”。

时任市议员的塞缪尔·亚当斯授意“达特茅斯”号驶进港口，停靠在码头等待收货人前来卸载。1773 年 12 月 1 日，星期三，船长霍尔将“达特茅斯”号停靠在格里芬码头。在那里除了茶叶，其他货物都被放上岸。25 名武装志愿者有组织地轮班守卫这艘船，以确保茶叶没有被送上陆地。12 月 2 日，“埃莉诺”号抵达。12 月 7 日，“比弗”号抵达，就停泊在旁边。

1773 年 12 月 10 日，第四艘预定抵达波士顿的运茶船“威廉”号，在接近目的地时遇到了可怕的大风，船被吹到科德角外的礁石上。第二天，再次经历风暴以后，船只彻底搁浅了。船员们被迫断开船锚，然后将船牢牢地固定在普罗文斯敦附近的岸边。船上装载的 58 箱茶叶被托运给了波士顿的克拉克家族，和 300 个新的街灯一起存放在潮湿的货仓中，准备运往波士顿市。

1773 年 12 月 16 日，“达特茅斯”号在 20 天卸货期限到期的前夜，老南教堂举办了波士顿市有史以来规模最大的一次城镇会议，人们的爱国热情再一次高涨起来。此前，由市民组成的委员会已经向总督提请，要求允许载运英属东印度公

司茶叶的“达特茅斯”号返回伦敦。可总督哈钦森的商人儿子正是茶叶的收货人之一，所以他回复委员会，拒绝了他们的要求。

几番慷慨激昂的演讲之后，约翰·亚当斯最终站起来说：“这次会议并不能拯救这个地方。”坐在边座的皮匠亚当·科里森大喊道：“今夜，波士顿用港口泡壶茶！”短短几分钟内，他们就组织出一支100多人左右、训练有素的队伍。其中一些人非常年轻——只有13岁和15岁，和大家一起伪装成印第安莫霍克人，来到格里芬码头，要把茶叶倒进海浪中去。

惊恐万分的船长们把3艘船的货舱钥匙都交了出来。化了装的人们在几个小时内，将340箱茶叶从货舱吊装到甲板上，有条不紊地将茶箱砸开后倒入波士顿港的浅水。干茶密度小，浮在水面上的绿茶和红茶太多了，堆积在船体边上就像巨大的干草堆。一些参与起义的人把小船划进茶里，用船桨拍打，让茶叶沉到水下。

为了防范抗议者中有人看到抛出的大量茶叶见财起意，他们采取了非常仔细的措施，以保证队伍内部的行动纪律。他们要求所有人清空靴子和口袋，以确保

1773年12月16日晚，340箱中国绿茶和红茶被扔进波士顿港口的大海（手工着色版画，创作于19世纪）

注：以今天的币制计算，英属东印度公司装载在3艘船上的茶叶总价值超过100万美元。

乔治三世的那些污损茶叶不会进入殖民者们的茶壶。

9点，波士顿“茶起义”结束了。腾起的茶末逐渐尘埃落定时，“达特茅斯”号、“埃莉诺”号和“比弗”号的船长们正在计算这次的损失。返回伦敦后，他们还要向英属东印度公司的官员们报告。船只虽然没有受损，但毁掉的茶叶数量巨大，240箱武夷红茶、60箱松萝绿茶、15箱熙春绿茶、15箱工夫红茶、10箱小种红茶。这340箱中国茶叶的价格，加上关税和其他费用，总计达到9659英镑（以今天的币制计算，价值超过100万美元）。

曾经的书记员，约翰·亚当斯在他的日记中记录了那天晚上发生的事情：“爱国者们在上一次的奋力反击中展现出的尊严、威严和崇高，令我非常敬佩。”

一周后，《波士顿新闻周刊》对这场声势浩大的活动作出了评论：“当一大团茶叶掉落水面时，想必会拍打着水面，发出令人愉悦的砰砰声。松散的叶子轻嘶着，打着转落下，就像春天的苹果花或秋天的叶子，从枝头零落飘散。”

波士顿茶起义遗留的小木箱

注：这件小茶箱是1773年茶叶起义中，遗留在波士顿港的两件木箱之一。这个半满的小茶箱里装着绿茶，可能是来自中国的松萝茶。该文物目前展出于波士顿茶党轮船博物馆。

1829年，《普罗维登斯爱国者报》报道了当地一位97岁老人的去世，文章中说这位尼古拉斯·坎贝尔是“一位名垂青史的波士顿茶党的一员，并亲自参与了美国人第一次反抗英国压迫的伟大行动”。这篇文章首次提出“茶党”一词，在此之前，这次的反抗行动并没有明确的领导团体。

反抗行动的第二天（1773年12月17日），萨缪尔·亚当斯带领的通信委员会向科德角方面发出信函，促使当地的居民也去破坏搁浅的“威廉”号上的茶叶。但理查德·克拉克的儿子乔纳森·克拉克已经从波士顿出发，疾驰到科德角去抢收家族负责的茶叶。在去的路上，他聘用了治安法官约翰·格林诺来组织人手，经特鲁罗镇，将茶叶最终运到普罗文斯敦妥善保管，并且约定格林诺获得的报酬就是几箱回收的茶叶。

当时在科德角，所有船主都拒绝接收运送打捞上来的茶叶。最后，他们总算雇到一艘从塞勒姆来的帆船去运送茶叶。从“威廉”号上带下来的51箱茶叶被运到波士顿城堡岛。保险起见，这些茶由哈钦森总督统一放到兵营中保管。另一边，“自由之子”们则尽了最大的努力，盯住茶叶上岸的情况，以确保它们不会到达岸上的商人手中。

知道科德角那边的英国茶叶安然逃脱以后，萨缪尔·亚当斯十分愤怒。他在给朋友的信中说，那些把茶叶倒进港口的波士顿反叛者们“会穿上雪鞋，替他们完成未竟之事”。

为了弥补此前在倾茶行动中的失职，特鲁罗镇在10周后召开了一次全镇会议，搜寻从格林诺和他帮手那里买了“有害”茶叶的“几个人”。那些被发现持有“威廉”号运来的茶的居民，被认定是因为出于无知和对方巧舌如簧的诱骗才购买，所以被赦无罪。这些悔改的特鲁罗市民众被激发了爱国热情，主动支援起波士顿革命党人的反英斗争。

那几箱300磅重作为格林诺报酬的茶叶中，有1箱在普罗温斯敦，被7个“印第安人”烧毁，剩下的则被收缴充公，不过后来在一次韦尔弗利特镇的会议上又还给了他。此外，在附近伊斯特汉地区的科德角，威拉德·诺尔斯上校也从格林诺那里买了茶叶，还打算出售。这一行为激怒了当地的激进派选民，他们投票解除了诺尔斯为民兵采购武器的职务。

为了贯彻清缴英国茶的行动，一群人伪装成印第安人，接近并控制了镇上的行政委员，往他的手和脸上涂柏油，并强迫他发誓绝不透露他们的身份。但正如《康涅狄格期刊》所记载的那样，格林诺卖出的茶还是有一些最终流入了邻近州的饮茶者手中：

> 莱姆镇（1774年3月17日）
>
> 昨天，一位来自玛莎葡萄园自称威廉·拉姆森的人，骑着马来到镇上，随身携一袋茶叶（约100夸脱重）四处兜售。他显然知道自己的生意会让他

> 被众人谴责，这让大家更有理由怀疑他手上的茶叶是最近到达科德角的恶劣之茶；果不其然，经过检查，人们发现这些茶就是那一批。于是，几位“自由之子”成员在当天夜里聚集起来，一把火把这些茶全部烧掉了，然后就地掩埋灰烬。以此证明，他们对所有为向美国增加关税负担的茶叶的绝对憎恶，我们这些康涅狄格州的兄弟是最该被赞誉的榜样。

当时，身处伦敦的本杰明·富兰克林认为，人们终会后悔毁掉了这些茶叶。他希望自由之子能认识到他们的错误，并向英属东印度公司赔款。以下节选自 1774 年 2 月 2 日，他写给几位激情四溢的波士顿爱国者的信，其中包括塞缪尔·亚当斯和约翰·汉考克：

> 迅速赔偿则可立即使全欧洲对我等视之如常。虽然这场恶作剧尚不知是何人所为，但由于可能无法找到他们，自然也无法追究责任、洞悉原因，且在发生此事之地，舆论场中也有许多呼声甚嚣尘上，足见此事存在合理之处。因而若自愿作出赔偿，于我等既不是耻辱，也可让我等正常发声同等行使权利而不被他人偏见。

波士顿市民的反抗行动中，给另外 3 艘前往殖民地的船提前设定了命运。整个东海岸的“自由之子”成员都以波士顿为榜样，信守了自己的诺言。

12 月 3 日，载有 257 箱茶叶的“伦敦”号停靠在查尔斯顿港。当晚，“自由之子”组织市民大会来决定茶叶的命运，但市民们无法做出同时让爱国者和商人满意的决定。21 天以后，人们依然没有确定茶叶的去留。这些尚未缴纳关税的茶叶被镇里的海关局长没收，锁在旧交易所大楼潮湿的地下室里，最终只能发霉变质。“伦敦”号运茶船获准返航，由新船长詹姆斯・钱伯斯带领，还多装了 18 箱荷兰走私茶，一切看上去并没什么问题。

1773 年 12 月 25 日，“波利”号停泊在费城城外，随船而来的是 697 箱英属东印度公司茶叶。船长艾尔斯随即受到委员会“涂柏油、粘羽毛”的猛烈攻击，暗示他应该把他带来的茶再带回英国去。赊购了货物和补给两天以后，惊恐万分的船长就命令“波利”号沿着特拉华河逆流而上，返航伦敦，船上的茶叶还在货舱里。

1773 年 12 月 17 日，波士顿银匠保罗・里维尔骑马行走一整夜以后到达纽约，并给这里带来了令人兴奋的消息——波士顿港口毁茶抗议成功。这正是纽约的“自由之子”成员们最想听到的消息。现在，他们在波士顿的兄弟们已经先行一步。他们也在急切地等待着英属东印度公司的“南茜”号和随船茶叶的到来。不过他们得等上几个月才能举行“茶会”，因为“南茜”号被风吹到向南数千英里以外的安提瓜岛。1774 年 3 月，这艘不幸的船终于开始了向北的旅程。但在驶向纽约的途中，它又遭遇了猛烈的大风，失去了桅杆和锚，还有 8 名苏格兰移

Account of Teas Exported by the East India Company to America

For Boston, ℘ Beaver, Dartmouth & Eleanor, Destroy'd

…al Loss to the Company	American Duty	Commission &c. on Invoice Amount	Total	Invoice Value, exclusive of American Duty & Commission	American Duty	…mission	Total of Invoice
	on lb 92616						
£7521.13.2	£1157.14.–	£772.14.10	£9452.2.–	£7728.17.6	£1157.14.–	£772.14.10	£9659.6.4
	on lb 12204 For Boston ℘ William, Landed there						
1050.5.–	152.11.–	106.15.11	1309.11.11	1075.12.7	152.11.–	106.15.11	1334.19.6
	on lb 70304 For South Carolina, ℘ London						
5660.19.4	878.16.–	585.3.9	7124.19.1	5850.17.1	878.16.–	585.3.9	7314.16.10
	on lb 211778 For New York, ℘ Nancy						
16925.16.5	2647.4.6	1735.3.8	21308.4.7	17307.8.5	2647.4.6	1735.3.8	21689.16.7

Charges on Teas for Philadelphia, returned to England

1198.19.8

这份账簿详细记录了东印度公司在 1773 年年底和 1774 年年初，向波士顿、纽约、费城和查尔斯顿运送的 60 万磅茶叶，在经历灾难性事件后的损失情况

民乘客被冲到海里。

这4个月的延迟让纽约的收货人有机会通过中间人与“自由之子”达成协议，双方同意等“南茜”号抵达以后，允许它立即返回英国。1774年4月18日，这艘船抵达了新泽西州的桑迪胡克，等待对它命运的宣判。起初，纽约方面计划在4月23日召开一场盛大的公开会议，“自由之子”将在会上展示他们的影响力，“南茜”号货船和船上的茶叶都将被遣返回伦敦，并不会造成任何损害。然而，在4月22日，一位意想不到的客人加入了这场剑拔弩张、一触即发的茶会，那便是从查尔斯顿港开到纽约港的“伦敦”号货船。

有消息传到纽约，说“伦敦”号船上载有18箱私茶。船长詹姆斯·钱伯斯极力否认，表示船上根本没有任何茶叶，无论是走私茶还是英国茶都没有。对峙的焦点很快就超过了船长是否有茶的话题。愤怒的人群围在“伦敦”号周边，钱伯斯船长因为担心自己的生命安全，悄悄地溜走了。没过多久，这里就聚集了近200人，其中一些人脸上涂着类似于波士顿暴徒的油漆。他们几乎将船拆开，终于找到了可疑的茶叶箱，并将这箱可恶的武夷茶扔进了港口的海水里。

美国人把茶叶船中的货物扔进港口的海水里

第二天按照计划，人们给“南茜”号举行了盛大的送别仪式，成千上万的人聚集在华尔街脚下，目送这艘船离开。乐队演奏，教堂钟声响起，大炮鸣响。欢聚在一起的纽约人几乎没有注意到，当“南茜”号离开船位，转向大西洋时，一个偷渡者被塞进了船舱里。船长钱伯斯在他的姐妹船“伦敦”号上找到了一个藏身之处，平安地逃脱了“自由之子”的愤怒以及焦油和羽毛外套。

因茶觉醒的美国女性政治意识

American Women Become Political Over Tea

波士顿起义的消息终于还是传到了卡罗来纳州和繁忙的内陆港口埃登顿。为了表示同仇敌忾的心情，当地居民筹集了一船的玉米、猪肉和其他粮食，送到波士顿来帮助那些因为英国的港口禁运令而忍饥挨饿的家庭。

与此同时，一位埃登顿居民决心向英王乔治三世发出同样强硬的声明。1774年10月25日，佩内洛普·巴克在伊丽莎白·金的家中组织起51名妇女组成联合会，全心全意地支持美国人反抗“无代表纳税”的事业。

这位巴克夫人请与会的妇女们在她写给乔治三世的信上签名，信中说：“她不再喝茶，也不再穿英国服装。此外，本州的许多女士已决心以令人难忘的证据，来证明她们的爱国精神，并且加入这个光荣而充满活力的协会。我寄信给你，是要向你们那些娇贵的淑女们表明，美国妇女对于追随她们的丈夫已经做出的优秀表率，有多么热忱和忠诚；并让你那些无可比拟的大臣们看到，他们将从如此坚定地团结起来反对他们的民族那里得到怎样的反对。”

这些妇女清楚地知道，签署这份请愿书，就等于犯了叛国罪。在波士顿举起反旗的男性会通过装扮成印第安人来隐藏自己的身份，而这些大胆的女性则骄傲地直接用自己的签名来表明身份。这个反抗的举动被广泛认为是，美国妇女第一次在公共话语中发出自己的声音。

巴克太太的声明给她的生活带来了一个麻烦，她的丈夫约翰作为卡罗来纳殖民地的指定代理人，当时正驻扎在伦敦议会。当在美国组织叛乱的消息传到英国的时候，他被迫逃往法国，直到1778年才回到埃登顿。

时髦女孩（创作于 1787 年）

注：该画得名于约翰 · 斯考文于 1786 年 12 月在伦敦科芬园里表演的一场滑稽戏。与美国的战争结束了，精致的英国女士们也重新开始关注起茶和时尚了。

北卡罗来纳州埃登顿爱国妇女联合会的妇女在写给乔治三世的信上签名

注：这幅漫画描绘了1774年秋季茶党起义中的妇女，1775年3月刊登在伦敦的一本杂志上。1775年1月，住在英国的阿瑟·艾德尔在给他的美国兄弟詹姆斯的信中，描述了英国对上不得台面的茶党的反应。据艾德尔说，这个由女性领导的组织并没有得到重视。他讽刺地说："这里唯一的安全之处在于，在美国很少有地方像埃登顿这样有如此多的女性炮兵。"

关于战争的谣言继续在殖民地蔓延。1774年10月1日，新泽西家庭主妇杰迈玛·康迪克特在日记中写下了自己的担忧。她写道："我们的艰难时刻要来了，一场大的骚乱就在眼前。他们说这因茶而起。只是如果他们能为了这样一件小事而争吵，那除了战争，还会有什么在等着我们呢？至少我是害怕发生战争的。"

1775年4月19日清晨，殖民地居民和英国士兵在列克星敦和康科德交火。伤亡在所难免，一场革命开始了。波士顿很快便被英军包围。在此之前，英国在波士顿的邦克山取得的一场代价高昂的胜利，将这场动乱推向了高潮。大陆会议委任乔治·华盛顿为其武装部队的总司令。杰迈玛·康迪特的预言已经实现，"艰难的时刻"肯定已经到来了。

中美茶叶贸易的开端 Chinese American Tea Trade Begins

经过长达7年的激烈战斗，北美殖民者终于从大英帝国手中赢得了正式的独立。1783年，英国与殖民地双方代表共同签署了《巴黎条约》。在这场来之不易的胜利之后，人们欢聚一堂大肆庆祝。然而，经济上的困境很快就给这份喜悦蒙上了一层阴影。这个新生的国家已经开始被萧条和通货膨胀所困扰。在这些难处面前，开国元勋和革命战士们束手无策。

尽管已经战败，但英国通过经济胁迫来打压前殖民地的手段仍然存在。传统的贸易路线对美国人关闭了，并且英国试图向各州分别施加经济压力，迫使它们低头，然后一个接一个“回到母国——英国”。

英国的政策似乎一度奏效，部分美国人尝到了这场胜利的苦果。在自己的国家财政体系濒临崩溃、通货膨胀难以承受的情况下，他们很难感受到脱离英国获得自由的幸福。一磅茶叶要卖到100美元，而一名革命军人的月薪却低至4美元。

法国大革命后的欧洲战争打破了贸易壁垒，他们允许美国船只作为货物的共同承运人，为美国茶叶贸易打开了新的欧洲市场。而在中国，大量皮草和檀香木需求的订单让美国商人松了一口气，因为他们正好急于用这些资源来交换茶叶。到18世纪80年代末，这种新型的美国茶叶贸易开始蓬勃发展。

中国“皇后”号是第一艘直接抵达中国的美国船。这艘船在1784年2月22日从纽约港出发，带着美国贸易代表团和一批杜松子酒（准备给未知的中国买家）。这艘令人印象深刻的商船是前一年在波士顿建造的。这是一次具有历史意义的商业和外交冒险，整个行程受到包括罗伯特·莫里斯在内的几位富有美国商人的赞助。他们一共捐赠了12万美元的资金。

1784年8月28日，中国“皇后”号历时6个月，经历了约1.8万英里的旅行航程后，终于抵达繁忙的广州港口。在停留期间，中美两国人民进行了商品贸易，表达了友好和热情。这艘船及其代表团在广州一直待到1784年12月28日，再经过4个月零24天的返程，终于在1785年5月11日满载而归，抵达纽约港。随船带回的440吨熙春茶、武夷茶和其他中国产品的销售净利润超过3万美元，投资回报率不低于25%。

英国垄断北美茶叶贸易的时代终于一去不复返，中美茶叶的直接贸易额在稳步增长。随着人口和财富的增加，美国人民的茶叶订单越来越大。随着从广州出口到美国的茶叶数量快速增加，美国也开始准备对茶叶征税。

宾夕法尼亚斜面桌上摆着英国皇家伍斯特瓷器和美国产的银茶具，不用的时候可以靠墙放好

注：这套时尚的茶具如今陈列在波士顿美术馆中，向人们展示了殖民地的人民在1773年波士顿港茶叶起义之前的几十年里对茶的热爱。

1789年春，乔治·华盛顿被选为总统，约翰·亚当斯担任副总统，托马斯·杰斐逊刚从巴黎的外交岗位上回到蒙蒂塞洛。华盛顿任命杰斐逊为国务卿，负责外交活动。新政府规定，每磅红茶征收茶叶税15美分，绿茶收22美分，每磅上等熙春茶则征收茶叶税55美分。如此一来，新任国务卿所钟爱的上等熙春绿茶突然就更贵了。

沃土乐生（托马斯·安文斯 1785—1857 年创作的水彩画）

注：该图展现了 19 世纪乡村小屋内举办高桌茶会的场景。桌上摆着的食物有火腿、奶酪和自制面包。农夫的妻子正在往壶里放茶，她旁边的老太太则啜饮着茶碟里的茶。

四 19世纪英美茶事

因茶而建的帝国 An Empire Built on Tea

1776 年 3 月，阿比盖尔·亚当斯提醒正在参加大陆会议的丈夫约翰，要他“勿忘女士之贡献”。她的提议表明在抵制茶叶等爱国行动中，女性和男性一样有所作为。但直到美国革命结束时，阿比盖尔的请求依然无人理睬。妇女在结婚时需要放弃她们的财产，既不能投票也不能担任陪审团成员，而是被固定在家庭主妇和母亲的传统角色中。这种不平等一直延续到维多利亚时代。那时的她们唯一能够得到的放松，就是聚在一起聊聊天、吃吃茶点。这样的场景在 19 世纪的文学作品中都能看到。

尽管西方的商人、政治学家和文人都对茶的神奇功效赞不绝口，茶叶在 19 世纪也持续对英美两国的社会产生着影响。但在 1843 年罗伯特·福琼在中国产茶区，展开探秘行动之前，西方社会几乎不知道茶是如何种植或制造的。人们赞美茶叶有益于身体健康；在经济上，是能够全球流通、带来财富的商品；在道德层面，饮茶能还使人神志清明、举止文明。然而掩盖在这些美德之下，从不在茶桌上被提及的是茶叶贸易的阴暗面——英属东印度公司是用印度的鸦片换回了中国的白银和茶叶。

19 世纪上半叶，欧洲和美国茶叶几乎完全由中国供应。镀铜的飞剪船满载着装茶的木箱，从广东运到伦敦和美国沿海的港口。1833 年，英属东印度公司为满足英国这个鼎盛时占据着世界土地面积和 1/4 人口的日不落帝国，对茶叶永不满足的渴求，在印度和锡兰（今斯里兰卡）建立了茶叶种植园，结束了中国对茶叶的垄断供应。其贸易路线也随之发生了巨大变化。

此时的美国正如同完成自己的天定命数一样，将领土延伸到整个大陆，直到太平洋西岸。随着时任总统米勒德·菲尔莫尔促成日本开放、太平洋铁路的建成和汽船的发明，美国的总体战略开始转向西部，并且建立了旧金山和横滨之间的贸易路线。19 世纪末，日本的绿茶和中国台湾地区生产的乌龙茶，已经可以在美国各大百货商店中买到。在波士顿和纽约的酒店里，也能见到用斯塔福德式茶壶泡茶的场面。

19 世纪的英国逐渐成长为一个具有工业产业、技术和商业能力的国家，超越了欧洲的竞争者。部分历史学家认为，英国之所以能取得如此卓越的成就，主要因为它是一个饮茶的国家，同期的欧洲其他国家则以饮咖啡为主。他们认为，从 19 世纪 50 年代开始，茶的广泛饮用促使英国人饮用以开水制成的饮料，预防了痢疾和其他水传播疾病，从健康层面为英国工业革命的成功做出了贡献。尽管茶是否真的是促成英国成就的一个因素已经不可确证，但事实上，18 世纪中期就被确立为英国国饮的茶叶，消费量并不大。而且由于茶叶的税收高，茶价在此后的一个世纪里居高不下，人均消费量反而有所下降。

又或者并不是茶加速了工业发展，而是因为人们对茶的喜爱可能削弱了英国工人阶级买垃圾食物的动力。1839 年以前，所有通过英属东印度公司进入英国的茶叶都来自中国。虽然英属东印度公司在 1813 年失去了部分垄断地位，但在接下来的 20 年里，竞争对手并没能撼动英属东印度公司在茶叶贸易上的地位，真正物美价廉的茶叶走上了英国人的茶桌。同一时期，横亘在中英之间的鸦片贸易问题也在发酵之中。

英国起初使用银子购买茶叶，但中国人想要的英国商品却很少。当时，英属东印度公司在印度东北部种植鸦片，并通过加尔各答的船运代理、买手和批发商卖到中国。美国也在将土耳其的鸦片走私到中国。如此一来，就道德层面而言，这种见不得光的茶叶贸易方式，带来的最大困境是：在英国德高望重的牧师住宅里、在波士顿废奴主义者的会面中，无论精美的庄园还是简朴的乡间小屋，人们所喝的茶几乎全部是用鸦片购买的。

1839 年，中国皇帝决定禁止茶叶鸦片交易，并且下令将 2 万箱鸦片弃置在海滩上，任海水冲走。次年，英国向中国宣战，中国以禁止向英国出口茶叶作为报复。第一次鸦片战争在 1842 年结束，但在 1856 年冲突再起时，法国加入了英国的阵营向中国宣战，这次的战争整整持续了 4 年。而且，英属东印度公司没有放弃探索在中国以外的自己领土上种植、生产茶叶的可能性。此时，印度走入了

中国鸦片烟馆里的吸烟者（选自《鸦片之害》，19 世纪的水彩画）

他们的视野。

早在1788年，人们就在印度东北部的阿萨姆邦发现有野生茶树生长。但直到19世纪20年代，人们才认真讨论在这里建立商用茶叶生产基地的可行性。

经过几年的试验，第一批阿萨姆邦红茶于1838年5月底从加尔各答运出，并于次年1月10日抵达伦敦。在当年的拍卖目录上，这些茶叶最初的估价为每磅1先令10便士~2先令，最终整批茶叶都以每磅20~34先令的惊人高价卖给了浩官咖啡行的老板皮丁船长。首次拍卖的成功坚定了英国人的信心，他们随即在阿萨姆邦开辟了新的茶叶种植园，又在19世纪50年代扩展到了印度的其他地区。

斯里兰卡种植茶叶的记录始于1841年。一项有钱人的试验：有人将中国茶树上剪下的枝条试着种到罗斯柴尔德咖啡种植园。通过反复尝试，到1867年，当地茶树的种植面积达到了1000英亩，相较于27.5万英亩的咖啡树种植面积，这显得微不足道。但在一两年后，一场毁灭性的病害摧毁了斯里兰卡的咖啡种植园，人们只好在原址改种茶树来维持生计。这些产自英属种植园的茶叶非常受欢迎，推动了殖民地茶产业的发展。到1875年，斯里兰卡境内茶园面积到达38.4万英亩。立顿、玛莎威特、里奇威、布鲁克邦德和蒂金等茶叶品牌公司富有想象力的广告和诱人的包装，最终将锡兰茶推向了英国市场的前沿。

此后的30年，印锡两国产茶数量迅速增加，进而大量出口到英国本土，也使中国茶叶在英国的消费量戏剧性地下降。1866年，英国从中国进口茶叶9700万磅，从印度进口茶叶450万磅。到1896年，中国茶叶进口总量下降到2450万磅，而印度茶叶进口总量却增加到1.23亿磅，锡兰茶叶也高达8000万磅。英属殖民地所产的红茶显然更便宜，更受英国本土市场的青睐。可见，红茶在19世纪末期成为英国最主要的饮品，英国本土的消费者也对锡兰茶和印度茶情有独钟。

快船运好茶 Tea by Clipper Ship

英属东印度公司在英国茶叶贸易中的处于垄断地位，直接导致本国茶叶价格的长期高昂。正如威廉·乌克斯在《茶叶全书》中所写：“在该公司垄断茶叶贸易的最后几年里，英国人每年要为茶叶消费支付价值将近 200 万英镑的银币，同样的钱在美洲大陆的开放市场却能买到更多的茶叶。”这样高昂的费用让国王都必须正视。因此，威廉四世于 1833 年，宣布结束了该公司从中国进口茶叶的垄断交易权。

在此之前，英属东印度公司都是用自营的帆船船队，或雇佣船只来运送茶叶进入英国。这些被称为“东印度船”的笨重大船因其巨大的载货量只能低速运行，需要 10 ~ 15 个月的时间才能将茶从中国运到英国。当英属东印度公司的垄断被打破时，虽然英国《航海法》要求英国船队只能在中国和英国之间进行贸易，但也将其他公司运输茶叶的商业行为合法化。

同一时期，美国对茶叶的需求也快速上涨。美国的船运业主们既可以从直接的茶叶贸易中获利，也可以从远东到欧洲港口的航线上运货赚钱。为了缩短交货时间，一种全新的快船在 1845 年诞生于美国。其名称“飞剪船”是从动词“clip”演变而来，本意是快速地奔跑或移动。这些线条优美流畅的新船是由木板在铁架上搭建而成的，外形就像快速航行的游艇，可以在海浪中高速前行。每当运茶时，经验丰富的中国码头工人会在船舱将茶箱精巧错落地搭放好，再用木槌敲打箱体至严丝合缝，让货物尽可能地填满每一寸空间。到最终起航时，一艘船能装下 100 多万磅茶叶。这样紧密包装的货物让船舱坚固又平衡，增强了每艘船的强

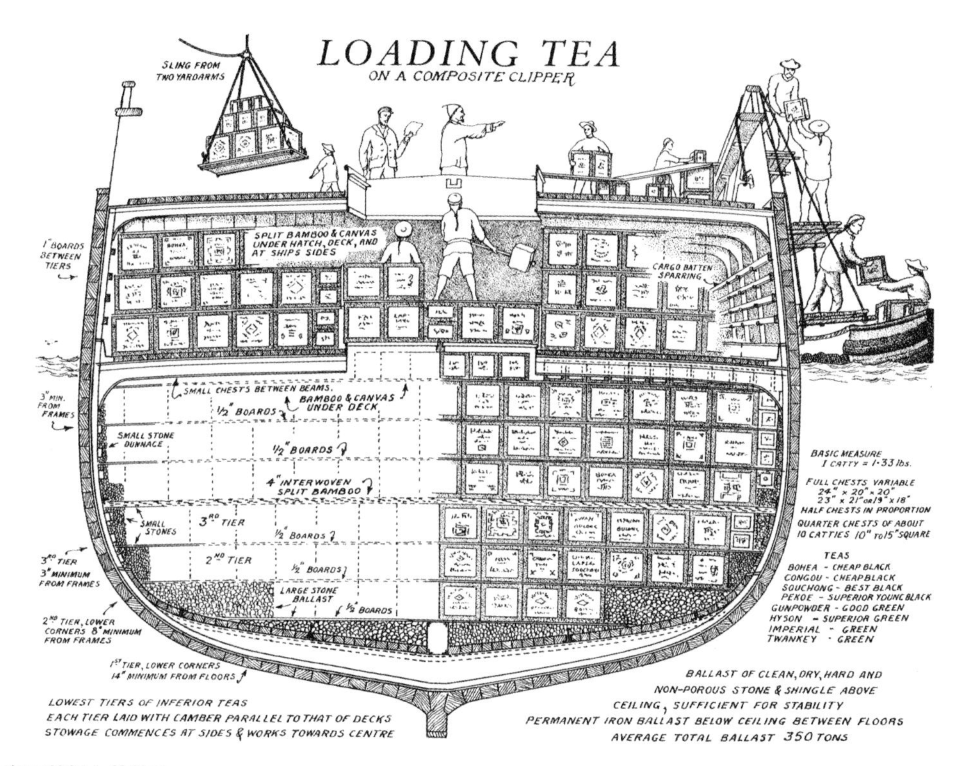

在飞剪船上装茶叶

度和性能，使船体具备抵御季风、高速洋流、大风、暴风雨和海盗劫掠的能力。

第一艘美国飞剪船是1845年在纽约建造的“彩虹”号。该船采用了新的设计——舰首更长，前部船身线条修长、锐利。当时，其他造船工匠都不认为这艘船能在往返中国的旅程中坚持下来。但事实上，“彩虹”号不仅完好地回到美国，还仅仅花了3个月就跑完了往返广州的航程。此后，随着波士顿、纽约、费城等北美地区开始建造并启用飞剪船，英国方面也逐渐感觉这些打破速度纪录的快船对本国航运产业的威胁，于是也开始设计和建造自己的快船。

1850年，第一艘英国飞剪船“斯托诺韦”号建成于阿伯丁。正如1851年12月10日的《阿伯丁报》所载：“近期首航之飞剪船‘斯托诺韦’号，在进入中国海域即正面遭遇西南季风之情况下，耗时103天便完成伦敦至黄埔往返行程。其中，好望角至伦敦航线仅用37天。到目前为止，本年度英美两国的飞剪船船队已在与中国贸易的航运竞争中表明，英国造船师成就为最高。”

1849 年废除《航海法》后，美国船运业主充分抓住了英国市场的新机遇。一些英国公司在美国建造自己的飞剪船。其中，航速达到 18 节的“闪电”号更是创下了当时帆船的平均航速纪录。很快，这些速度奇快的船只就开始互相竞争，都想成为第一个载满茶叶、抵达伦敦港的船只。

19 世纪 50 年代之前，广州在相当长的一段时间里一直是中国最重要的茶叶出口城市。运茶船需要在广州以外 10 英里的黄埔装船。这座珠江上的岛屿距离开阔海域也仅 60 英里。上海当然也是一个重要的港口，但当航运代理发现福州（福建的主要港口）的茶叶上市更早以后，飞剪船公司的重点经营地点就随之发生改变：早春时节在福建采摘和生产的茶叶大约到 6 月中旬能在福州装船，而在上海和广州两地则要到五六周后才会有茶叶上市。对于想要在带茶返回伦敦的竞速中拔得头筹的船只而言，这几周的时间差影响不可谓不大。

一旦装满了茶叶，这些飞剪船就起航返程。为了节省宝贵的时间，有时他们甚至连正式的文件都不做。每次潮汛时会有多艘船只一同离开，但直到接近英格兰，驶过格雷夫森德进入泰晤士河口之前，没有人知道哪一艘船会成为第一艘抵达的赢家。同时，伦敦的经销商也已经做好准备。茶叶采样师会提前到城中的酒店过夜，甚至直接睡在码头上。一旦有货到港，他们就可以第一时间品尝和评估。这对于英国人而言，就像参加英国皇家赛马会的一样，每年总有那么几天，人们会关注着电报记录中船只驶过某个航标的时间。这些飞剪船的比赛也会成为俱乐部、酒馆和家庭客厅中的主要话题。船只到岸时，庞大的人群会聚到码头，围观泊船和卸货。茶叶样品会在上午 9 点送到品评室，之后只要经销商出价落定，办完交易手续，随船到港的茶箱就会被迅速运往各地，顾客们就可以买到新一季的茶叶。第一艘到达伦敦的船上装载的茶叶，相较于之后到的，会有每磅 3 ~ 6 便士的涨幅。因此，船上的船员也会由货主多支付总计 500 英镑的酬劳。

整个飞剪船时代最激动人心的运茶竞赛结束于 1866 年 9 月 7 日，“爱丽儿”号和“泰平”号之间长达 99 天、难分伯仲的航行竞赛。3 年后，苏伊士运河开通，蒸汽取代风帆成了更主要的动力来源，飞剪船的时代终于落幕。但在这 20 年左右的时间里，飞剪船的竞赛活动对茶叶的宣传超过了任何一家公司的广告。

当时世界上最大的飞剪船——重达 2972 吨的“三兄弟号”

美国亦有茶在售

Tea for Sale in America

随着中美贸易的开启，美国商人的茶叶生意自然不会落后。1803 年 11 月 21 日的纽约《晚报》刊登了美国国内店铺的茶叶销售广告：“水街 182 号，埃里斯·凯恩店铺新上优质熙春茶 205 箱。”这则广告中提到的茶叶很可能是由阿斯特家族[①]创始人约翰·雅各布·阿斯特及其伙伴詹姆斯·利弗莫尔来供应的。尽

① 译注：阿斯特家族在美国是家喻户晓的商业家族，和洛克菲勒家族齐名。

管这位19世纪美国首富的主业是皮毛交易，但他从进口中国茶叶的贸易中也获益颇丰。当天，还有纽约一家报纸刊登了这样的公告:“拍卖启示。约翰·雅各布·阿斯特先生所有‘海狸’号货船于上周到港，随船载有2500箱上等茶叶，出自最优质的武夷和松萝产区，均为上季新茶。此次公开竞价拍卖由拍卖师约翰·霍恩先生主持，地点为自由街尾阿斯特码头。”

此后几年，约翰·雅各布·阿斯特（其曾孙，美国商人、发明家约翰·雅各布·阿斯特七世，在20世纪初的著名海难事故“泰坦尼克”号中遇难）获得托马斯·杰斐逊总统特许，建立了太平洋毛皮公司。该公司于1811年为其面向美国西部经营打造的阿斯特利亚堡基地，就在今俄勒冈州阿斯特利亚地区。阿斯特家族将毛皮运往广州，在那里换成中国茶叶，再运回纽约售卖，赚取了可观的利润。这些巨量的财富被阿斯特用来购买曼哈顿未开发的土地，也让他成为美国历史上最富有的人之一。这位巨贾在1848年去世时，遗赠40万美元给位于纽约市第五大道和第42街交汇处的市立公共图书馆。为表敬意，人们把图书馆入口处的一只大理石狮子称为阿斯特勋爵，直至今日这块石狮子仍然矗立在那里。

虽然在19世纪早期阶段，茶叶公司散布在波士顿、费城、辛辛那提和其他主要贸易港口，但纽约依然在美国茶叶贸易中占有主导地位。这在一定程度上源于美国南北战争时联邦政府的财政困境。1863年，联邦政府为筹集战争资金，便开征每磅茶叶25美分的税收，而且要求商户必须以黄金缴税。商人们则需要去华尔街换出黄金应税。当时，美国大部分茶叶通过公开拍卖分销给代理商或批发商。因此，他们的仓库和办公室也就分布在码头周围的街道。

同样在美国南北战争期间，茶叶运输船还会被那些“食腐动物”一样的美国海军盯上。1863年2月，载有价值150万美元茶叶的商船“雅各布·贝尔”号被联邦军舰“佛罗里达”号俘获。2个月后，商船“奥奈达”号在接近纽约时又被这艘“贼船”捕获，这次的战利品是价值100万美元的中国茶叶。

在19世纪的人们看来，能与茶叶联系到一起是一件了不起的事，毕竟其他行业积累财富的速度都不能与之相比。商人乔治·吉尔曼同样看到了茶叶的潜力。当他的父亲在1859年去世时，这位阔绰的皮革厂老板决定改变经营思路，在纽约市开了一家公司，专门出售咖啡、茶叶、糖和香料。吉尔曼将“茶叶进口商”公司设在金街98号，与原本的吉尔曼公司地址相同，以便同时经营两家企业，这想必也能给茶叶增添一些香味。乔治·吉尔曼于1863年卖掉了制革厂，专心经营茶叶生意。他将茶叶零售公司改名为“大美国茶叶公司”，同年就开设了5家分店，并开创了全美范围内的茶叶邮购服务。到1866年，吉尔曼的茶叶公司的市值高达100万美元，并将茶叶业务拆分给两家公司独立经营，一家是大美国茶叶公司，另一家是泛大西洋和太平洋茶叶公司。这两家公司注册的具体地址虽然不同，但却位于同一个街角的大楼里。

吉尔曼是一位营销天才。他的公司一跃成为美国最大的茶叶经销商，并且是美国历史上第一家食品杂货连锁公司。正如马克·莱文森的著作《泛大西洋和太平洋茶叶公司与美国小企业的生存之道》中所载，乔治·吉尔曼的职业生涯基本是一场“菲尼亚斯·泰勒·巴纳姆[①]式”的商业故事。该公司早期的策略是采购没有品牌的“红茶”或“贡熙茶”，并将茶叶价格公布在泛大西洋和太平洋茶叶公司的广告中，明码标价地销售。这种做法在当时的确闻所未闻。然而，他们在茶叶中掺入柳树叶，在咖啡中掺入菊苣，或者谎报出售的茶叶重量。对他们来说，这种欺骗消费者的手段简直“稀松平常”。

中央太平洋茶叶公司的广告

1865年，吉尔曼成功地在纽约市内战胜利游行中，安排了一辆自己的花车——上面装饰着基本统一的36个州的地图，由10匹白马拉着。36名茶叶店店员站在花车上，向游行的人群挥手致意。

---

① 译注：巴纳姆是美国19世纪著名人物。他的第一桶金源自冒险投资和畸形秀，通过制造公众新闻愚弄大众来牟利，是美国公共关系发展史上最黑暗时期的代表人物。他也被认为是美国早期历史上的娱乐之王。民间对他的评价总体趋向负面，但又对其跌宕起伏的商业经历津津乐道，将他与投机生意、舆论操纵、商业欺诈的成功联系在一起。

1870年，作为一家茶叶公司，泛大西洋和太平洋茶叶公司迈出了一大步。它在公众对于茶叶品牌的意识尚为薄弱，茶叶品牌在美国极为罕见的时候，首次推出了一种品牌茶产品——花蜜茶。公司的广告声称这种茶是在瓷器上晒干，不含杂质，“花蜜茶乃是一种具有绿茶滋味之精纯红茶”。花蜜茶这种产品的确有其不寻常之处。它在零售时采用的预包装是泛大西洋和太平洋茶叶公司的独创产品，且有密度和体量上都很大的广告宣发加以配合。1871年前后，吉尔曼还将彩色版画作为第一批销售赠品。当这些印刷品不再流行时，他开始提供优惠券，顾客可以通过收集这些优惠券来兑换瓷器或玻璃器皿。

除了茶叶生意中的取巧手段，泛大西洋和太平洋茶叶公司的投机本色还体现在其他方面——当1871年芝加哥大火肆虐整个城市时，公司立即在华盛顿街买

茶叶进口商和批发商大美国茶叶公司广告——彩色石印海报（19世纪）

下了一处房产。莱文森在书中写道："没过几天，还在发热的残砖就被搬空，泛大西洋和太平洋茶叶公司就拥有了第一家纽约地区以外的店铺，店内按照他们惯用的华贵风格装潢一新。"店里华丽热闹壁画中描绘着白马牵拉的马车图样。几个月后，当俄罗斯大公亚历克西斯·罗曼诺夫在美国旅行时，该公司又发广告宣传："来这里，你能见到亚历克西斯公爵"和"西华盛顿街 114 号，大公最喜在此招待朋友"。一时间店里顾客盈门，公司不得不依照旧例，拆掉店铺后墙来腾出更多的空间。当然，大公根本没有来过，但购买茶叶的顾客会收到一幅亚历克西斯的彩色版画像。这一切都迎合了顾客对高档消费和异国情调的期待，泛大西洋和太平洋茶叶公司也乘势将自己的商业版图向南扩展到达亚特兰大城，又向西扩展到堪萨斯城。

美国种茶记 America Grows Tea

1857 年 7 月 21 日，美国专利专员查尔斯·梅森写信给他在伦敦的种子供应商，询问 10 蒲式耳[①] 茶籽的大概进价，并随信附上经费，以供对方聘请代理前往中国收集植物种子。可见，美国确实对自行种茶很有想法。于是，伦敦的种子商人联系了他们唯一的渠道——罗伯特·福琼。这位苏格兰籍的植物学家，进入过神秘的中国茶区，并且已经为英属东印度公司完成了为期 3 年的"间谍"任务。当英属东印度公司开始在喜马拉雅山南麓试建茶园时，他从广州寄送了茶苗、制茶笔记，还聘用了中国茶工一道前往。所以，熟门熟路的福琼也就同意了美国方面的

① 译注：1 蒲式耳≈ 35.42 升，为与原文保持一致，本书不再换算。

业务请求，并在1858年3月4日，第四次踏上前往中国的旅程。

美国人在华盛顿市中心准备了一块5英亩的土地，准备试种茶树。在这个位于第六街密苏里大道的官方试验和繁育植物园中，也已经建起温室来培育幼苗。1859年3月初，福琼离开了上海。他给华盛顿方面写了信，且自豪地告诉他们，几个月前，他寄的足够种植3.2万株茶树的种子，足够抵得上所有美国植物园里的常见植物。

然而，福琼前往华盛顿主持试种茶树的行程突然被美国人取消了。因为他们认为既然这些植物能在华盛顿生长，他们也可以自行繁育到美国其他地区。结果由于领导层的变化，华盛顿专利局和新成立的农业部并没有开发出行之有效的大规模茶树种植方案。通过一封1865年，家住南卡罗来纳州温斯伯罗的詹姆斯·H.·里恩所写的信件可以看出，福琼寄来的那批植株中，大部分是被国会议员分送给他们在卡罗来纳州、佐治亚州和佛罗里达州家乡的选民去试种了。

> 1859年秋天，我收到华盛顿专利局寄来的小茶苗，并将它当作珍奇花草种在花园里。茶苗长势很好，一直没有任何疾病，在完全露天的环境里长到5英尺8英寸[①]高。毫无疑问，茶树能在南卡罗来纳州茁壮成长。

南北战争的爆发使美国的茶叶种植试验被搁置了20年，直到1883年，才由美国农业部投资1万美元，在南卡罗来纳州的萨默维尔附近建立了派赫斯特茶叶试验站，并从中国、印度和日本进口种子进行试种，其间可能也引进过一些罗伯特·福琼工厂出品的无性繁殖茶苗。7年后，试验资金告罄，查尔斯·谢帕德博士出资购买了100英亩茶田和茶苗，在萨默维尔开办了自己的茶园。

谢帕德博士通过在种植园里建造校舍的方式获得了廉价的劳动力。他邀请当地的非裔美国人送孩子来此上学，免收学费的同时，以保障温饱的薪资水平聘请成年人采收茶叶。谢帕德所产的茶叶在1904年圣路易斯世界博览会上获

① 译注：1英尺=12英寸=0.3048米，为与原文保持一致，本书不再换算。

得了最佳乌龙茶奖，尽管最终卖到了每磅 1 美元的价格，但也无法与外国的低成本茶叶竞争。1912 年，派赫斯特茶园在他去世后便被关闭。园里的茶树随即被野放遗弃，这些灌木植物的后代如今依然在萨默维尔自生自灭。

20 世纪 50 年代后期，立顿茶叶公司开始对在美国种植茶叶产生兴趣。1963 年，他们从废弃的萨默维尔茶园中找到资源，将扦插苗和活着的植株转移到位于查尔斯顿南部瓦德马洛岛的 127 英亩的立顿农场。这座农场就是后来的查尔斯顿茶叶种植园，目前为 R. C. 比格罗公司所有，由长期从事茶叶种植业的威廉（比尔）霍尔公司管理。园中一排排条带型扁平茶丛采用机械采收，所得的茶叶被加工并包装成经典美国茶。该种植园目前仍对公众开放，是美国最大的商业茶园。

北美大陆上唯一的一台茶叶采收机

注：这台采收机主要用于修剪查尔斯顿茶园的茶树新梢。

美国人去日本喝茶

America Turns to Japan for Tea

1859年，受时任美国总统米勒德·菲尔莫尔的命令，海军准将马修·佩里的“黑船”强行驶入横滨港，结束了日本为摆脱西方“野蛮人”的“闭关锁国”政策。这最初是为了当时的美国捕鲸业——他们需要在日本海周围鲸资源丰富的海域获得给养和安全的港口。但在短短几年内，为美国家庭提供照明用的鲸油转为宾夕法尼亚的煤油。赫尔曼·梅尔维尔时代的大型捕鲸船很快就在东海岸的港口闲置并腐烂。曾经出海与太平洋上巨大海兽作战的水手们，现在被雇去操纵船只，运送一种更为温良的商品——日本绿茶。在两国开启合法贸易的第一年，日本便出口了40万吨茶叶。

W.·A.·金氏夫妇二人立于底特律的商店门口（拍摄于1890年）

注：他们身边是一排排打开的茶箱，方便顾客查看，场面令人印象深刻。

1869年开通的横贯北美大陆的太平洋铁路，直通西雅图和旧金山的跨越西太平洋的航线，加上美国人对绿茶无止境的需求，使美国在打开贸易的大门之后，第一时间成了日本最好的顾客。

1863年，A. A. 罗氏兄弟所购的第一批到达美国的日本茶叶运抵纽约港；1869年，日本横滨到美国旧金山的第一批直航货船到港；1870年，25%的美国商人选择从日本进口茶叶。1880年，这一比例上升到47%，挤占的市场份额大部分来自中国茶。1890年，美国的人均茶叶消费量达到1.3磅（同期的咖啡为7.8磅）。

马丁・吉列公司旗下成立于1811年的巴尔的摩公司，于1874年售出了一批圆柱形包装的茶叶。这是日本为该公司包装的第一批茶叶。《茶叶全书》的作者乌克斯曾记录道："当这批包装茶运到的时候，（美国）国内的其他茶商将它们称为'香肠'。"

日本横滨的商人从广州和上海带来了经验丰富的中国茶工、正确的制茶技术以及人工上色的新做法。早期日本出口的茶叶几乎都要用中国的秘密方法上色，这种上色秘法是在罗伯特・福琼对中国茶区秘密探访时首次发现的。这种用石墨和普鲁士蓝两种添加剂，提高中国和日本茶外观品质的做法，最终在1893年被当时新成立的美国茶叶委员会禁止。

就像美国消费者并不知道茶叶真正的颜色一样，日本的茶叶商人也搞不清美元是什么。对于他们而言，与荷兰以外的外国公司交易是一种全新的经历。日本茶商再一次聘请了中国人作为中间商，很快就解决了双方在语言和风俗习惯上的障碍。来自中国的第三方能通晓日语和英语，擅长谈判，在结算时能够熟练地购买和称量银币。由于墨西哥银比索在中国和朝鲜半岛多年来的对外贸易中，一直是首选货币。因此，在日本早期外贸中银比索也是公认的标准贸易货币。美国的交易方通常会使用所谓的"印章"，即其在伦敦银行系统建立的信用额度来支付茶叶订单。

日本人在厂房里生产釜炒茶（有时被称为日本普通茶）。那些厂房里有一排长长的砖炉，炉上放着一口口大铁锅，下面用炭火加热。炒茶的工作相对轻松，操作人员通常是妇女和女孩，而整筐炒干的工序则要费力得多，一般由男性承担。

在美日茶叶贸易中，还有一个很大的困难需要克服，那就是在横跨太平洋的商船上茶叶的贮存，因为炒干不足的茶叶很容易在潮湿的船舱里发霉。在1861

年，这个难题得到了解决。当时，人们将足干的釜炒茶装在瓷瓶中。这种瓷瓶相当庞大，一次能够盛下 83 磅茶叶。因此，这些茶就被称为“瓷器茶”，以区别于用缺乏防潮功能的木箱子包装的茶。

随着 1868 年开始的明治维新运动不断深化，日本政府领导人渴望向日益增多的美国顾客推广日本产品和日本文化。茶叶和丝绸贸易带来的外汇收入，正是推动这个新兴国家经济增长的动力。在 1876 年的费城百年博览会上，日本大力推广他们有关茶的工艺和产品。除茶叶和丝绸展台以外，日本的艺术和工匠也有陈列。对大多数参会的美国人来说，这是他们第一次接触到这个神秘岛国的文化，美国人、英国人和法国人都开始迷恋来自日本的一切事物。

从 1833 年开始，英国所有的港口都开放了对中国的贸易权限，商人们可以在任何他们想去的地方开展茶叶生意。伦敦的公司虽然仍惦记着整个国家的大市场，但这并不能阻止各地的商人根据当地人的偏好和需求，发展各自的贸易区域和模式。

布鲁克·邦德开始在格拉斯哥的曼彻斯特和利普顿做起茶叶生意。约翰·霍尼曼在位于南伦敦的办公室里介绍茶叶包装的新想法，哈里森和克罗斯菲尔德的总部设在利物浦，隐修会茶庄则由兰开夏郡罗奇代尔的一群编织匠人建立。此时的商人们也开始意识到高税收会直接影响社会消费，进而影响他们的生意。于是，他们便努力游说政府给茶叶税减负。

1846 年，一家利物浦商人协会写信宣称，“茶税过高，是不明智的，是强加于他们的负担”。这封信被递到了保守党首相罗伯特·皮尔爵士手中，信中还辩称，“税收开征时，并未考虑是否会打击消费。立法机关也从未考虑过人民满足自身和生活所需的必要收入保证。他们所想只是从茶叶中为自己牟利，人民系于茶叶之上的生计和福祉尽管重要，却并不为官员们所虑……”商人们还表示，如果能降低茶叶税，就是变相减少酒精消费，进而减少犯罪，如此人们就能活得更长久、更健康。

1852年，时任英国首相本杰明·迪斯雷利提议，在6年内将茶叶关税减至每磅1先令，但这遭到了他的劲敌威廉·格莱斯顿反对，关税仍维持在每磅2先令。然而，当格莱斯顿在第二年上台时，他自己同样提出了减税的改革建议，不仅在1863年将税率削减到每磅1先令，并在1865年削减到每磅6便士。

这些终极减税方案意味着，英国的茶叶消费总量开始高速增长。1878年，商人朱利叶斯·德雷在利物浦开设柳图茶店。1885年，他开办“本土与殖民地货物”连锁店，把茶叶作为最重要的产品，以最低利润销售高品质印度茶。在不到一年的时间里，他的产业就增加到4家大型商店和9家较小的分店。到1890年，他开的分店总数高达43家，遍布英国各地。

在19世纪的商业活动中鲜有女性的身影，茶叶行业中有记录的女性工作者多是在零售领域。她们通常与丈夫一起工作，也有建立自己公司的个例。在盖斯凯尔夫人出版于1853年的小说《克兰福德》中，描写了陷入窘境、秉性温柔的淑女马蒂小姐被迫卖茶的情节：“马蒂小姐怎么不该去卖茶，在那时代理东印度公司茶叶又有什么不妥？虽有许多人出言反对，我却认为马蒂小姐既然订下计划，就能纡尊降贵，做好这个买卖。况且经营茶叶既不沾油腻，也不黏脏污，马蒂小姐也只对这两样不能容忍而已。”

随着茶叶成本的降低和消费的增加，除了专业茶商，杂货商、药剂师、糖果商和百货公司老板等大量商户开始将茶叶纳入他们的经营范围。伦敦正宗茶叶公司还曾在1872年，邀请邮政站点的副站长成为代理商，并请邮递员挨家挨户地推销他们的茶叶。这时期内英国的各个茶叶公司，不论入行时间长短，都在随着客户需求的增加而蓬勃发展。当时有一位奇切斯特上校，他作为典型爱茶人，就曾

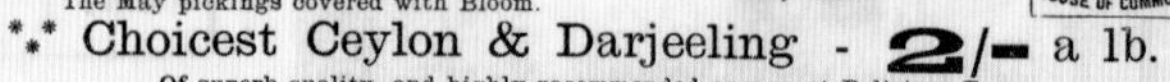

一张英国茶叶公司于 1895 年发布的广告

注：该公司以 3 位淑女的形象代表爱尔兰、苏格兰和英格兰三岛。其上列出的茶单则说明，当时的英国越来越喜欢印度和锡兰茶。

在许多不同的商家买茶。这些商家中，有服务于维多利亚女王[①]在内等众多贵族客户的川宁公司，皮卡迪利大街的“茶经销商和零售商”特纳姆公司，以及位于伦敦市布莱克法尔的“兰松和辛普森”公司。

1850 年，伦敦一家经纪公司编撰出版了一本名为《茶叶与茶叶贸易》的书籍，并在书中描述了此前英国茶叶消费情况：“从微不足道的几磅茶叶，增长到惊人的每年 2500 万磅，并仍有持续增长的可能性。从王室宫殿到平民之家都能找到茶叶。这件商品并不是绝对的生活必需品，但却从时髦而昂贵的奢侈品，逐渐变为普通人日常生活中的必要享受”。书中接着探讨了这一问题对英国的经济意义：“我们政府每年 500 万英镑的收入是多少？是茶叶。食品杂货业可以用什

① 注：这位女王在登基的第一年，就授予理查德·川宁王室贡茶经营特许状。

么来弥补坏账等损失？是茶叶。是什么成就了我们伦敦的一些银行家？是什么让某些人位列国会议员？是茶叶销售。是什么让人能够买地置业？是茶叶销售。”

在这个时期的英国，有许多的茶叶公司开始经营。对于企业来说，通过广告和宣传展示自身，维护老客户、赢得新客户是极其重要的。例如，1886年，《伦敦新闻画报》的一则广告展示了大卫·刘易斯在伯明翰的大卫·刘易斯百货商店里开设的茶叶柜台，并解释了他这个决策的缘由：

刘易斯百货商店并非一直专营茶叶，但自为大量的员工提供午后茶餐福利以来，该店注意到普通之茶完全无法下口，而采购价格适中、优质适口、提神醒脑的茶并非易事。该店为解决大家关于茶叶的各种抱怨和问题，终于决定直接从货主手中购茶。该店拿到新茶以后，开始向朋友们转售茶叶，又在兰开夏郡转为公开销售，如今每周已可以卖出2万磅茶叶。刘易斯百货商店并非旨在令小部分人受益，而是心怀英国全境，希望全国人民都能饮到适合之茶。

各家茶叶公司在推广产品方面也可谓绞尽脑汁。有的公司为王室成员订制特殊的拼配茶，并将他们的画像添加到广告中。有的公司请人编创诗歌、歌曲，开展特殊优惠活动，举办茶叶比赛，用各种方法鼓励公众购买更多的茶叶。他们采用捆绑销售模式，和茶叶捆绑的商品可以亏本出售，如糖；也鼓励顾客收集优惠券或商标标签，用以免费换取茶壶、钢琴、亚麻床单和桌布甚至养老金产品。1899年3月11日的《妇女周刊》刊登了一篇题为《一磅茶叶的价值》的短文，就描述了这种“八仙过海”式的商业营销策略：

林肯郡的一间茶叶公司，极有魄力地为当地的寡妇们推出了一项引人注目的养老金计划。一位牧师将该计划的细节记录下来，投稿给《每日纪事报》，他说：“在我看来，这简直太过优厚了，不似为真。”

一位已婚女士，似乎只需连续5周每周购买半磅该公司的茶叶，就可以在其丈夫病危之际，领取每周10先令的养老金。当然，这需要证明她是在配偶尚为健康时，就开始购买茶叶。这项养老金在其丈夫身故以后，寡居的夫人仍可享有。

在《小杜丽》中，查尔斯·狄更斯描述了她和玛吉一起散步的场景：走不了多久她就“必定在离目的地不远的杂货店橱窗前停下，以便展示自己的学识。这一路上，她们走走停停，玛吉热切的推荐时时响起，令人感觉到似乎是行走在花香红茶大赛的现场——‘来尝尝我家的拼配茶’‘尝尝我们的家传红茶’‘尝尝我们的橙香白毫红茶’。她还向大家发出了各种提醒，让他们提防黑心商家和假冒伪劣产品”。

19 世纪的英国茶产业一直有受人诟病的方面，主要是茶叶中掺入其他树叶和使用人工上色的造假行为。随着英国国内基本停止采购中国红茶、绿茶，转而开始向印度、斯里兰卡的英属殖民地茶园收购纯正且廉价的红茶。伴随着茶叶价格的下跌，《小杜丽》中玛吉提到的“假茶”在 19 世纪 70—80 年代就有所减少了。1870 年，《杂货商手册》指出：

> 绿茶（屯绿、熙春和平水珠茶），以及 50 年前十分流行的武夷红茶，现在已经很少听说了。事实上，现在只从中国购买的大部分茶叶只是碎茶，用于和印锡两地所产茶叶拼配调和。人们发现后者，尤其是阿萨姆茶的滋味，几乎比中国茶强两倍。英国大众似乎更喜欢滋味浓强的茶，而不是淡茶。

立顿——让茶杯直通茶园

Lipton Tea: Direct from the Gardens to the Cup

1850 年 5 月 10 日，托马斯·立顿出生在苏格兰格拉斯哥郊区的一个北爱尔兰移民家庭中。全家人当时都住在一套只有4个房间的廉价公寓里。尽管就读于初等教育每周仅仅花费3便士的圣安德鲁教区学校，他依然在海船和水手、小船和港口的氛围中度过了最快乐时光。14岁时，这位早熟的少年已经订好了去美国的机票——当时美国南北战争即将结束，社会上充满了机会。

托马斯·立顿

在每天抵达纽约埃利斯岛的数千名爱尔兰和苏格兰移民中，立顿只是其中的一人。由于找不到城里的工作，他接受了一份在弗吉尼亚州种烟草的工作。这座种植园是属于萨姆·克雷的。在这个饱受战争蹂躏的州短暂停留后，他回到了纽约，但仍然只能待业。

立顿的下一份工作是在南卡罗来纳州科索岛的一个水稻种植园中，负责财务和记账工作。这为他以后自己创办企业打下了良好的基础。近一个世纪以后，立顿茶叶公司（Lipton Tea Company）最终在那个水稻种植园以北、仅20英里外的瓦德马洛岛开设了一个实验茶园。

在去查尔斯顿以前，年轻的立顿就有了一种“不甘寂寞”的想法——他登上一艘纵帆船，直到两年以后才回来。虽然其中的具体情况不为人知，但在他第三次回到纽约开始找工作的时候，显然已经时来运转。他被一家生意兴隆的百货公司聘为售货员。这份工作他从一开始就喜欢，他说：“人们总得吃东西，店里能引客，不愁酒巷深。”他在这里很快就学会了食品杂货交易的方法，掌握了未来成功的秘诀，同时学会了美国人的推销和广告技巧。这些技巧会在将来成为他的标志。

1869年的春天，立顿又开始“不甘寂寞”，回到了苏格兰老家。在那里，他接管了父母的杂货店，很快便改写了一家人的命运。在父母的店里工作了短短两年后，立顿在自己21岁生日那天，开了自己的第一家杂货店，位于格拉斯哥的斯托布十字街。他将货物以纽约市流行的方式堆放，这样虽然会让店主的操作麻烦一些，但更能吸引顾客注意。在商业技巧方面，他吸收了自己母亲的经验：放弃中间商，转而直接从祖国爱尔兰的农民那里购买当地的熏肉、鸡蛋、黄油和其他农产品。

和当时的许多店主一样，立顿全身心投入到工作中。鉴于第一家店的生意极好，他在1876年将店铺搬到了高街，并且扩大了营业面积，增设了3家店铺。到1882年，立顿的商业版图和连锁商铺已经扩张到敦提、佩斯利、爱丁堡和利兹等城市。他能立足于竞争激烈的杂货行业，最重要的手段就是商业噱头和广告。其中，最著名的计划之一是“赶猪过市”：他从市场上订购猪，并要求商家给猪的尾巴绑上丝带，打着横幅穿街过巷，横幅上写着“立顿家的孤儿”（Lipton's Orphans）。这些打着广告的猪沿着不同的路线被送到店里，一路上赚足眼球，同时吸引着新顾客上门。

当然，每一家立顿旗下的新店开业时，也都会精心策划广告、海报，还有游行宣传。托马斯·立顿则会出席每一次开幕式，为最早上门的顾客送奖品。1881年，他宣布将从纽约进口世界上最大的奶酪。这块奶酪的制作需要200名挤奶女工一起工作，在6天的时间里为800头奶牛挤奶，才能得到足够的鲜奶作为原料。当巨型奶酪到达时，格拉斯哥的高街上挤满了欢呼的观众，一起见证了奶酪到达立顿新店铺的盛况。到圣诞节时，立顿方面宣布将按照圣诞布丁的传统，在巨型奶酪中包入银币，买主可以来碰碰运气。于是，这块当时世界上最大的奶酪，在切开以后的两小时内销售一空。此后的立顿商店也都会在每年圣诞节前，上架展示这种巨大的奶酪。

在基本实现了发展目标后，立顿把注意力转向了茶叶。鉴于当时的茶叶对于普通的工人阶级家庭来说，仍然非常昂贵。经过调查，立顿决定像对待肉类和农产品那样，通过切断中间商来降低价格。短短一年之内，他的店铺就卖出了巨量的茶叶，有1.0磅、0.5磅和0.25磅3种规格。他公司为旗下的商店及周边地区专门定制了拼配茶产品，并向消费者宣传，“此茶可以完美地配合您家的水”。为了实现他的预期：“尽我所能消除中间牟利人等，完全连通生产者和消费者”，立顿方面需要控制茶叶的整个生产过程。他秘密预订了前往澳大利亚的船票，但他的真正登陆地点却选择在岛国斯里兰卡，因为这里有着英国最新的茶叶种植园。

1878 年夏天，斯里兰卡的咖啡作物遭受了毁灭性的凋萎病病害，导致当地的咖啡种植园均半价出售。立顿乘机买下了 5 个种植园。他让负责投资的经理们把枯萎的咖啡树拔掉，改种茶树。这样一来，他就可以管控茶叶制作的全部工序了。几年之内，他把种植园中产出的锡兰茶[①]运到伦敦。他也为之准备了一个新的广告语：“让茶杯直通茶园”。

立顿之名因茶在当时的英国家喻户晓，他的茶叶也是享誉全球的商品。他旗下的 300 家店铺给立顿积攒下百万之财，茶则让他一跃成为千万富翁。

立顿系列：装载着立顿锡兰茶的大象

① 译注：斯里兰卡出产的茶今天依然被称为锡兰茶，但就地名而言，全部统称为斯里兰卡。

早餐茶趣 Tea for Breakfast

19世纪早期，生活舒适宽裕的人们通常在上午10点左右吃早餐，主餐多是黄油配面包或吐司，配以茶、咖啡或巧克力。乔治娜·卡洛琳·西特威尔曾记述她在德比郡雷尼绍的家中吃早餐的情况："吃饭的时间较大多数乡村别墅要晚些。记得在1826—1846年，我们的早餐时间计划是在10点，但他们通常直到11点才开始。餐食只有茶和吐司，若长辈们需要，还会给他们加一个鸡蛋。"

维多利亚时期的家庭早餐（彩色版画，创作于1840年）

到19世纪后期，大多数家庭都会在早上8点或8点30分用早餐，餐食的种类变得更加丰盛。尤其是对于那些早上9点就开始工作的人来说，上班前吃一顿丰盛的早餐就十分重要了。伊莎贝拉·比顿夫人在她1861年出版的《家务管理手册》一书中提出：

> 冷餐（上菜时）应放在装饰美观的食盘中，并配有丰富的小菜，然后放在餐台上。可用那些切成卷状或罐装的肉、鱼，冷的野味或禽肉，小牛肉

火腿馅饼，野味牛排馅饼，都是适合早餐桌上的菜肴；还有冷火腿和冷口条等。下列热菜也许能为读者提供参考……烤制的鱼类，如鲭、鳕、鲱、干黑线鳕等；臀肉牛排和羊排、烤羊腰、香肠、普通培根片、煎培根与荷包蛋、火腿和荷包蛋、蛋包饭、白煮蛋、煎蛋、水波蛋吐司、松饼、面包、果酱、黄油等。

丰盛的早餐一直都是富裕家庭的特色。一位曾在20世纪初游览过德文郡骑士庄园的游客，对这座属于希斯考特·艾默里家族的庄园中提供的早餐一直念念不忘："打猎的那天，可真太有趣了……餐柜里装满了冷火腿、荷兰烤肉和其他肉类，还有切片面包和一堆防油纸，让人可以自己做三明治……"

1863年的英国第一次全国食物普查显示，自18世纪末以来，工人阶级的餐饮几乎没有什么变化。英国各地的农场工人和家庭工人，如丝绸织工、针线女工、手套匠人和鞋匠，都是从牛奶、稀汤或粥、面包和黄油等简薄的餐食开始一天的工作。当然，他们还会饮茶。茶是大多数人喜欢的早餐饮品，查尔斯·狄更斯代表作《大卫·科波菲尔》中就描述过早餐饮茶的场景："默德斯通小姐挽着朵拉的胳膊，带我们共进早餐，严肃得仿佛是出席军人的葬礼。朵拉泡茶，我就一杯杯地喝，最后也不知喝了多少杯。但是我清楚地记得，我坐在那里大口地喝茶，直到我的整个神经系统——如果我在那些日子里还有这些——想必已经完全麻痹了。"

当然，那时的社会上很多人并没有舒适的环境来吃早餐。在狄更斯的笔下，许许多多贫穷的家庭、年轻的学徒、被社会遗弃的人以及那些勉强糊口的人的饮食状态就十分简单。他们住在非常简陋的住所里，和中上层阶级的奢华早餐毫无可比性。对穷人们来说，"他们要么在公共餐厅用些茶、面包和黄油……作为早餐，要么在家里吃一些"。1809年，瑞典旅行者埃里克·古斯塔·盖杰在记录他对英国的印象时写道："很多地方都能见到，人们在开阔的天空下摆上小桌，运煤工和工厂的工人们围坐在桌边喝下美味的茶饮。"

19 世纪 50 年代以后，晚餐时间从 18 世纪的 80—90 年代的下午 4 点或 5 点推迟到晚上 7 点 30 分或 8 点。这就在早餐和一天的正餐之间留下了很长的间隔，人们就需要一个新的饭点来保持状态。“lunch（午饭）”或“nuncheon（午餐）”由 18 世纪的“nunchin”演变而来，“nunchin”一词在约翰逊博士修订的字典（成书于 1755 年）中定义为“两餐之间吃的一些食物”。简·奥斯汀在 1808 年也提到过“正午”用餐的概念。到 1832 年，“吃午餐”已经成为一个公认的行为。在作家乔治亚娜·西特威尔的记录中，19 世纪 40 年代的午餐时间是下午 2 点：“1834 年，我们通常在下午 2 点吃午餐，在晚上 6 点 30 分用晚餐。不过在德比郡，通常晚上 6 点吃晚餐”。比顿夫人在她 1861 年版的书中推荐午餐和晚餐：“用剩下的冷肉，配上精致小食，再来点甜食即可；或者一点切碎的肉、家禽或野味……配上面包、奶酪、饼干、黄油……这些就是她的午餐。在育有儿童的家庭中，女主人一般和孩子们共进晚餐。”

在上流社会，餐后的茶仍然要在下午晚些或傍晚早些时候，在客厅里喝。简·奥斯汀的几部小说中都有围绕饮茶活动展开的场景。在《理智与情感》一书中，埃丽诺参加了米德尔顿夫人家的社交聚会，急切地想和露西聊聊天。但是聚会的枯燥乏味正如埃丽诺所料，既没有碰撞出新奇的思想，也没能听到有趣的表达。他们在餐厅和会客室里的整个谈话都极其无趣……直到撤走茶具以后，人们才离开会客室。

19 世纪时，会客室依然是泡茶、品茶最主要的场所。仆人会送上所有的

德文郡的奉献（威廉·霍兰雕刻于 1813 年）

注：该图描绘了在一次茶会上，德文郡公爵跪地向一位坐着的女士递茶的场景。

茶具和食物，让家中的夫人或女儿来泡茶。在《曼斯菲尔德庄园》一书中，奥斯汀写道："门再开了以后，送来了更受欢迎的东西，是茶具……苏珊和一个侍女……端来了晚餐所需的食物……"

在作家伊丽莎白·盖斯凯尔笔下，曼彻斯特的工人阶级则会心疼提供茶点的费用，只能偶尔在傍晚时分邀请朋友来家里喝茶。她的小说《玛丽巴顿》（1848年）写在"下午茶"真正成为社会公俗以前。其中就描写了工人阶级请人喝茶时，小心翼翼的态度。比如，爱丽丝·威尔逊有天在街上遇到了玛丽，"冒险问她要不要晚上来喝茶，她借到了一个杯子……不过，半盎司茶叶和 0.25 磅黄油就能花光她的早班工资……"

1889 年，阿姆斯特朗夫人在其所著的《良俗好礼：日常礼节指南》（*Good Form, a book of everyday etiquette*）中明确规定："在晚餐结束时，主人在离开餐厅之前，就应按铃准备茶果，以便先生们回到会客室时就能喝到茶。饭后多会奏响音乐，客人们大约会在 10 点 30 分告辞离开。”

英国摄政时期（1811—1820 年），作家笔下的情节多围绕着茶桌开展。这是因为在充满女性气质的饮茶活动中，两性角色可以自然地聚在一起。在 19 世纪 3 位英国著名作家的作品里，关于饮茶场景的描写，就可以被看作是了解当时英国家庭文化的窗口。

简・奥斯汀

从简・奥斯汀的小说中可以了解，茶在人们的生活中所扮演的重要角色，以及乔治王朝晚期和摄政时期英国用餐时间的推移演变。奥斯汀在创作中很喜欢用“茶器（Tea Things）”这个词。她在伦敦川宁公司买茶，信任其产品质量的习惯也是众所周知的。她在 1814 年写给姐姐卡珊德拉的信中提道：“听闻茶叶涨价后，我有些郁结。无他，只是不想明天下午以后再订新茶，然后付高价给川宁那边了。”

为简・奥斯汀的回忆录而作，取材于其姐卡珊德拉的画作（创作于 1870 年）

在她的笔下，在《诺桑觉寺》（1818 年）

时尚的巴斯城中，人们总会在舞会上喝茶。《理智与情感》（1811年）则体现出在当时的家庭社交场合里，人们也会借由饮茶活动去拜访邻居。例如，约翰爵士每次到什伍德家做客时，要么回请他们第二天到巴顿庄园吃饭，要么当晚同他们一起喝茶。有时，他也会两边一同邀请："你们今晚一定来喝茶！"他说，"明天你们务必要和我们一道吃晚饭，因为我们要有一大帮客人。"

茶在奥斯汀的笔下还是一种抚慰心灵、提神醒脑、调理身体的饮料。在《曼斯菲尔德庄园》（1814年）中，普赖斯夫在迎接范妮和威廉时说："一路上辛苦了！可怜的孩子们，你俩一定累坏了吧！现在有什么想吃的吗？是想吃点肉，还是来一些茶点……"后来，"普莱斯夫人再进来时，端着范妮惦记了一整晚的茶……她说：'苏珊……到厨房去催莎莉了，还帮着做黄油烤吐司，不然有的等了——她知道她姐姐一定很想用些茶点了。'范妮对此非常感激，也不得不承认自己现在很想喝口茶。"可见，茶在当时的英国代表了休憩与快乐，如果在生活中缺了茶，人们会感到非常失望。

此外，通过奥斯汀的作品，人们还可以深入了解时人喝茶的时刻表。19世纪初是正餐（dinner）从中午或下午用餐转为特指晚餐的转变期。例如，在《爱玛》（1816年）中，奥斯汀写道："通常在下午4点用正餐"，而另外几本书中提到正餐并不晚，人们仍会在餐后喝茶。同样在《爱玛》中，她提到"餐后，伍德豪斯先生预备喝一会儿茶就回家，他的3个朋友也准备和他一起告辞。在等待其他几位先生的这几个小时里，他们也只能如此消磨时光。"在《傲慢与偏见》（1813年）中："餐后，男士们随后也来了……女士们围着茶桌，班奈特小姐则在沏茶。"在《曼斯菲尔德庄园》里："正餐之后就是茶和咖啡……"

类似的记载还有很多，佐证了当时的人们有在餐厅用完正餐后到客厅里品茶聊天的习惯。当然，晚餐和喝茶的时间依然在变化着。在简·奥斯汀未能完成的小说《沃森家》开场就描写了，1803年，汤姆·马斯格罗夫就是在"回家赶上吃8点的晚餐"之前，拜访沃森家的，而且意外地在这里见识到了最好的客厅，他"和一众青年俊彦一道……有幸参加了聚会。他们围坐在壁炉边，沃森小姐则坐在一张最上等的折面桌前，桌上放着最好的茶具"。几乎可以肯定的是，这在沃森家是正餐后的茶会，却是汤姆·马斯格罗夫在午餐和正餐之间的时间。19世纪40年代开始，下午茶变得更加普遍，并于19世纪60年代成为英国举国皆奉的习俗，同时期的作家也对此着墨甚多。

《大卫·科波菲尔》

在查尔斯·狄更斯1850年出版的小说《大卫·科波菲尔》中，饮茶的场景虽然不多，却起到了和在简·奥斯汀的作品中一样的重要作用——在家庭和社会交际活动中，跨越性别界限的空间。比如，在小说中，大卫通常只有和女性在一起的时候才喝茶，也将他对朵拉的爱和茶联系在一起，并说："我已沐浴在一盏名为朵拉的茶汤中，神魂颠倒又不可自拔地爱上她；那一遍遍地浸润，直到我完全神魂授予。"

在狄更斯眼中，茶的内涵远不止于社交价值。书中一位老茶客就曾愤愤于那些自由散漫的水手和一门心思满世界"游逛"的家伙。殊不知，她钟爱的茶叶恰

年轻的大卫面见姨妈贝齐·特拉伍德（中间的妇女，出自查尔斯·狄更斯《大卫·科波菲尔》）
注：她正在喝茶，一只猫坐在她的腿上。

是源自此种不义之举。在狄更斯看来，正是这种“游逛”造就了英式家庭生活中的闲适与惬意。即便茶叶被认定是最具英国特色的商品，但它仍然生长于万里之外的国度，需要环球行驶的轮渡和辛劳的人力来运送。因此，对英国人而言，没什么比茶叶更能说明环球探险的重要意义。

《爱丽丝梦游仙境》

在《爱丽丝梦游仙境》一书中，“疯狂的茶会”这一章表现了英国约定俗成的饮茶仪式。但对于美国读者而言，这一章则可能因其复杂性而被忽略。因而刘易斯·卡罗尔这一段大师级的场景描写，在大西洋两岸有着不同的诠释。茶会在美国通常被视为一种特殊的游戏——孩子们身着盛装和毛绒动物们坐在桌子前。《爱丽丝梦游仙境》中的茶会符合了美国人对儿童故事的期望——根据孩子的想象力而存在的特殊场景。然而在英国，饮茶则是遵守着既定礼仪的日常活动。因此，英国读者对爱丽丝参加茶会的流程也有着固定的预期，但是书中描写的茶会却显然没有遵循先例。这种奇异瑰丽的幻想对美国读者来说并无违和感，但对英国读者来说则是诡谲反常的，读起来令人心烦意乱。

如果把小女孩爱丽丝当作茶会的女主人，那么她在茶桌上维持秩序和灌输纪律的行为就很自然。但此时的她只是一个客人，所以试图控制其他角色的做法就是粗鲁无礼的。因为茶会的礼仪被打破了，英国人很快就能领会这种微妙之处。对于爱丽丝而言，茶会为她提供进入仙境后所想念的一切，让她在道德、精神和身体上感到舒适，像家一样的地方。简言之，爱丽丝希望在茶会上感受到被欢迎的轻松感，但并没有。因此，虽然其他参与者并不乐意，但她依然试图以女主人或纪律维持者的身份控制局面。可能在一些读者看来，疯帽匠对爱丽丝的反驳很机智：“‘怎么，你现在来问我？’爱丽丝非常困惑地说，‘我不觉得……’‘那么你就应该不要说话’，疯帽匠说。”英国读者（包括爱丽丝）都会知道疯帽匠的话违反了基本的茶会礼节，是不可原谅的。正是这种不正确的做法粗暴地打破了人们对茶会礼仪的所有预期，让梦境中的茶会显得格外“疯狂”。

柴郡境内塔顿庄园的食品准备间

注：女仆会在管家的监督下，在此准备早餐和茶。在主桌之外的边案上摆放着茶具，旁边还有带铁门的砖砌烤炉。

就目前的资料而言，英国人最早开始在午餐和晚餐之间喝下午茶、吃茶点，但是这无法准确考据出来的。毕竟城乡地区差异、阶级文化差异、个人习惯差异都会使日常生活习惯出现很大的差异。但毫无疑问的是，在19世纪30年代末至40年代初的某个时间段，下午喝茶的活动逐渐成为一种新的社交方式。这也在

午餐和大约在7点30分或8点开始的晚餐之间，让人们补充适当的能量。因此，有些家庭开始不再等到晚上10点才喝“餐后”茶，而是在下午四五点就供应茶水、茶点——晚餐和饮茶活动互换了时间。

目前广为流传的下午茶起源故事中，第七代贝德福德公爵的妻子安娜·玛丽亚被认为是英式下午茶的发起人。据说，因为午餐和晚上的正餐时间间隔很长，安娜公爵夫人曾在午后有一种昏昏沉沉的感觉，便让仆人备好茶具和一些食物——可能是传统的面包和黄油——送到她自己的起居室。在这里她会给自己沏一杯热茶，吃些点心来减轻饥饿的痛苦。

关于下午饮茶的活动，公爵夫人也曾在1841年去信给亲戚时提道：“忘了提到我的老朋友埃斯特哈齐王子，当天下午5点也一同用茶；换言之，其时在温莎城堡做客的宾客中不仅有8位女士，还有这位王子，也在饮茶谈笑。”

19世纪著名英国女演员、作家范妮·肯布尔[①]曾在1842年3月27日信件的脚注中描述了她第一次喝下午茶的情景，那是在拉特兰郡的贝尔沃城堡，她和贝德福德公爵夫人都在那里做客。“我曾几次接到私密且有些神秘的邀请，去贝德福德公爵夫人的房中饮茶。赴约后，只见她和‘少数精挑细选’的女客一起，用着夫人自己专用的茶壶，正忙着泡茶喝茶。”她还写道：“翻遍《英吉利文明》的史书，我并不认为在下午5点喝茶的做法值得人们欣然接受，况且尚算罕见。参与这种相当私密的聚会，我也不觉体面。”19世纪40年代，一位拜访过公爵夫人的私宅乌邦寺的客人同样提到过公爵夫人的茶室，“从下午5点到5点30分，夫人大多在茶室中，访客们也可以在此休息进食，放松少许（就像我一样）”。

作家乔治亚娜·西特威尔曾明确地写过：“在19世纪30年代，没有5点开始的下午茶聚会，那时的大多数女士会在六七点钟的晚餐前在自己的房间里休息一小时，在那里看看书……直到1849年或1850年，5点在会客室里的下午茶茶会才成为一种惯例，但也只有少数时髦家庭会将晚餐时间推迟到7点30分或8

① 译注：这位女演员以主演莎翁戏剧《罗密欧与朱丽叶》中朱丽叶一角成名，后嫁给美国种植园园主巴特勒。她曾在美国南北战争前，生活在南方蓄奴州的庄园中。对当时的黑人奴隶抱有深刻的同情，并著书为废奴发声。她也因此与丈夫失和，最终于1849年离婚。

点30分。我的母亲是首先将这一习俗引进到苏格兰的人。当然，其中也有亚历山大·罗素爵士的功劳，他曾经和我们一起住在巴尔莫勒尔堡，讲述他的母亲贝德福德公爵夫人在乌邦寺喝下午茶的故事。”从这些涉及英国不同地区、不同的社交圈中的叙述中不难看出，早期的茶会最初是只属于高门大户的活动。贵族妇女们开始习惯在傍晚时分，与朋友们一起在会客室中优雅地喝茶聊天，打发时间。

19世纪70年代，下午茶这种活动开始被更广泛的社交圈层所接纳。写于1872年的《现代社会礼仪》(*Manners of Modern Society*)，描述了这种已经普遍存在的活动方式，书中说：“小茶会通常在下午举行”。之所以叫“小茶会”，是因为茶会上供应的食物少而精致，能让人整洁优雅地吃下去。又因为参加这种茶会的客人通常会坐在低矮的扶手椅上，他们的茶杯、杯托也都放在矮桌上，因此也称为“矮桌茶会”。此外，因为女主人会亲手分发杯碟，所以这种茶会也被称作“手传茶会”。至于“茶壶茶会”的说法，大概是起源于茶壶在当时茶会中的重要地位。

书中接着说：“如今的晚餐已经被推迟到很晚了，而且‘茶点’也被推迟到了晚上10点，这违背了自然的规律。另一方面，人们依然需要在5点进食，也就在下午茶中找到了这种从前的饮食习惯，只不过形式跟以前并不一样。”

19世纪下半叶的日记、手札和回忆录中也都很多次提到茶。例如，米德尔顿子爵夫人奥古斯塔的日记中就有持续性的记载。1855年前后，饮茶在她日记中几乎没有提到；1862年，“在家喝茶”和“在别人家里喝茶”的记录就经常出现了；1870年，每天的日记中基本都有茶会或类似的聚会。

19世纪末，下午茶已经成为所有阶级共同享有的娱乐活动。即使是在一些小村镇上，“待客茶会”里的食物也比大多数农家饭菜精细得多。弗洛拉·汤普森在19世纪后期出版的自传体小说《雀起乡到烛镇》(*Lark Rise to Candleford*)中，基于她在牛津郡乡村地区的童年生活，以细腻的笔触描写了当时的社会生活。其中就有书中角色赫林太太举办茶会的场景：“桌上摆着最好的茶具，每个杯子旁边都放着娇嫩的粉色玫瑰；食物有生菜心、薄面包和黄油，还有当天早上新鲜出炉、外壳酥脆的小蛋糕。爱德蒙和劳拉笔直地坐在温莎椅上。”

她还描述了当时乡村妇女如何经常举行临时茶会：

> 年轻人们……有时也会在下午时分聚在村屋中，啜饮只加糖不加奶的浓茶，谈天说地。这种茶会活动从来不需要事先预约，可能只是一个邻居过来串门聊天，另一个邻居闻声而至；而后站在自家门廊上的邻居会被叫来一起玩。当然，也可能是被拉过来调解拌嘴或争论。然后就会有人说，“要不来点儿茶？”大家便纷纷回家拿茶匙取一些茶叶，攒出一茶壶的用量……这便到了女人喝茶的时间。

在威尔士地区，妇女们成立了茶会俱乐部，就像早期乡村社会中应对资金短缺时一样，大家将各自集中的茶具、茶点和其他饮品都汇集在一起，共同组织茶会。正如玛丽·特里维廉在1893年记录下的茶会情景：“一人拿出茶叶，一人会带来蛋糕，还有一人取来杜松子酒或白兰地，最后在茶汤中点上一滴调味。这样的‘众筹’茶会在俱乐部成员的家中轮流举办，席间自然也会讨论起妇女们热爱的各种话题。”

作家乔治·吉辛在19世纪末的一篇文章中总结了茶的社会角色：“在英国人家庭生活中，最具情致的场合非下午茶的欢聚时光莫属。茶杯和杯托之间轻碰发出琳琅之声，人们徜徉其中，便可怡情悦志。”

英国妇女的餐后茶会（彩色雕版画，法国画派作品，创作于 19 世纪）

各类茶会 Tea Parties for All Occasions

比顿夫人在《家务管理》（*Book of Household Management*，1879 年版）中，描述了高桌茶会、提供面包和黄油的下午茶、家庭小茶会，以及“真正意义上的茶会，如祖母们乐意举办的那种”。书中还提到，“这些茶会自然不会过时，因为茶会上提供的餐食和家庭正餐几乎没有什么不同……甚至人们在制备茶点上投入的精力也更多，这些餐点自然也会更加精细”。其中，书里说的“祖母们的茶会”可以推定为贝德福德公爵夫人组织过的“下午茶”。

温莎城堡的白色会客厅（彩色平版，作者为约瑟夫·纳什，1809—1878年）

1890年12月《美丽与时尚》（*Tea and Chatter*）杂志中，“茶会漫谈”专栏曾有过报道：“在过去的3~4年中，小型的‘斗茶会[①]’已经在很大程度上被更有魅力的‘家庭茶会’所取代。现在，人们大多会在下午4点到7点之间灵活地选择时间参加茶会，而不是固定在5点准时烧水泡茶……客人们不待傍晚7点的钟声作响，便会告辞离去。女主人们也就能松一口气，快速地梳妆打扮，然后出门去参加宴会或看戏。”

“家庭茶会”和“招待茶会”通常是在下午举办的大型活动，可以邀请多达200位客人出席。茶水区一般在客厅或餐厅角落，器具食物都摆在一张大桌子上。仆人们站立在旁边，随时准备为客人加茶、奉茶，以及送上糖、奶油或牛奶、蛋糕、面包和黄油。

比顿太太的记述中也有一些比较特殊的茶会形式。例如，有时，女主人会在茶会上组织一些娱乐活动如音乐欣赏，职业歌手和钢琴家也会受邀前来表演。在

① 译注：斗茶会在中国等东北亚国家都曾经十分流行，但内容并不相同，此处原文所指的应该是早期规模较大、参与人数较多的英式茶会。

1889年出版的《美丽生活》（*Good Form*）中，作者阿姆斯特朗夫人说：“城里很少有下午舞会，但在军区和正值游艇季节考斯地区，这类舞会则成了一种受欢迎的娱乐活动。在舞会现场，茶点茶水在整个下午持续供应，绅士们会趁着舞曲间隙，带女士们去茶室小憩”。

伦敦地区的上流社会也曾经流行过“客厅茶会”。客厅茶会主要指的是出席白金汉宫维多利亚女王宴会的贵族妇女们，在自家的“客厅”里举办的茶会。通常在宴会结束后，几位同样颇受宠信的宫廷命妇会转场到她们其中一位的家里喝茶。阿姆斯特朗夫人曾在书中这样描述“客厅茶会”的盛景：“房间里很快就挤满了穿着礼服的淑女贵妇，每个人都拿着花束，长长的拖裾则搭在左臂上。衣着装扮最为亮丽的女主人进入房间以后轻移莲步，热情地招呼着客人们。放眼望去，丝绸和锦缎的流光在房中熠熠生辉……女士们被成群的追求者簇拥着，她们轮流被请求放下拖裾，以便充分展示自己的服装之美。”在这样的场合[①]中，茶水和茶点往往被单独设立在另一个房间里，摆设的方式、食物和茶具的种类和普通的“家庭茶会”是一样的。

下午茶礼仪 The Etiquette of Afternoon Tea

维多利亚时代以来，喝茶的活动不再限于在私密的闺房和小型的会客室中，而是大多选址在宽阔的会客厅和宴会厅里。宴会厅是维多利亚时代住宅的中心活动区域，人们在这里游乐，举办聚会。建筑师菲利普·韦伯曾受雇于詹姆斯和玛

① 注：此类茶会因为参加的女士们往往身着拖裾很长、具有典型宫廷风格的茶会礼服，也被称为“裙裾茶会”。与会的女士们为了避免在行走时被绊倒或者在行礼跪跄，必须仔细收拢自己的拖裾，托在左臂上。

格丽特·比勒夫妇，主持苏塞克斯斯坦登庄园的改造计划，将之打造成夫妇二人和他们的7个孩子的乡间别墅。当时，他就考虑到了在寒冷和潮湿的天气里，人们会在宴会厅里喝下午茶的活动需求，并做出了相应的改造。此后，随着孩子们长大成家，别墅的聚会活动空间也需要扩充。1898年，比勒家向韦伯提出新的要求，请他在宴会厅里增加一扇凸窗和一个凹室。

19世纪，关于饮茶活动的邀请可以通过口头发出，也可以用非正式的小纸条或卡片传递。当时的礼仪专家曾建议人们，“不必刻意回复。在茶会的当天，如果你别无他事，也想要去品茶会友，赴约即可”。同时，也有一些礼仪专家就下午茶的正确时间给出了建议。1884年，玛丽·贝亚德在《礼仪纪要》（*Hint on Etiquette*）中建议，“下午茶活动应在下午4~7点之间举行”；也有学者给出建议，应该在“大约5点”喝下午茶，或者在“5点准时举行小型茶会”。在下午茶活动期间，客人并不需要在泡茶、品茶期间一直待在同一个地方，他们可以在活动的时间内随意走动。大多数情况下，客人们会在下午茶活动中度过0.5~1.0小时，但绝不能晚于7点告辞。《海内外淑女手记》中描述了茶会中女主人迎宾的几种方式。比如，在小型茶会中，女主人会像以往一样在会客室里接待她的朋友。如果是某些固定的下午娱乐活动，她会像在舞会或婚礼上一样，站在楼梯口迎接客人们。

阿姆斯特朗夫人在《美丽生活》中记述了19世纪“小型茶会”的举办方式：“在一张小桌上摆放好精制的下午茶用具和食物，包括黄油面包卷、饼干和蛋糕……女主人可以坐在桌边或站立着给客人们分茶。如有绅士碰巧在场，他便要负责将杯子递给女士们；如只有妇女们在，这项工作就落在主家的女儿们身上”。书中还介绍了举办小型茶会的另一种形式：“茶在楼下房间中泡好，从下午4点持续到5点30分，由女佣用托盘端上茶水和点心到会客室中。这样的形式丝毫没有不妥，但也许不像通用的方法那样舒适和自在。”

在当时的茶会中，在主家提供的茶里，一般已经添加了牛奶或奶油，而不是先将牛奶等倒入空杯，再由客人自己加入茶汤。维多利亚时代的礼仪认为这是正确的做法，然而到20世纪早期，威廉·乌克斯则表示：“人们通常会往茶汤里加入牛奶或奶油。大多数人都会选择兑入冷牛奶，但也有人更喜欢热牛奶；一般也是先在杯子里倒入牛奶，再添茶汤。苏格兰地区的奶油通常比较稀，当地人会直接在茶汤里加入奶油作为牛奶的高级替代品。英格兰西部地区的牛奶油分很高，适合调饮茶汤，当地人也就很少把奶油兑入茶水饮用。”在添加牛奶的方式上，来自不同阶层和地区的人们有着不同的看法。加奶油还是牛奶，乳制品选热的还是冷的，倒进空杯子里还是调入茶里……关于这些小细节的争议，直到今天尚无止歇。

高桌茶会 High Tea

比顿夫人在1892年版的《家务管理》中，不仅探讨了下午茶茶会，还讲述了高桌茶会：“在一些思想老派的地区，人们少有‘与时俱进’的想法……他们乐意接受邀请参加一场安静的茶会，在席间享受热黄油和土司、佐茶蛋糕，新鲜鸡蛋做的菜肴和自制蜜饯、蛋糕。”

时至今日，我们依然不知道历史上第一次兴办“高桌茶会”的确切时间，但很可能这种茶会是得名于茶会所用桌子的形制——这类晚间进食饮茶的活动，往往在一张高脚餐桌上进行。对当时的工薪阶层和中下阶层来说，茶已经顺理成章地成为全天佐餐的标准饮料。他们的“正餐”仍然是在中午吃，男人的食物里有肉和蔬菜、鱼或面包和奶酪。这些会因为家庭经济状况和地区物产的不同而有所差异。在最贫穷的家庭里，妇女和儿童凑合着喝茶果腹。玛丽·特里维廉曾在1893年记录下威尔士地区的用餐习惯：“人们在中午12点或12点30分进餐；下午4点左右喝茶吃点心，晚餐则在8点开饭……”

然而，对于大多数贫困家庭来说，他们很少能在下午3点左右有时间喝茶。但在下午5点30分或6点，下班回家之后，人们则很希望看到一大壶浓茶摆在餐桌

沃土乐生（1785—1857 年，托马斯 · 安文斯创作的水彩画）

注：该图展现了 19 世纪乡村小屋内举办高桌茶会的场景。桌上摆着的食物有火腿、奶酪和自制面包。农夫的妻子正在往壶里放茶，她旁边的老太太则啜饮着茶碟里的茶。

中央，一旁放着冷盘、馅饼、煎培根配土豆、奶酪、自制面包或燕麦饼等食物。正因为多用耐饥、丰盛的食物当作茶点，“高桌茶会”也被称为“肉食茶会”或“大餐茶会”，最能抚慰连续工作 10 小时、回到家时又饿又渴的矿区和工厂的工人们。

弗洛拉 · 汤普森在《雀起乡到烛镇》中也曾细腻地描写过 19 世纪后期，工人阶级的临夜茶会典型场景：“居于此地的人一天大多只吃一顿热饭，其中有 3 种主要食材，包括从腌熏猪肋肉上取下的咸肉、从菜园里摘来的蔬菜以及用来制作圆面包的面粉。他们将这顿餐饭称作‘茶点’，晚上才吃。因为男人和孩子们中午都回不了家，要到晚上才能从田地和学校里回来。”每家的饭食都有所不同。比如，在附近的一个农场喝茶，就会“有煎火腿配鸡蛋、蛋糕、司康饼、炖李子配奶油、果酱、果冻和奶冻”。

盖斯凯尔夫人的小说《玛丽 · 巴顿》，以英国曼彻斯特地区的风土人情为背景创作。其中就有准备一场临时起意的下午茶的场景：“然后是一长段的窃窃私语，还有掏钱时发出的细碎声音……‘快去吧，亲爱的玛丽，先拐弯到蒂宾斯那去买些新鲜鸡蛋……顺便看看他有没有好火腿能卖一磅给我们……你还得买一便士的牛奶，再加一条面包。记住，要新鲜的！就这些了，玛丽。’‘哦不，差点忘了，’她丈夫又说，‘再买6便士的朗姆酒加到茶里面，喝着滚热熨帖……’”

即使对非常贫穷的人来说，茶和面包也能为他们提供所需的营养。1853年，杂志《爱丁堡评论》刊文描写过贫苦之家的饮食状况，其中包括饮茶充饥的细节：“在简陋的小屋里，那位孤独的寡妇坐在火炉边。放置在炉砖上，底都烧黑了的茶壶在红红的余烬上煨着，壶里是她的睡前饮品。家里的硬面包虽然不够了，但当她啜着温热的饮料时，可能是加了蔗糖，热茶里会带着一点点甜味。这让她由衷地感到了温暖。小屋似乎也不再那么黑暗和孤独，尽管简陋，却有了舒适的温度。”

19世纪的高桌茶会并不仅仅是工人阶级的餐饮活动，其他社会群体也在根据自身需求，调整之后接受了这种习惯。正如比顿夫人的《家务管理手册（1879年版）》中所描述的：

> 茶会的形式有（高桌）茶和（矮桌）茶，前者是大部分家庭中内容丰盛的餐饮活动，后者则让更晚用餐的人们舒适地消磨午后闲聊时光……家庭茶餐和早餐差不多，只是放更多的糕点小吃，基本都是甜食。在高桌茶会中，肉食占据了主要的位置，是名副其实的“茶餐”……在梳妆打扮准备就餐之前，家中的女士们在名为下午茶的活动中，可不仅仅是喝一杯茶，而是借助下午茶保持体力。这就需要用些茶和面包，以及一些精致的点心和水果之类的“垫垫”肚子。这种互动本也只是为了让几位朋友能聚在一起，舒舒服服地安静交谈，不至于忍饥挨饿罢了。

爱丽丝·克里斯蒂安娜·史密斯曾在1886年8月拜访过作家托马斯·哈代，她当时在日记中写道：“回想我们到哈代先生家，与伊娃一起体验了老式的冷餐高桌茶会代替晚餐。”比顿夫人也在她的书中提到，“在部分家庭中，高桌茶会是一种长期习惯，几乎可以替代正式晚餐了。许多人认为，这是最愉快的一种进餐方式。尤其是年轻人，在他们看来高茶可以和网球、划船或其他娱乐活动并行，在不打扰欢聚时光的同时，让人们能够享用一场移动的非正式宴席，还免去了正餐的繁文缛节”。

雇有用人的家庭通常会在星期日吃下午茶，以便让仆人和管家有时间去教堂或拜访家人，不用候在厨房，为雇主操持晚餐。不过，这就需要在当天早些时候备好一大堆香甜可口的餐点。《现代社会礼仪》中为类似乡村别墅中的高桌茶会，在茶点方面提出了建议：“熟透的草莓和奶油壶……李子、大米和海绵等多种类型的蛋糕……热松饼、煎饼、吐司、佐茶蛋糕……桌边的餐柜上可以放更加贵重的食物，如冷鲑鱼、鸽子小牛肉火腿馅饼、烤煮禽肉、口条肉、火腿、小牛肉饼；在这样一个让人‘饥肠辘辘的茶会’上，还应该为参加聚会的绅士们烹制烤牛羊肉。”

如今，搭配着司康饼和果酱，可能还有凝结了奶油块的“奶油茶”依然能在茶桌上见到。这种坚硬的黄色奶油最初产于英格兰西南部，那里肥沃的牧场提供了提取奶油所需的高脂牛奶。两种凝结奶油——德文郡奶油和康沃尔郡奶油，分别产自德文郡和康沃尔郡。19 世纪流传下来的“热沸奶油”或“德文郡奶油”的制作秘方：从奶牛身上现挤 2 加仑新牛奶，滤入干净的陶器中，放在阴凉处晾到室温。静置 24 小时后，拿到木炭上以文火熬煮，保持将沸未沸的状态（如果煮开沸腾，奶油制作就彻底失败了）。一段时间以后，便将陶器拿开，再次静置 12 小时后，奶油就可以使用了。需要注意的是，如果二次静置的时间达到 24 小时，就会变得更稠，以此制作的黄油更耐保存，即使在夏天也能存放超过 1 周。

德文郡和康沃尔郡都以其丰富而优质的浓缩奶油而闻名，“奶油茶”便是由此得名

维多利亚女王执政期间，茶叶作为一种饮料，连带下午茶活动都因为她的偏好在英国更为兴盛。作家利·亨特这样描述她曾经生活的肯辛顿宫：“这座宫殿几乎成了一座富丽堂皇的茶室……曾在这里繁盛一时的王室家族……全都是爱喝茶的王室……现任女王虽然在那里执掌政权，也好似在那里出生、长大一般。”

1897 年出版的《女王的隐秘生活》，透露了大量维多利亚女王的生活细节，据该书作者（女王私仆）说：“女王陛下对下午茶有一种强烈的依赖。在她执政前居于苏格兰时，每逢年轻的女王陛下和其他公主们在下午外出写生作画，（约翰）布朗和其他男仆就会在一个荫凉的角落里烧水泡茶。令人神清气爽的茶在受皇室青睐的饮食排名中一直名列前茅。为了保障温莎城堡里女王的茶桌上随时有甜点供应，城堡里的厨师还需要常年忙碌，随时待命，以保障王室成员随时都能享用大量的茶点……宫廷里的茶每磅大约价值 4 先令，女王喝的也是此茶，与其

伦敦肯辛顿宫的维多利亚女王雕像

英国湖区的茶室

注：今天的茶几上出现的许多美味的茶点起源于维多利亚时代。

他人一样。无论是亲自煮水泡茶，还是有人服侍，女王对茶的热爱总是不变的。”

对于女王和她的家人而言，茶在艰难的时刻还能带来安慰。1853 年 3 月，一场大火烧毁温莎城堡的一部分，女王的首席女官之一的埃莉诺 · 斯坦利在给他人的信件中，记录了火灾第二天的情景：

> 今天早上的废墟景象很可怕，大家正在尽快地把外面的房间清理干净……我从来没有见过像女王那样从容不迫的人。她虽然忧心忡忡，但依旧镇定自若。打扫到一半时，或者更确切地说，在场面看起来稍有起色时，她就叫人给我们端来茶点。我相信在场的人，谁也没有想到女王会如此镇定。第一个端起茶杯的人是冻得浑身发冷的那位王子，他显然非常高兴。当侍从端着茶盘进来的时候，王子也走进房间享用起来。

女王在苏格兰生活时，几乎全天都在喝茶。在她 1860 年的日记中，这样记录道：“我们起得很早，坐在客厅里工作、看书，直到餐厅里准备好早餐，里面包括茶、面包配黄油和美味的粥。”此前一年的记录中也写道：“我们走到之前吃午饭的地方后，又骑马到了路尽头，在这里发现了一个火堆，还有茶和蛋糕等。这是特意为我们准备好的……我们喝完茶，6 点 30 分就坐马车走了。”

在伦敦的白金汉宫，维多利亚女王于 1865 年推出了午后招待会，并于 1868 年开始举办“早餐”花园派对。多年来，她还在温莎城堡内为各种团体举办茶话会。1899 年 12 月 30 日的《女性周刊》就介绍了一个典型茶会活动：“在节礼日，陛下用她特有的温情关怀和亲切态度，在温莎城堡的圣乔治大厅，招待正在前线作战的禁卫军军属，以及此时也住在温莎地区的预备役军人家属。所有人员都在当天 15 点 45 分到达会场觐见女王。在客人们坐下喝茶后，女王便离开了，由公主们对客人们殷勤问候，端茶送水”。

在维多利亚时代的乡村别墅中，三明治、蛋糕、饼干和其他茶点的制作大多不是在厨房里，而是在食物准备间里，由管家亲自监督女仆制作。在此前的几个世纪里，这个专门储藏、准备贵重食物的房间是女主人的专属空间。她在这里为宴会准备糖果、蜜饯或者正餐配套的甜点。正如玛丽·贝亚德在 1884 年出版的《礼仪指导》一书中所写：“下午茶不应该是一顿丰盛的晚餐，而是一点疗饥的点心，活动本身比食物和饮料更重要。”她特别提道：“蛋糕、刷着薄薄黄油的面包，热的黄油司康饼、松饼或吐司都是必不可少的配套食品。”《海内外淑女

手记》(1898 年)的作者完全赞同这一观点，并进一步补充道:“诸如香槟纸杯蛋糕、鹅肝三明治、水果杂烩等食物，都是怪异且不合时宜的选择。”

外观清爽、不带硬边的三明治是非常适合茶歇的食物。因为在便利的同时它还能让女主人为客人们搭配新的口味；也许更为重要的是，相较于其他食物，吃三明治比较不会弄脏手套和其他衣物饰品。比顿夫人在她 1892 年版的《家务管理手册》中提到，三明治本来是用来做“下午茶”的，只是些精致的小东西，赏心悦目。但如果要用它缓解饥饿，它就没那么实用了。维多利亚时代的人喜欢在一些场合用“各种颜色的巧克力酱”装饰三明治的表面，那些用来沏茶的酱汁显然是为了保护手套。

茶会礼服 Tea Gowns

维多利亚时代的人越来越注重为茶会活动搭配服装。玛丽·贝亚德曾说:“女主人身着茶会礼服出场，并非必要的时尚礼节……如不想采用这种着装风格，任何美丽的午后礼服都可以。除非接待人数众多的客人，手套也并不是必要的服饰；而对于手掌温热的女主人来说，佩戴手套迎宾，就是必有之理了。当女士们戴了手套，除少数情况以外，她们不会在喝茶时摘下手套。此外，女士们(在下午舞会中)通常会坚持戴着礼服帽或者软帽。”

茶会礼服起源于 19 世纪 70 年代，那时下午茶已经被确立为非常女性化和轻松的活动。1890 年 12 月 6 日出版的《美丽与时尚》杂志，对此总结如下:

下午茶活动时，于女主人而言，头一件重要事宜便是选择合适的礼服，

1902版《雪纺热潮》一书中描绘梅费尔一家时装屋的插图

精致的茶会礼服对她来说和茶本身一样重要。因为那些薄纱缝制的服装会给主人带来好心情，此时的茶水会更甜，杯子也会更漂亮。当主人感受到朋友们对她身上那工艺考究的蕾丝花边、精致美丽的柔软丝绸的密切关注时，她的举止会比平时更为和蔼可亲，主宾之间的谈话过程中，也一定会洋溢着欢愉、美好的气氛。

此前，一场关于“束身”危害的激烈辩论，在时尚刊物中轰轰烈烈地开展了起来。对于那些想要将腰围缩减到18英寸（有些女士甚至想要达到14～15英寸）的人来说，紧身胸衣是绝对必要的，但是身着这种服装也会引起各种各样的健康问题。许多人都反对穿着紧身胸衣，甚至将这种用绳带系紧腰身的时尚，与中国妇女的“缠足”和非洲妇女的“唇盘”（用石块穿透下嘴唇并安插其中）风俗类似。1884年，在英国肯辛顿举行的一次国际健康展会上，关于服装的内容展示里，就强调了禁止滥用紧身胸衣的必要性。

为了跟上这一潮流，下午茶茶会礼服的设计为女性身体提供了一种更为正式、维多利亚时代礼服所没有的设计：设计师用羊绒、棉质、雪纺、薄绸和蕾丝制成的柔软飘逸的褶皱，并以缎带和珍珠、水晶和天鹅绒、蝴蝶结和编带等来装饰，最终创造出梦幻般的礼服；让身着礼服的女士们得以优雅地坐在沙发上，手捧瓷杯和杯托，裙摆则自然披散开去。虽然有些穿着者会基于自身条件在茶会礼服中穿上紧身胸衣，但女士们还是倾向于直接穿着这种非常优雅和女性化的服饰。线条流畅、面料柔软的茶会礼服也更加适合在客厅、闺房或花园里与朋友们喝茶等相对不正式的场景中穿；也可外出参加茶会时穿。

茶会礼服也可以在正餐或家中的晚间活动中穿着，正如1890年11月的《公主》杂志上的一篇文章所说：“茶会礼服历经许多变革。起初，夫人们穿着它在豪华的私人房间里喝茶，但很快穿着的场合就突破了半隐私的环境。人们开始将之作为晚礼服，也会穿到较为安静的宴会上。而今，它们则多是午后招待活动的专用服饰。”

19世纪90年代以后，伦敦和巴黎所有的顶级时装公司都在推出精致的茶会礼服产品线。《美丽与时尚》杂志在1891年1月17日对当周最新时装的点评：“人们对靓丽的晚间礼服和茶会礼服的需求越来越大，而女士们的选择也从来没有像现在这样如此丰富。”

在维多利亚时代的富裕家庭中，儿童大多在房舍的顶楼居住活动，那些绿色的厚呢房门隔绝了孩子们的吵闹，保证了其他家庭成员能够获得一些平和与安静。保姆、护士和家庭女教师常常和孩子们住在同一层楼，监督着孩子们的日常学习和活动，包括用餐与喝茶。儿童们的茶会通常结合了高桌茶会和晚餐，也和成年人的下午茶一样，是家庭日常生活的一部分。每到下午四五点钟，书和玩具放置妥当，孩子们洗好双手以后，就坐在高脚椅子上，倚着桌边喝茶吃东西。食物包括沙丁鱼三明治、煮鸡蛋、黄油面包条、香蕉三明治、松饼和圆烤饼、司康饼、姜饼、水果蛋糕、巧克力蛋糕和饼干。

在作家安妮·勃朗特的代表作《阿格尼斯·格雷》中，女主人公阿格尼丝是一名维多利亚时代的家庭教师。她和那些被宠坏的孩子们之间的互动，也展现了

茶会时分（英国画家乔治·古德温·基尔本所作）

当时儿童饮茶用餐的细节：“每顿饭我都要在教室里和我的学生们一起吃，进餐的时间还要迁就着他们。有时，他们要下午 4 点喝茶。他们常常因为不是下午 5 点整，就对仆人大发雷霆。”作家乔治亚娜·西特威尔曾根据回忆记录自己年幼时的茶会经历。她写道：“在（19 世纪 30 年代）我们还是小孩子时……我们的茶会一般在下午 6 点开始，之后在晚上 7 ~ 8 点上甜点的时候，则会坐到父母的餐桌上。”

已经到达学龄的儿童在放学回家后，会喝“儿童茶”。即使旅居在外，英国家庭依然注重孩子们每日的饮茶活动。正如西特威尔所记：“小时候和家人一起出游时，她和兄弟姐妹们被安排住在酒店里。酒店里非常舒适，卧室虽小但干净得很，床铺也很舒服，我们都特别高兴！家中教室里的茶点也甚少有酒店里这样丰富，供应着各种松饼。”

母亲们如果不忙于接待客人或处理家务，有时也会加入育儿室的儿童茶会。但一般情况下，孩子们与父母在一起的时间并不多。他们用一个小时左右的时间“吃茶”，然后下楼跟妈妈在花园里散步、看书或聊天、玩耍。

茶话会和一般的小型茶会不同，算是一类特殊活动。1860年，约克郡阿克沃斯地区的贵格会学校校长因健康问题，不得不请假休养。当他回来上班时，发现学生们在他休假期间依然表现良好，便为学生们举办了一次晚间茶话会作为奖励。尽管所有的茶杯和杯托都是从居民那里借来的，但那是第一次全校师生坐在一起，体验传统英式茶会。这次的茶会极为成功，对于那些有勇气参加的人来说，这无疑是学生时代最浓墨重彩的一笔。

在维多利亚时代的庆祝活动（如生日和圣诞节）中，通常会给参加的儿童们举办茶话会。席间会给孩子和到访的小朋友们准备精心烹制的大餐，插着蜡烛的大蛋糕。孩子们则盛装打扮，一起玩着游戏。主家有时也会请来魔术师变戏法，请些口技演员，或者预备神灯表演。在客人告辞回家之前，主人还会为所有的客人奉上礼物。当时记载礼仪的书籍还指出，儿童茶话会上的茶点应该力行简明，但足量的糖果必不可少。

可爱的茶会（杂志插图，1898年）

贫人之茶 Tea for the Workers

对于维多利亚时代的许多贫苦人家来说，在食不果腹的状态下辛苦工作一整天是常有的事。年轻人通常在早上吃完土豆配茶水这样的简餐后，就要出发，赶几英里路到工作的地方。午餐是干面包，运气好的时候可能会加一点奶酪，晚上回到家中又只有土豆和茶。在19世纪，农场和工厂工作的劳工们一般都会喝啤酒解乏。但在1878年，土地主T.·布兰德·加兰德产生了一个革命性的想法，他写道："在炎热的天气里，没有什么比啤酒更不适合解渴了。"他决定不再给工人们供应啤酒，并直接以加薪的方式补贴他们。男性工人的工资从14先令涨到18先令，女性工人则从7先令上涨到9先令。而且他也意识到无论白天是否喝啤酒，工人们大多还会在晚上去酒吧放松。因此，他决定在工作时段提供无限量的茶。他购买了容积达到8.5加仑的平底汤锅，把它放在手推车中以便移动到工作场地，雇用当地一位妇女，每天在临时用砖块搭建起来的炉灶上起火烧水，为工人们煮茶。茶汤里放着牛奶和糖，以便工人们从早餐时间一直到晚上下班，可以随时取用。他建议其他农场主借鉴他的方法，但要确保茶是在田间地头现场精心冲泡出来。若是单从主家送出是不够的，须确保每位工人都能喝到，大可不必吝惜。

不得不说，这位加兰德先生的举措相当明智！那些紧跟他的步伐，给手下工人供应茶水的雇主，都发现手下工人们的状态比以前有了很大的改善。毕竟在工作日里白天黑夜都泡在酒桶边上的工人，自然不会有好的工作状态。这些雇主之一的菲利普·罗斯爵士注意到，在他的农场里工人们在一天的工作结束时，整体状况有所改善，不似以前那么笨拙和阴郁了。第二天早上再次上工时，他们的表

打棉机工人的茶话会（英国萨默塞特大致拍摄于 1900 年）

现也比之前滥饮啤酒时要好得多。

作家弗洛拉·汤普森在描写雀起乡附近农场中劳作间隙工人们休息的场面时，也曾写道："正午太阳高悬，大约 12 点时，正是工人们用餐的时间。他们停下手里的工作……男人和男孩们散漫地倚靠在麻袋上……拔开装着冷茶的锡瓶瓶塞，取出用红色手帕包裹的食物……"可见，在 19 世纪后期，英国各地的工厂、矿井、办公室、农田、铁路、公路和渔船上，工人们已经开始饮用茶水来提神解乏，茶已经成为他们在每日劳动中获得的最佳饮料。

19 世纪的济贫院对于当时社会上身无分文、无处可去的人而言，是一个温暖的归宿，而这些机构的经管组织最为关注的议题之一就是茶叶的持续供给。根据威尔士阿伯里斯特威斯的一间济贫院的记录，当时每天给人们提供的饭食有面包、土豆、稀粥、一点熟肉、米饭配汤或板油布丁。此外，60 岁及以上的老年人每周额外配给 1 盎司茶叶和 7 盎司糖；60 岁以下的妇女早餐时只能喝到 0.5 品脱茶，这一数字在 1869 年增加到了 1 品脱。

类似的规定也存在于诺丁汉郡绍斯韦尔的济贫院中。1824 年，济贫院成立之初，大多数入住者的早餐和晚餐都是面包牛奶或者奶粥，午餐相对更能饱腹，但却不会供应茶水。不过，创始人比彻牧师的日记中写道：“年老体弱、行迹无咎的穷人，可以在普通饮食之外，灵活添些食物——可以喝茶，配以少量黄油以及其他类似的嗜好品。”据济贫院的账簿所记，1824 年，院中就以 2 先令 9 便士和 1 先令 6 便士的价格分别购入两把锡壶到绍斯维尔。此后，当济贫院被纳入英国国家体系时，也制定了类似的规定：“60 岁以上的老人每周可配给 1 盎司茶叶、5 盎司黄油和 7 盎司糖。”到 1841 年，茶仍被认为是济贫院特殊场合上的高档饮品。比如，在圣诞节的大餐中，入住者的晚餐里有葡萄干布丁和烤牛肉，晚餐吃蛋糕、喝茶。来自几代人经营茶叶的川宁家族的路易莎・川宁，则将茶叶与济贫院紧密地联系起来。她在 1859 年成立了济贫院探访协会，致力提高济贫院的医务标准和儿童关爱水平。

在 18 世纪，茶被认为是每个人生活中非常重要的一部分，雇主需要核算出雇员薪水的一部分，按月以茶叶冲抵发出。威廉・基钦纳于 1823 年出版的《厨师启示录》一书中就记录有抵付茶叶的数量。一份来自威尔士雷克瑟姆地区厄迪格庄园的家庭文档，记录有 1848 年“赐仆茶”的总支出量：“共发放茶叶 54 磅，每磅价值 3 先令 4 便士，发放咖啡 45 磅，每磅 1 先令 10 便士”。此后，比顿夫人在《家务管理手册》（1861 年版）一书中，对家中仆人工资给付数量提出如下表的建议。

仆人工资组成

职　务	没有茶叶、啤酒、糖的津贴 / 英镑	有茶叶、啤酒、糖的津贴 / 英镑
管家	20 ~ 45	18 ~ 40
贴身女仆	12 ~ 25	10 ~ 20
护士长	15 ~ 30	13 ~ 26
厨师	14 ~ 30	12 ~ 26
家庭女仆	12 ~ 20	10 ~ 17

当时年轻的、缺乏经验的当家夫人们，正是通过阅读比顿夫人等作家的书籍，获取正确对待仆人的方法。

茶、自律和健康

Tea, Temperance and Health

几个世纪以来，酒在英国人的日常生活中是不可或缺的，无论是正常进餐还是庆典活动的餐桌上，麦酒或啤酒都占有一席之地。生日、纪念日、婚礼、受洗、葬礼、学徒出师、履任新职、成年、取得资格证书等所有这一切场合中，人们都会大量饮酒。豪饮和醉酒是正常的行为，拒绝加入的人反而会被嘲笑和排斥。早在1730年，伦敦地区每年就产出约1000万加仑的杜松子酒，这些酒浆分散在伦敦地区7000家酒庄出售。进而可以估算出，当时平均每个伦敦人每年要喝掉14加仑杜松子酒，这个数字可以说是相当惊人。

当时，大多数伦敦人都有豪饮纵酒、行为放诞的经历，甚至有怀抱婴儿的母亲喝到酩酊大醉，最后昏倒在街边。在认识到酗酒所带来的危险和恶劣影响以后，英国社会中开始出现禁酒运动。也许由于当地的酒水消费明显高于其他地区，禁酒运动始于19世纪20年代的苏格兰和爱尔兰，并在两三年内推广至英格兰和威尔士。威尔士地区的R.·托马斯神父曾记录下当地禁酒运动的起因，“任何有思想的人都会对社区中人们的酗酒行径感到不寒而栗，就连笃信基督的教徒也经常因为饮下烈酒而行为失当，给各派别的教会团体带来了源源不断的麻烦”。

早期各类戒酒协会在制定规则时，考虑到完全戒酒对大多数人来说太过苛刻，因此只规定戒饮威士忌、杜松子酒和朗姆酒等烈酒，啤酒和葡萄酒仍在允许范围之内。这也给绝对禁酒主义提供了发生的环境。1831年，英吉利商船开始执行无酒精航行的规定：在航程超过40天的航行中，政府对携带茶叶、糖和咖啡这类嗜好品实行免税条款，允许人们带上船。第二年，一位名叫理查德·特纳的工人，在其工作的兰开夏郡普雷斯顿，发表了主张完全戒酒的演讲。这场演讲可以被看作是普雷斯顿戒酒运动的发端，各大戒酒协会随之发出倡议，共同敦促人们以茶代酒，戒除酗酒。虽然目前还不清楚人们在创造“有茶无酒”一词时，是否有意将茶与禁酒联系在一起，但最初这个词的确见于完全不饮酒的募捐茶会上。

禁酒运动的成果很快显现出来，在《茶叶与饮茶》一书中，作者阿瑟·里德描述了1833年的圣诞节期间，由普雷斯顿戒酒协会举办约有1200人参加的大型无酒茶会。席间为与会人提供服务的，正是一群成功戒酒的人。

（大厅里）每个侧室的上端和下端都用大号的字符，醒目地书写着“节制、清醒、平静、富足”的箴言，中央部分用同样的字体写着“幸福”，与其他箴言词语相连。厅里的桌子都编上了号码，又分开排布，桌上摆放着精美的茶具和照明用的两支蜡烛。茶具共计80套，每套可以供应足够10人饮用的茶水，茶会配套的开水炉容积也高达200加仑。提供服务的40位男士中，大部分是通过戒酒改头换面的前“醉鬼”。他们作为侍应、挑水工等忙碌地服务着；那些侍立在餐桌旁服务员身上的白色围裙则在正面印着“节制”一词。

1840年5月22日的《斯坦福水星报》也报道了类似的转变：“上周，格里姆斯比市市长Wm.·班纳特先生雇用的砖瓦工，正是这样一群洗心革面的酗酒者。几年前的他们日日醉酒、痛饮啤酒的同时，不仅出现过延误工作长达2～3天的荒唐事件，还常常引发与他人的口角，乃至斗殴流血事件。但这一次雇主班纳特先生只给他们发放面粉，并在工作时安排大家吃梅子蛋糕、喝茶。如此一来，每个工作日的晚上，工匠们都在欢乐和谐的气氛中度过。他们亲切交谈，丝毫没有争吵。尚未戒酒的工匠中，已有15人签署了戒酒保证书。”

住在诺森伯兰郡沃灵顿庄园的沃特·卡弗利·特里维廉爵士，是一位热忱的禁酒主义者。身为联合王国联盟的主席，他长期致力于推行彻底废除酒精饮料，

沉默的禁酒倡议者（爱德华 · 乔治 · 汉德尔 · 卢卡斯于 1891 年所作）

因而被称为戒酒使徒。在继承了其父位于萨默塞特郡的奈特康布庄园后，他决定把酒窖里的绝大部分酒水都倒进湖里，并将沃灵顿庄园的酒窖牢牢锁上，甚至废除了这里的酒类许可证。根据沃特爵士的遗嘱，沃灵顿和奈特康布的两处庄园内，酒窖中所有剩余葡萄酒和烈酒都留给了本杰明 · 沃德 · 理查森博士用作科研材料。直至今日，遵照特里维廉家族的意愿，包括坎波村在内的沃灵顿庄园属地之中依然“无酒可饮”。

自轰轰烈烈的禁酒运动开展以来，越来越多的人开始加入禁酒的行列，茶会的规模和数量也随之壮大。威廉 · 卡特在《真理的力量》一书中，就描述过那些“非比寻常的茶会”，他写道：“自鄙人所撰《上帝的力量》出版以来，已为不同的团体组织过超 70 场茶会，每场茶会平均有四五百人出席。据此可以推算出，我们已带领逾 3 万人沐浴徜徉在福音之中。”在人数如此众多的茶会上，茶水供应对组织者来说是个绝大的难题，但卡特他们运用自身的创造力，想出了新的应对方法。在伯明翰的某次茶会上，他们用直径一码（约为 0.914 平方米）、深度

楼下的高桌生活（查尔斯·亨特所绘油画，1829—1900 年）
注：本图描绘了 19 世纪里仆人和他们的客人一同饮茶的场景。虽然不像楼上客厅里主人的下午茶那么高雅，但工作日里短暂的休息时间同样重要。

一英尺[①]的大罐泡茶，泡出的茶水足够 250 个人饮用。茶叶用袋子松散地装捆起来，每袋约有一磅重。罐体的顶端打着一个孔，一根水管将开水炉和这个孔洞连通起来，沸水从这里加入罐子。罐体的角落上接着一个水龙头，茶沏好后人们就打开水龙头，接出来饮用。此时的茶汤可能已经加过糖或牛奶，也可能兼而有之。最近一次庆典上的中心茶会，就用了这套方案来供应茶水。

戒酒协会成功举办茶会的先例极大鼓舞了其他组织，他们也开始通过举办茶会来联络会员。旨在宣传通过自由进口外国谷物降低面包价格的“反玉米法案联盟”，在 19 世纪 40 年代举行了多场茶会，以吸引人们对其诉求的关注。素食者协会紧随其后举办高桌茶会，并以沙拉、水果、自制面包等作为现场茶水、咖啡和可可的佐餐。

由此可见，自 19 世纪上半叶以来，茶取代了曾经毁掉数百万人健康和生活

① 译注：1 英尺 ≈ 30.48 厘米，为与原书保持一致，本书不再换算。

的酒精，为英国人提供了更健康的生活方式。在1827年出版的《绿茶药用与食用营养价值观察研究》一书中，作者W.·纽汉姆表示，“绿茶对缓解饮用酒精饮料带来的头痛症状有显著效果。文献研究表明，绿茶对于缓解严重且长期存在的、类似酒精刺激的症状也有显著的疗效；具有纾解烦躁、宁神静气、强筋健骨、解意消乏、清心明智、增益身心等功效，在放松大脑的同时让人重焕活力”。

紧随禁酒运动的开展，19世纪40年代的英国开始出现供应平价食物和无酒精的饮料餐馆、旅馆、咖啡馆、简餐屋和茶室。他们以相对不富裕的人群为目标顾客，鼓励他们远离酒吧、小旅馆和酒馆。起初，这类新型餐饮店铺似乎大部分是以咖啡吧、咖啡馆或咖啡厅为前身，但也会提供包括茶在内的各种饮料。在1878年，《餐饮与点心承办商公报》（以下简称《公报》）刊登了一系列文章，以“如何打造咖啡馆”“平价咖啡馆运动”“咖啡馆装修要点”和“平民社区里的咖啡馆”等为题，宣传鼓励开办无酒精餐饮商铺。同年10月，《公报》统计出，当时英格兰地区有咖啡馆类经营场所1309家，威尔士地区有57家。这本刊物就如何冲泡茶叶和咖啡提供了建议和提醒：“在经营中，使用劣质茶叶并不经济划算……应以0.75磅茶叶与等重的糖，配17品脱的水冲泡。上茶时，可向每杯加入少量2~3茶匙牛奶。”

19世纪80年代，茶馆取代平价咖啡馆成为新的时尚聚落。1884年，连锁面包店空气面包公司开设了一家茶室。尽管开业的具体日期并没有留下记载，这间茶室还是掀起了一阵风潮，其他的面包店、乳品店、烟草店、巧克力坊和淑女俱乐部也纷纷效仿。空气面包公司茶室的诞生源于伦敦桥分店，一位很有上进心的女经理突发奇想，试着把一间空闲的房间改造成公共茶室。她的计划非常奏效，公司开始在伦敦各个分店开设类似的茶室和餐厅。到1889年，空气面包公司在发给全英国境内的新分店的开业说明中就特别指出："伦敦空气面包有限公司现有50～60间店铺分别开设在市区和西区……店内生意兴旺顾客盈门，无论男女皆爱其整洁纯净，兼具舒适与便宜。"

《西南日报》在1889年4月报道了空气面包公司："这间发迹于伦敦的公司最初只有面包生意，后又将经营范围扩大到茶、咖啡等，并配以高档糕点。此举奠定了该公司在轻食点心行业中的领先地位。"但是由于竞争激烈，空气面包公司的领先地位很快就受到了其他餐饮机构的冲击：洛克哈特公司在1893年就拥有了50间咖啡馆，分布在伦敦和利物浦；紧随其后的是乳品快餐公司，以及分别在英国本土和法国巴黎地区拥有茶叶和咖啡业务的卡尔多马公司。

在茶室流行的早期阶段里，约瑟夫·利昂斯大约是最重要的一位人物。从贸易展览上经营小吃摊位开始，利昂斯进入了餐饮行业。他的第一份大订单得自当时正在伦敦奥林匹亚上演的巴纳姆贝利表演秀（19世纪著名的马戏表演）。1894年，利昂斯在皮卡迪里213号的茶室开张。以此为起点，到1895年12月，他已经将经营规模扩大到14间茶室。

对于这个快速扩张的茶室生意，《餐饮与酒店管理从业者公报》评论道："从火箭般迅速崛起的J.·利昂斯有限责任联合公司来看，餐饮行业依然具有商业活力。这位娱乐和点心承办商的崛起，不正好说明我们这个行业并未山穷水尽？"正如利昂斯公司保存的一份佚名报告所写，茶室成功的秘诀就藏在环境和价格中：

> 利昂斯茶室开业前，没有一个地方可以让母亲和孩子们清清静静地喝上一杯茶或吃上一顿午餐，且价格高得离谱。一言以蔽之，利昂斯的茶室提供了一个惠及伦敦人，后又波及其他地区消费者的优质消费环境。这里不仅有物美价廉、卫生讲究的食物，还给餐饮业带来了全新的面貌，重塑了行业的形象——粉刷成白色和金色的茶室里，雇用了穿着制服、充满魅力的女服务

员。相较于伦敦地区那些酒气冲天的小酒馆、脏兮兮的咖啡屋以及这些供应着啤酒、咖啡或茶店里衣着邋遢的男服务员和蓬头垢面的姑娘，利昂斯的茶室可谓云破日出的创举。

这些在英国本土遍地开花的茶室、茶屋和茶园，吸引着各种各样的人。他们在这里能喝到很好的茶，享用价格便宜的食物，在适合午休、午后闲谈的环境里，找到离开办公室或家宅自我放松的理想场所。顾客热衷于到茶室消费，正是因为可以从中体会到一种优雅的气息，打破原本单调乏味的生活。最重要的是，茶室为各种气质和年龄的女性提供了一个安全的消费环境。她们可以在这里喝茶吃点心，安心地放松一下。19 世纪 80 年代，伦敦的霍尔本餐厅就曾提出："为参加展会或外出购物的女士们提供安静、专有和舒适的就餐环境。在这一时期，男性可以随意去俱乐部，或者到餐馆、酒店或宴会厅就餐，女性却只能在丈夫、兄弟或父亲的陪同下外出就餐。那么她们在没有男性亲属在旁时，需要饮茶、进餐时又该怎么办呢？举止矜持尊重的女士竟然无处可去……直到茶室的出现。"

不论昼夜，总有小摊在街头巷尾贩卖茶叶和咖啡饮品。虽然只有贫苦工人会购买这些质量糟糕的饮料和食物，但这至少让他们在开始或结束一天的工作时尝到一些点心。约翰·迪普罗斯在 1877 年出版的《伦敦生活》中就曾写道："一杯热咖啡仅售 1 便士……这深棕色的混浊液体和人们印象里的饮料毫无关系……这里虽然卖茶，却也同样可疑。涂着气味刺鼻的黄油或其他动物油脂的面包和那些颜色暗沉遍布尘渣的李子蛋糕，就是这类小摊上仅有的口腹之欢。"

议会大厦的茶室和阳台茶席在当时（如今依然）是政客们聚集讨论和开展一般政治对话的重要场所。1896 年 7 月，议会大厦请来了一位新的餐饮负责人，专门管理威斯敏斯特的茶水间和相关设备。这位莫斯夫人上任后推出的茶水、奶油和饼干带来了巨大的经济回报，每周收入高达 25 英镑。《餐饮与酒店管理从业者公报》也曾记录下政客们在阳台上饮茶的活动，"这项公认的善举，尤其受到来自禁酒会员的好评。他们认为，法律的制定者应在阳光下饮茶，远比遮遮掩掩地在台面下喝威士忌要好得多。正如一位当事人所说，阳台上的茶会是政客们的

下议院茶室和露台（1890 年卡塞尔的英国历史插图）

‘最高学历’”。

骑自行车是 19 世纪晚期风靡一时的活动。1896 年 6 月，在邦德街营业的女子茶叶协会[①]在海德公园开一家分店，那里就经常有时尚的自行车骑手光顾。无论是骑自行车、乘汽车还是坐火车，当时不少家庭会一起外出到田园生活中度假，过一天远离城市尘嚣、污浊和噪声的生活。在这样的闲适生活中，野餐茶会则成为各阶层和年龄段的人的乐趣之一。1891 年 5 月 23 日的《美丽与时尚》描述了那个夏天的经典休闲场景：“人们在河边、在野餐场地中成群结队地嬉戏玩乐着。不嫌行李沉重的人甚至带着整套的网球、球拍和球网，找个适合的地方就

① 译注：女子茶叶协会是一间由两位女性创办的：雇用大量女性员工的茶叶公司。虽然名为协会但实际为商业经营体，是有限责任公司，和今天的很多茶美学生活馆很像，有茶叶零售生意、有茶室可以喝茶，但以招待女客为主。

能打上一场酣畅淋漓的比赛。同行人中，总有好静的，在一旁为大家摆好茶具，烧水备茶。那些没在自行车后座、马背或车厢里带上茶具的人，也可以在乡村茶室或茶园中喝到现泡的热茶，再吃一些店家自制的茶点，就足以补满回城时需要的体力了。”

在19世纪末流行茶室的英国主要城市中，除伦敦以外，最负盛名的就是格拉斯哥。《建筑师日志与建筑纪实》曾在1903年有过报道称：“格拉斯哥之于茶室行业，可以说是如日本东京一样的胜地，不仅有着其他城市无法比拟的物美价廉，更有无数客人在其间摩肩接踵，笑语盈门。”在当时被称为格拉斯哥“茶叶运动”的风潮中，克兰斯顿家族是当之无愧的领跑者。19世纪中期，乔治·克兰斯顿，在格拉斯哥经营着一家小型连锁无酒旅馆，并育有斯图亚特和凯瑟琳两个孩子。格拉斯哥城自19世纪20年代以来就与禁酒运动有着紧密的联系，乔治·克兰斯顿的堂兄弟罗伯特更是城中无酒旅馆的创始人。

在第一次工业革命期间，格拉斯哥是重工业和造船中心。到19世纪30年代，超过20万贫困人群生活在过度拥挤的环境中。为了解决城市人口的酗酒问题，提高公众对其危险的认知，格拉斯哥的禁酒协会和群体如雨后春笋一般迅速出现。城中许多场所禁止饮酒，茶自然成为替代酒水的首选。正是在这个大背景下，乔治那痴迷于茶的儿子，斯图尔特·克兰斯顿于1871年，在皇后街2号开设了自己的茶叶零售店。

斯图尔特不仅对他所销售的茶叶充满热情，在给顾客泡茶试样的同时，还尽力教会顾客了解不同种类的茶。1875 年，他萌生了对这项附加服务收取少量费用的主意。他组装了几套桌椅，让客人们能够舒适地坐下。客人花费 2 便士，可以喝到一杯加了糖和奶油的茶，面包和蛋糕要另外加价。他随后在阿盖尔街、布坎南街和伦菲尔德街开了类似的茶店。

斯图亚特同胞姐妹凯瑟琳随后也决定从事茶叶生意，便在堂叔伯罗伯特的资助下，于 1878 年在阿盖尔街一家无酒旅馆的一楼开办了皇冠茶室。1886 年，她在英格拉姆街 205 号增开了分店。两间茶室都以工人阶层为主要目标客户，提供简单的午餐、晚餐和下午茶。茶室的环境很是体面，比起那些招待工人们在工作日喝酒的喧闹酒馆，这里的气氛更为平静、舒适。作为一个精明、又细腻敏锐的女性商人，凯瑟琳发觉，男顾客和女顾客在消费体验中，对场所的装饰风格和设施会有不同倾向。她在英格拉姆街的茶室设置了一个大的饮茶空间，在此之外为男客开设了单独的吸烟室以及一个单独为女客准备、更小也更安静的房间。

凯瑟琳·克兰斯顿的两间茶室很快因其独特的现代设计而声名远扬。她寻访年轻的本地艺术家，请他们为茶店创作带有她自己的风格、能够鼓舞人心且创意十足的艺术品作为装饰。1888 年，她委托乔治·沃尔顿为阿盖尔街的皇冠茶室老店重新设计室内环境；凯瑟琳和查尔斯·伦尼·麦金托什的合作，则让他们成了世界闻名的人物。

1897 年，凯瑟琳开设了自己的第三间茶室，她将占据了布坎南街 91 ~ 93 号的大店面委托给沃尔顿进行室内装修和装饰设计，麦金托什则负责绘制手绘壁画。1899 年，凯瑟琳决定扩建阿盖尔街的老店；而这一次，她让麦金托什设计家具，沃尔顿负责装潢和店内的固定装置。1900 年，凯瑟琳又委托麦金托什和他的妻子艺术家玛格丽特·麦克唐纳，在英格拉姆街的茶室增设了一间女士午餐室和地下室台球室。

1903 年，麦金托什和麦克唐纳设计了新茶室从内到外的每一个元素，并在茶室的一楼设计了一间“奢华沙龙”。当地的《贝利》将这间建在索奇霍尔街的柳树茶室称为“装饰艺术的奇迹。店里那些赏心悦目的茶室、午餐室、台球室和吸烟室也各有妙处”。无论男女老少、贫富与否，这间茶室俨然已经成为格拉斯哥城中，各个阶层的人们最喜欢的聚会场所。

如果说凯瑟琳·克兰斯顿的远见和进取心使格拉斯哥因茶室而闻名全球，那么查尔斯·伦尼·麦金托什和“格拉斯哥四名家”则为这座城市积淀下蜚声国际的艺术与设计成就。这4位艺术家——麦金托什、赫伯特·麦克奈尔、玛格丽特和弗朗西斯·麦克唐纳，共同开创的艺术流派，就是鼎鼎大名的“格拉斯哥派”。他们从工艺美术运动中脱颖而出，作品大多以绵长而优雅、流畅而笔直的线条见长，兼有自由而洒脱的蜿蜒曲线；装饰有格子、几何、凯尔特风格的图案以及花瓣丰满的大朵玫瑰花样；作品中还多有展现身材高挑、黑发飘逸、唇瓣如红宝石般丰润的少女形象。“四名家”的作品性质多样，涵盖建筑、室内设计、墙板、家具、织物、屏风、陶器、刺绣、珠宝、彩色玻璃、木雕和金属制品等领域。这种有机结合的艺术手法与美国建筑师弗兰克·劳埃德·赖特的创作理念十分相似。有趣的是，在这一时期英美两国建筑师们都是受到了冈仓天心的启发，从《茶之书》中汲取灵感，达到了新的创作高度。

格拉斯哥城中，位于索奇霍尔街的柳树茶室

注：这是19世纪末，著名的格拉斯哥茶室运动中，至今仅存的茶室，保存着凯特·克兰斯顿和查尔斯·雷尼·麦金托什的遗物，也是全英学习艺术、建筑以及茶叶的学生们的朝圣之地。

茶具 Tea Wares

19 世纪的妇女运动不仅给英美地区的茶产业提供了发展的动力，也激发了茶具的创新。在整个 19 世纪，随着茶叶价格的下降，茶壶的容积逐渐增加；水壶的大小也相应有所增加，以致变得相当粗笨沉重，大部分女士都无法用它轻松优雅地将开水倒进精致的瓷壶和银茶壶中。外观时尚又具有装饰性的茶炊，自然就成为最佳替代选项，装扮了维多利亚时代的茶桌。在格洛斯特郡的德汉庄园，一份 1839 年的库存单中明确写着："男管家负责的餐具室里有 1 把铜制茶炊、茶盘和 1 个水壶。1871 年，这座茶炊以及 1 把铜制茶壶和 4 个茶盘，被放入内宅餐具室。"

由皇家伍斯特窑厂设计制作的茶杯

注：这套茶杯属于维多利亚晚期作品，其上装饰有罕见的蝴蝶型手柄——手柄灵感源自当时风靡英美两国的日本美学。茶杯采用外沿翻翘且器型较大的杯托，可见当时人们有时会把茶倒进杯托里加速冷却。虽然用茶托喝茶一度成为风俗，但这种做法很快就被抛弃，并被认作失礼的表现。

19 世纪是一个充溢着伟大创新和发明的时代，许多艺术家和工匠也在挑战创造和设计完美的茶壶。虽然基本形状保持不变，但随着时尚潮流的变化，制造商对于茶壶细节的处理还是有变化的。在这一时期的茶壶中，有从下方注水的卡多根茶壶[①]；有配着可以滑动的黄铜盖子的城堡壶；还有在中式茶壶的

① 译注：这种茶壶并非欧洲原创设计，而是参考了中国北宋时期起源的倒流壶制成的。当前馆藏外销卡多根茶壶得名于将倒流壶带入欧洲的卡多根夫人。

基础上，设计有 2 个腔室和 1 个过滤器的茶壶；以及带有泵式结构，能让女士们不拿起壶就倒出茶汤的自浇壶。一些创意甚至引起了媒体的注意。1896 年 5 月,《餐饮与酒店管理从业者公报》公布了 1 个新发明的泡茶工具，叫作泡茶勺。“它由 1 个深茶匙组成，上面布满了小孔和狭缝，用铰链连接上 1 个一模一样的勺头……使用时，茶勺里装适量的茶，将其放入 1 个装满沸水的杯子或壶中，浸泡几分钟后取出。泡茶勺极为适用于旅行，放在午餐篮里很是便携。这项发明很可能是由餐饮从业者引入茶室使用的……”

虽然自 18 世纪 90 年代开始，欧洲的陶瓷制造商已经能够制作全套的茶和早餐器具，但是直到 19 世纪后半叶，这些器具还基本只出现在富人家中。最早的成套器具包括 12 个茶碗（杯）、12 个直边咖啡杯、12 个茶杯托、1 个盛叶底的渣盂、1 个糖缸（部分有配盖）、1 个牛奶罐、盛面包和黄油的盘子以及 2 把茶壶。直到 19 世纪中期，人们才开始为三明治和点心配上小吃盘。

一般殷实人家至少会拥有 1 套茶具，富豪家庭则通常拥有好几套茶具。格洛斯特郡德汉庄园的库存单中就有大量茶具记录在册：“粉红配白色茶具套组部分、蓝金镶边属于最上等瓷茶具；茶杯及杯托 23 套，面包与黄油盘 2 个；茶具套组部分，褐金镶边；‘春之图’茶具套组部分；白茶茶具套组部分；茶具与早餐餐具套组部分，粉红镶边”。居住在柴郡塔顿庄园的艾哲顿家族拥有大量茶具，他们将这些茶具与超过 900 件玻璃器皿一同陈列在木质瓷器柜中。

贫穷家庭的茶具基本都是大杂烩，都是把能买到，或者别人馈赠的各不相同的茶具混着用而已。比如，在威尔士，正如玛丽·特里维廉的描述，“无论是住在砖房子里还是木屋里，几乎每个威尔士家庭都会在角落里放着一个橱柜……里面收藏着茶杯和杯托等各种家里的好物。人们自开始喝茶以后，就配上了茶壶，无柄的瓷质茶杯和杯托也不算稀罕”。虽然茶具已经开始普及，但当时的消费者拥有一套完整器具的愿望，还是相当普遍。这从弗洛拉·汤普森的小说中所描写的旅行货郎造访烛镇的情节中就可以看出：

整个镇子都因他而兴奋了起来……他卖的那些货物是多么划算啊！那套

装饰着饱满丰盈、正在盛放的粉色玫瑰茶具，竟然一共有21件，全都完美无瑕……令人不敢相信的事情接踵而来。质检货郎把粉红玫瑰的那套茶具端了上来，拿出一只茶杯递给大家，说："你只需将茶杯举起来，对着那道光看过去，……这可是绝好的瓷器，薄如蛋壳，光影透亮；那上面每一朵玫瑰花都是用毛笔画的。"

这套茶具被村子里一个前天才从印度当兵回来的人买了去……村民们自发去帮他把茶具搬了回家。他的准新娘现在还在外面工作，丝毫不知道那天晚上有多少人在暗暗羡慕她。

19世纪后期，英国的瓷器公司——明顿、伍斯特、德比、韦奇伍德、斯塔福德郡、切尔西以及其他公司——都开始烧造瓷质茶具和骨瓷茶具。在1818年出版的《诺桑觉寺》中，简·奥斯汀也提到了英国瓷器工业的进步：

他们一入席，凯瑟琳就注意到了那套精美的早餐茶具，也正巧是将军选出来那一套。将军被她坦率的赞许给迷住了——凯瑟琳大赞他眼光独到，选出来的茶具纯净又简洁，而且他鼓励自己的国家发展制造业的做法是正确的；而对将军来说，他本就不挑剔食物的滋味，用这套茶具泡出来的茶喝到口中，和来自用斯塔福德郡产的茶壶一样美味，和德累斯顿或西弗那边也并没两样。不过这是套器具是两年前买的，已经很旧了。将军回想起上次在城里见到的精致瓷器，发觉从那时起，国内的工艺有了很大的改进……

当时的茶杯虽有无柄杯和有柄杯两种，两者配的杯托都较深。一些时事评论员曾经建议，可以尝试把杯里的茶倒进杯托里，稍微冷却一下之后直接喝下。虽然从杯托里喝茶，在当时的人们眼中并没有不妥，但这种饮茶方式并未被那些举止优雅的人们所接纳，而工人阶级中却很常见。

事实上，关于杯托用法，在19世纪依然众说纷纭。当时曾有人这样评论："起初人们认为茶杯托是用来晾凉茶汤的，然后从茶杯中喝水成为主流的时尚饮茶方法。后来，人们的认识趋于统一，认为杯托是为了承接杯沿滴落的茶汤，喝茶时应该用杯托托住杯子，优雅地将杯子送到嘴边。”不过一些当代文献资料表明，从杯托里喝茶的习俗似乎在普通民众中又继续存在了不短的时间，在一些案例中甚至持续到20世纪。

与此同时，从杯托里饮茶的做法启发了美国人，发明了当时常见的美式茶杯——杯托套组。套组里的杯托不是用来喝茶的，一般都会放在茶杯下面，还能起到保护木质桌面不被茶杯底部水渍损伤的作用。早期的饮茶者也会用杯托配合无柄的中式茶杯使用。杯托最初是瓷制品，后改用压制玻璃制作，并在19世纪大受欢迎。成立于1825年的美国波士顿三明治玻璃厂，采用压制机械大批量生产数千种压制玻璃产品，也就是今天所说的三明治玻璃。这些玻璃杯托最后会按照客户的要求依样定制，作为婚礼、政治竞选和热门度假目的地的纪念品批量生产。

在德文郡的基勒顿庄园，阿克兰一家曾记录下19世纪50年代的饮茶生活和使用的茶具：

> 那时候的茶很是珍贵，常常被锁在桌子里。桌子里面通常有两个木质的小茶罐，一个放绿茶，一个放普通红茶；还有一两个大玻璃碗，这些器具摆放的位置巧妙且适当。那时家里女主人的衣服下面，大概在腰部的位置，会系上一个白色的口袋，里面装着锁茶的钥匙。祖母那时会忘记带钥匙，然后让贵宾犬勃朗特去取。小狗再出现时，常常拖着祖母装钥匙的口袋在餐厅里踱步，害怕狗的人们往往对此感到恐惧且紧张。每次祖父讲到这个故事时，总喜欢模仿他们惊恐的样子。

到19世纪末，随着茶叶价格的逐步下落，放在客厅里的华丽茶罐不再是家庭必需品，取而代之的是用于在厨房里存放茶叶的锡罐。

对西方贵族家庭来说，喝茶的普及也不意味着放弃了对精致茶具的追求。恰恰相反，每个上流家庭除陶瓷茶具、银质或铜制茶炊、昂贵的小茶罐和茶勺以外，还拥有精挑细选的银茶壶、糖缸、糖夹、奶油和牛奶壶、过滤器和茶匙。

茶室（弗朗西斯·东金·贝德福德于1899年创作，摘自《商铺汇编》）

开始饮茶活动之前，先要选好茶具，再由女主人选一张样式合宜的桌子摆放器具。至于如何搭配各种器具，设计师们的理念在整个19世纪推陈出新，并不会局限于某种特定的风格。《美丽与时尚》杂志在1891年登载了一系列文章，旨在让读者了解最新的茶具和茶桌流行趋势。当年8月，该杂志报道称："下午茶器具、桌子和托盘是塑造茶会风尚的重要元素……瓷器选用中式画风、匈牙利风、德累斯顿旧蓝风格，或其他设计；桌子和托盘须与茶具相匹配……旋转茶盘则是另一类特色产品了。"11月，该杂志发表的第二篇专题报道又告诉读者："装点女士客厅的下午茶桌之中，仿印度木雕风的蓝黄珐琅漆桌，做工极尽精美，可以说是最优雅的选项之一了。"12月又发报道称："马平·韦伯店铺推出圣诞特别礼物——'惊喜桌'。完全展开后，桌上配有一个托盘，用以摆放下午茶茶杯和杯托等物；折叠桌子两边的活板，器具则被隐去，不留一丝痕迹。即使有客人突然造访，家中之人也不必清理此前的杯盘痕迹。"

在风云激荡的19世纪，茶叶在西方社会中，广泛存在于社会、政治、经济嬗变的风口浪尖：在中国进行鸦片贸易、在印度殖民、东印度公司的落幕、禁酒运动开启等。随着工业时代的到来，19世纪的现代化浪潮以无可阻挡的脚步走进了人们的生活。得益于蒸汽和电力的发展，茶叶产量仍在不断增长。

然而，在波士顿和其他大都市中，拜金主义、物质主义的粗俗、急切和浅薄，让西方人越来越感受到内心的幻灭。年轻的艺术家和知识分子对这种沮丧感尤为敏感，他们开始把目光投向东方，寻找与自己的性情更协调的东西。历史学家理查德·霍夫斯塔德从美国人的角度描述了这种不安：

> 美国南北战争之后，曾经受过教育的中产阶级青年们成了在精神上被边缘化、无家可归的知识分子，一种粗野而物质化的思潮在他们之中产生。他们大多家庭富裕，很多人出身于显赫的家庭。他们出入奢华的乡村俱乐部，举止充满绅士风度，是自波士顿和康科德的昔日盛景以来，在美国本土上诞生的第一批知识贵族。贪欲泛滥的商业黑幕和那些听命于人、同流合污的政治操弄，他们都不愿涉足。他们认为钻营者可耻，弄权者可鄙；他们之中最为敏感的人也就开始以其他方式发展自己的事业。

《巨浪》(2003年)的作者克里斯托弗·本特利曾提出，是马克·吐温将这个时代命名为“镀金时代”，并用作品暗示我们，“美国人钟爱的不过是虚妄的繁

横滨郊外一家茶厂的女工们正在按照级别分拣茶叶（1896 年的日本照片）

注：19 世纪末，美国消费的茶叶中超过 40% 是日本绿茶或乌龙茶。20 世纪初的英国和美国，茶室风靡一时。一些餐馆至今仍保留着爱德华七世时期的茶主题内装，如位于康沃尔郡特鲁罗的夏洛特茶屋。

荣，和谐的、乌托邦式的黄金时代永远无法借由他们的手降临人世。他们所能期望的、最好的结果只有一层金色的饰面，沉渣滥滓就隐藏于其下”。身处其中的作家伊迪丝·华顿不失感叹地称那个时代为“纯真年代”，而她的朋友亨利·詹姆斯却称之为“尴尬时代”。

也正是在这个既天真又笨拙的镀金时代，一位名叫冈仓天心的日本男子正手持一杯清茶准备登上历史的舞台。就在他写作《茶之书》的同时，第二届“波士顿大茶会”即将举行……

位于萨里的奈尔 · 格温私房茶室餐厅（照片摄于约 1905 年）

五 20世纪英美茶事

工业时代的饮茶体验

The Mechanization of the Tea Experience

随着全球现代化进程的开启，茶叶产品在20世纪所面临的最大挑战并不是税收、政策或鸦片，而是当工业革命的热潮席卷西方社会时，加工茶叶的不再是精细的手工作业，而是被切碎、混合，送入不停旋转的机器中。随着每天数以百万计的茶包从机械化加工线上流出，茶叶变得越来越普通，价格也越来越便宜。

20世纪初，茶叶的消费量有过迅速的上升阶段，这是由相关社会运动的发展所推动的，如妇女参政、茶馆的激增和禁酒运动。在英国，茶叶从精神上支持着人们挺过两次世界大战，直到20世纪50年代依然是每个家庭和工作场所内，用餐、休息时的主要饮料。然而在美国，茶却被认为是过时和老龄化的饮品——只有老祖母们才会喝。到了20世纪60年代，英国人在外出就餐时，已经很少能喝到一杯像样的茶了，与之相伴的则是英国本土茶叶消费量的显著下降。此时的美国人已经转而饮用冰茶，其中大部分的原料是从阿根廷广阔而平坦的茶田里机械收割的。

尽管如此，全球茶产业在20世纪后期还是奏出了充满希望的响亮音符。20世纪80—90年代，社会高速发展的同时，人们比以往更加需要抚慰心灵，独具特色的拼配茶产品也就应运而生。茶叶也逐渐重新找回它作为公共饮料的特殊地位，顶级茶叶的加工艺术也成为人们津津乐道的新闻。在由星巴克引领的新时代饮品文化潮流中，随着美国人对优质热饮的追捧，即使是毫不起眼的茶包产品也得到了其自身急需的改造。随着这一个千年纪元的结束，茶叶似乎又回到了原点，但此时除了备受大众喜爱，这个产业充溢着前所未有的希望。

茶业现代化 Tea Enters Modern Times

随着女王逝世，在终结了维多利亚时代的1901年，茶已经成为英国的国民饮料。每个英国人一年要喝掉大约6磅重的茶叶。到20世纪20年代，英国买进了全世界60%的出口茶叶。在《茶叶全书》一书中，乌克斯评论道：

> 英国人的饮茶量大得惊人，不仅是美国或欧洲大陆域外人士对此惊叹，就连英国人自己也对此感到讶异。在英国社会中，每一个阶层都有自己独特的饮茶风俗和习惯……英国最近的社会变化带动了饮茶习惯的变革，在家庭用人、买手和女商人的群体中，清晨和中午饮茶的习惯广泛存在。午间饮茶活动不常见于富裕阶层中，却在工薪阶层和中下阶层中很是常见……上层阶级的下午茶是英国茶俗中最具特色、最迷人的聚会活动；对于做杂事、洗衣的女工老贝蒂而言，下午茶是她在一天中最能提神、放松的一餐。在家境富裕的人们眼中，茶歇是晚宴的前奏；于穷人们则是晚餐的延续，两者在时间上是统一的。

在英国，一切事件似乎都围绕着饮食活动发展着。在1911年以文字形式出版的J.·M.·巴里的剧作《彼得潘》中，小主角们对活动的优先顺序一直非常明确。当温迪、约翰和迈克尔飞往梦幻岛时，彼得·潘让他们选择是先去冒险还是喝茶。温迪当即决定“先喝茶”，迈克尔则握着她的手表示感激。几乎任何一本爱德华七世时期的轻小说，都有对茶会的描写。比如，乔治·德·霍恩·韦西夫人在《一屋少女》中，就以饮茶为中心设置故事场景："莫德一边往杯子里倒茶、放糖，一边语带悲伤地说着话。"几页以后作者又写，"给女孩子们准备的茶和茶点被端了出来，吉蒂倒了茶，却把牛奶洒到了桌布上，又一本正经地用盛松饼的盘子遮住了弄湿的地方。不需要别人招呼，她就自在地吃了 2 块蛋糕，喝了 3 杯茶，要不是壶里茶已经被她喝干了，她还能再来一杯"。

同一时期，美国人对茶的口味也在不断转换。随着酒店茶会和茶室在美国全境遍地开花，人们关于英式和美式饮茶方式的争论也变得越来越热烈。在有些美国茶室里，为了加快上茶的速度，人们通常会提前将一勺左右的茶叶包在纱布里，再用细绳捆扎制成茶包。在英式茶室里，人们则大多延续传统，让茶叶在茶壶中四散浸泡。关于美国人所饮之茶在质量上的争论，则贯穿了整个 20 世纪。一些固执己见的英国客人指点甚至会引发两国人的争论，正如下面寄给《纽约时报》编辑的信件所示。

> 大多数美国人并不会分辨茶叶的好坏，这是不争的事实。不问可知，这在一定程度上取决于当地干燥且刺激的气候，美国人肯定不需要像英格兰人那般了解饮茶，所以才能在饭店和庄园里随处可见那种毫无美感，用粗布包茶炖出的茶水。但凡喝过一杯英式泡法沏出的茶，谁还会把那种淡薄又怪异的汁液喝到嘴里。
>
> ——艾格尼丝·米勒，1929 年 11 月 21 日
>
> 针对 P.·J.·B.·瑞安在理论上质疑我对纽约地区用粗布茶包泡茶的厌恶的来信，我在此重申：用粗布包茶冲泡是绝不可行的。首先，这样泡茶得到的茶汤不够浓郁；其次，你也只喝过这种茶；另外，请他务必知道，我们不会如此粗暴地对待茶叶，而是会用各种勺子。我所认识的美国人中，仅有一位爱尔兰女士能沏上一杯像样的茶。那还是我教她的。
>
> ——H.·格林沃德，1929 年 11 月 22 日

就这样，茶再一次成了当时争论的焦点。幸运的是，相比150年前波士顿港的狂风暴雨，这次茶壶里酿出的激荡要轻松惬意得多。

1914年，在欧洲大陆爆发大战时，英国政府尚未意识到茶叶对民众的重要性，也就不愿对茶叶的供销进行控制。此时，英国人对采购所需物品的担忧，伴随着德国U型潜艇攻击英国补给船的消息悄然弥漫。人们开始在商店门口大排长龙，物价不可避免地随之上涨。一名威尔士妇女在排队领取食物时晕倒，当时她正随身带着重达7磅的茶叶。1918年，英国政府在全国范围内引入定量配给政策，对糖、人造奶油和黄油等食品进行管控。在第一次世界大战期间，茶叶从未被列入配给名录。

美国加入第一次世界大战之后，经苏伊士运河运茶入境的贸易路线迫于敌方封锁和潜艇攻击，不得不改由日本和其他太平洋沿岸港口运抵美国本土。因此，来自荷属东印度群岛，特别是爪哇和苏门答腊岛的茶叶随之大量涌入美国市场。

1917年12月的《好管家》杂志发表了一篇社论，号召美国成立一支“伙头军”。文中将妇女的家务工作描述为行军打仗的一部分，呼吁所有妇女投身其中，厉行节俭，并邀请读者签署一份节约粮食的承诺。尽管如此，美国的食品和茶叶都没有实行定量供应，茶叶的进口量继续创下历史新高。

1939年，第二次世界大战爆发。英国政府在预测到国内主要城市即将遭受大规模空袭之时，为鼓舞人心士气，以“保持冷静，继续前行”为主题制作了宣传海报。此时，没有什么比无处不在的英国茶更能体现英国公民沉着冷静的决心了。

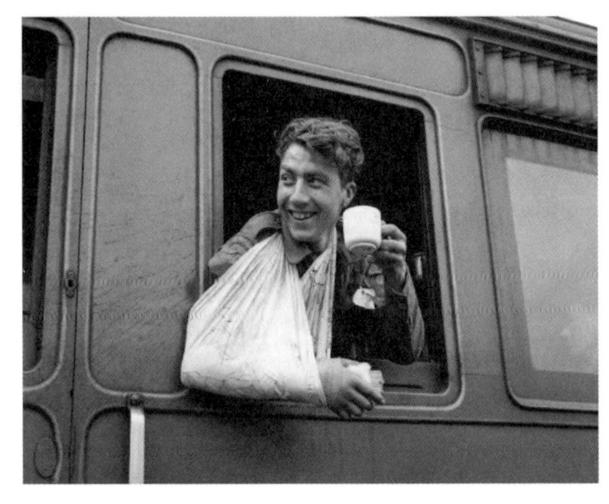
从诺曼底撤离的医院列车上，一位伤兵正在愉快地喝茶（摄于 1944 年 6 月 7 日）

温斯顿·丘吉尔在 1942 年声称，茶叶比弹药更重要；历史学家 A.·汤普逊也写道："他们总说希特勒有秘密武器，英国也有秘密武器，那就是茶叶。它支撑着我们的信念，引领着我们走过风雨。它在陆军、海军和妇女协会的集体中，将人们凝聚在一起。"在德国对英国发动的闪电战中，人们因为轰炸不得不逃出家门，藏身于防空洞和伦敦地铁站台中。此时，依然有人推着流动茶车在街上奔走，为任何有需求的人提供茶水。

利昂斯的茶店茶室最初会在警示敌机接近空袭的警报中，关门避险，但一段时间以后，顾客和工作人员都对这一规定产生了反感，开始在警报中平静地继续喝茶，直到"情况危急"的警报信号解除。

第二次世界大战开始时，美国人暂时放下了他们对绿茶的喜爱。因为从爪哇和苏门答腊岛到太平洋的贸易路线被切断，美国茶商只能转而从英属印度和斯里兰卡进口茶叶，大众对茶叶的偏好也随之由绿茶转为红茶。由于德国潜艇给苏伊士运河和大西洋的海运造成了严重的破坏，印度茶叶贸易路线也随之受创。1940 年 7 月，英国开始实行定量供应茶叶的政策，这一严格的控制措施造成了严重影响。利昂斯的茶室立即从第二次世界大战前的每磅茶叶冲泡 85 杯茶水，下降为每磅冲泡 100 杯。全国 5 岁以上的孩子和成人的茶叶配额为每周每人 2 盎司，70 岁以上增加到 3 盎司。从事重要工作的人还有额外的茶叶补贴。例如，在海军舰艇上，官兵和水手们的茶水配给是随取随饮：这来自时任海军大臣丘吉尔的命令，对海军作战单位发放茶叶不受限制。联合战争组织、英国红十字会和圣约翰会还曾在 1945 年 5 月，联合向战俘发放逾 2000 万份的食物配给，里面包括可可粉、1 块巧克力、加工干酪、炼乳、干鸡蛋、1 罐沙丁鱼和一块肥皂，还有 0.25 磅的茶叶。

不仅是茶叶本身，饮茶所需的其他配料在第二次世界大战期间也是定量配给的，人们必须谨慎而节俭地使用。例如，1940 年 7 月《家庭谈话》杂志中提倡女士们的手包中应该带有两个罐子，“周末外出，如赴约去‘下午茶’之时，珍贵的黄油和糖必须放在手提包里。为了方便携带，我们找到了一对精致的镀银器具，价值 5 先令 5 便士的糖罐和 9 先令 9 便士的玻璃内衬黄油碟”。该杂志在另一期中，还传授读者利用残茶的小窍门：“你知道如何把那些曾经浪费掉的残茶、茶渣变废为宝吗？有没有试过用冷茶来给棕色地板上的划痕补色？请不要说你从来没有喝过放凉的残茶！尽管有配给制度，你的茶壶里总还会有一些剩茶能加以利用……比如，用海绵蘸取滤过的冷红茶，擦拭你的黑色丝绸连衣裙以后挂起来晾干，就可以省下清洁的费用。用同样的方法还可以去除黑色或藏青色裙子上的油渍……最后，沾了泥的黑色皮鞋还能用绞过冷茶的擦鞋布去擦，很快就会恢复到原来的整洁光亮。”如此看来，当真是一滴茶汤也不会浪费掉。

痴迷于茶的英国著名剧作家，诺埃尔·考沃德还曾在第二次世界大战期间召开茶会，为不同国家和阶级搭设沟通的桥梁。他在英国特勤处工作时，曾在自己白金汉宫周边的住宅为美国士兵组织茶会，尝试借此为英国获得美国的支持。以机智和多疑著称的考沃德在这些茶会中，化身一位亲切而细心的主人，刻意和每个士兵交谈。虽然茶会并不能算作美国人日常社交生活中普遍存在的活动形式，但士兵们愿意为考沃德破例。一名士兵说：“我从没想过要去参加茶会，但如果是由诺埃尔·考沃德主办的，倒是可以冒险一试。”

在20世纪开始的几年里，英国和美国的茶叶供应源头发生了根本性的变化。1850年以前，运到伦敦码头的茶叶几乎全部都来自中国；到了20世纪初，伦敦55%的茶叶来自印度，30%来自锡兰，约7.5%来自印度尼西亚，只有7.5%左右来自中国。美国则随着消费者的偏好，市场上的茶叶以日本、荷属东印度群岛绿茶及印度和斯里兰卡红茶为主，中国茶的市场占比也越来越少。

19世纪末以来，茶税依然包含在英国消费者所承担的茶叶价格中。但随着英国和南非之间爆发了第二次布尔战争，出于筹措资金的需要，英政府将茶税税率从每磅茶叶2便士增加到4便士，在1904年又将税额提升了2便士。但事实证明，总计高达6便士的税收额度，已经超过了茶叶贸易的承受上限。商人们紧随其后成立了反税联盟向政客施压，削减茶税。他们通过巧妙而机智的宣传海报，向政府方面提出抗议，终于在1905年消除了此前一年增加的2便士茶税，并在1906年进一步恢复到布尔战争开始之前的税率。但第一次世界大战爆发后，茶税便被恢复。茶叶关税改革者的领袖威廉·海文斯曾非常清楚地表达当时茶商的感受，他说："除了能带来大量资金，茶叶关税的存在并没有任何正当缘由。除了买茶叶，没有家庭主妇会愿意拿出那么多钱来消费。这是唯一一种从工人阶级中赚取高额利润的方式……茶税也就高得离谱。"

与此同时，英国人对滋味浓、汤色艳的茶叶的偏爱，促进了红茶产销渠道的开拓。20世纪20年代中期，为满足消费者的需求，英国殖民者在东非部分地区建立起茶园。他们首先在纳塔尔，然后是尼亚萨兰（今非洲马拉维），最终踏足肯尼亚。如今，超过 50% 的英国茶叶产自肯尼亚。

运抵英国的茶叶仍旧需要在伦敦码头卸货，并储存在泰晤士河两岸靠近塔桥区的保税仓库中。人们从箱子里取出茶样，寄给不同的经纪人去品尝和评价，然后通过每周的伦敦茶叶拍卖活动销售出去。拍卖结束以后，茶叶就会被从仓库运出，发给全国各地商家。其中，有直接开箱卖茶的零售商，也有拼配商和包装商[①]。后两类茶商都会推出具有独家配方的拼配茶，然后通过杂货店、上门推销和其他零售商铺，销售包装成 4 盎司、8 盎司和 1 磅的茶叶产品。

20 世纪初期的茶叶价格大约为每磅 2 先令，这对大多数人来说，完全可以负担得起。基于迅速增长的销量和忠实的客户，经营茶叶给不少人带来了财富和声望。在约翰·高尔斯华绥的系列小说《福尔赛世家》中，1906 年出版的第一部《有财产的人》就精妙地展现了茶叶生意在主人公家族财富中的一席之地："伦敦城中最精准的味蕾——福尔赛！就某种意义而言，敏锐的味觉甚至可以缔造商业帝国，知名茶人如福尔赛和特雷弗的财富就发源于与众不同、香味沁人的茶叶。他们依托感官的敏锐，创造出独特而迷人的产品。在福尔赛和特雷弗里家族的城中住地之上，似乎都弥散着某种进取又神秘的气氛。那些不一般的东方伙伴给他们带来特别的茶叶，用特殊的船只运到指定的港口，达成了独一无二的订单。"

在现实生活中，这一时期的茶商确实赚取了巨额财富。1919 年，托马斯·立顿在新泽西州的霍博肯建立了一家新的茶厂，提升了他在美国的影响力。随着财富的不断增长，立顿开始与英王爱德华七世有所交际，并且依然毫无保留地向自己的航海爱好投入精力。

巧妙的营销手段和广告也开始成为生意的重要组成部分。基于当时有些公司欺骗消费者的手段——把包装的重量算进每包散茶的总净重中，来暗中提高茶叶价格；茶叶公司布鲁克·邦德用"无纸净重"的口号来凸显自家产品的特点。随着 1929 年席卷全球的经济大萧条到来，在 20 世纪 30 年代初的苦难与贫困中，

① 译注：packers，原文直译为包装商，常见于外贸行业的术语，看似经营内容近似于中国的品牌商，但前述的拼配商也会推出独立品牌，似乎业务也有重合，所以暂时译作包装商。

该公司为占领更多的市场，于1935年推出了价廉物美的“福利茶”。这是一种小包装的拼配茶，附带有能让消费者积存粘贴在卡片上的福利券，集满以后可以用于兑换赠品。泰福公司也给积攒印花的消费者提供了类似兑换系统，赠品包括笔和小刀、门垫、托盘、艺术挂历、网球拍和茶盘。同期的美国茶叶公司也设立有类似的促销计划，如泛大西洋与太平洋茶叶公司等。

伦敦蓝十字茶叶公司的宣传广告

注：在20世纪，小包装茶叶开始流行起来。茶叶包装上，如图中所示的伦敦蓝十字茶叶公司，为方便消费者购买饮用茶叶，就曾经制造这样的小包装产品。

另外，茶叶的健康功能在广告信息中也变得更加重要。今天布鲁克·邦德公司著名的PG Tips就曾以消食茶为名，强调其有助于消化的保健效用。泰福公司则发表声明，从健康角度建议消费者饮用“助消化、少单宁酸，取自精致纯净的叶尖，唯一真材实料的正宗芽尖茶”。关于单宁酸有损健康的内容，也会被做成传单，塞进茶叶包装里。因为它的药用价值，泰福芽茶最初是通过药店销售出去的。

第二次世界大战结束后，英国的物资配给制一直持续到1952年，当时供应的茶叶总体质量低下。政府的茶叶管制制度一解除，大型公司就开始接管市场。其中，布鲁克·邦德、茶叶合作社、泰福和利昂斯·泰特利四大品牌逐渐成为行业巨头，川宁、哈罗盖特泰勒公司和马修·阿尔吉这样的小公司也尚有一席之地。一个名为切尔西惠特德茶叶公司的出现，改变了茶叶分销和零售的方式，并在20世纪80年代成为一个专业品牌。

如今，英国茶叶市场份额的争夺战主要在几位巨头之间展开，他们纷纷在公

哈罗盖特泰勒公司的前台

注：1886 年，查尔斯 · 泰勒在约克郡创立了哈罗盖特泰勒公司。他凭借给一家伦敦茶叶公司担任北方代理商时积累的丰富经验，最终开办了一家名为“售货亭”的连锁茶店，顾客可以在配套咖啡厅里喝茶见面。直到第二次世界大战爆发前，这些咖啡厅大都经营得不错。最终，泰勒在温泉小镇哈罗盖特开设了帝国咖啡馆，供应着来自世界各地具有异国情调的茶叶，现场还配有弦乐四重奏供人欣赏。第二次世界大战爆发以后，大型咖啡馆的营业变得越来越困难。20 世纪 60 年代，泰勒被当地的竞争对手——贝蒂咖啡茶室收购。

共交通系统、店面和建筑物上投放广告，当然还有电视渠道。其中，最出名的要数布鲁克·邦德公司制作的广告——著名的“黑猩猩茶会”。这是因为自从伦敦动物园开始组织茶会吸引年轻游客以来，黑猩猩就一直和茶这种饮料联系在一起。在布鲁克·邦德的电视广告中，他们聘请了著名的英国喜剧和戏剧演员如彼得·塞勒斯和鲍勃·蒙霍斯，为猴子演员们配音，以增加广告的吸引力。

许多成立于19世纪的美国茶叶公司巨头，在21世纪都有了长足的发展。其中，两家巨头是珍宝茶叶公司和泛大西洋与太平洋茶叶公司。

1899年，珍宝茶叶公司在芝加哥郊区开业，公司很快就启动了一项新的销售计划：用刚刚发明的“汽车”将茶叶和杂货直接送到消费者手中。这项计划运行到1915年时，该公司已经开辟了850条货运专线，积累了约50万客户。截至1934年，珍宝茶叶公司的货运专线增加到了1417条，为芝加哥地区近100万户家和87家零售店提供服务。该公司后来改名为珍宝—欧仕可百货公司，并一直延续到今天。

1903年，泛大西洋与太平洋茶叶公司协助成立了美国国家茶叶协会，协会的成员多是茶叶包装商，旨在促进茶叶消费。但是随着商业竞争的加剧，面对来自立顿公司的竞争，泛大西洋和太平洋公司不再以茶叶生意为主体，转而专注于食品杂货生意。到了1908年，企业名也简化为泛大西洋与太平洋公司，这也是常用的A&P缩写的由来。

下午茶

到1930年，泛大西洋和太平洋公司在全美经营着1.6万家商店，并在1937年推出了《妇女节》杂志；据估算，这一年美国境内消费的茶叶，每6磅中就有1磅来自泛大西洋和太平洋公司。然而，传统的小型食品杂货企业如夫妻店的业主们，对这个行业巨头却是怨声载道。1944年，以小企业为主要客户的大批发商们联合发力，在政府检察官的代表下对泛大西洋和太平洋公司提起诉讼。后经法官裁定，认为在不加以制止的情况下，该公司可能会成长为一家垄断企业。这一判决成为泛大西洋和太平洋公司的命运转折点，在接下来的几十年里，公司经营的连锁商店急剧减少，截至2012年，仅剩下310家零售商。

随着商业罐装食品的出现，食品杂货行业的品牌意识愈加增强。以玉米罐头、番茄罐头和豌豆罐头闻名的白玫瑰，正是美国人民最熟悉的食品品牌之一。自1901年开始，白玫瑰的老板约瑟夫和西格尔·西蒙兄弟从斯里兰卡进口茶叶，并用他们最为著名的白玫瑰罐头包装起来出售。兄弟二人利用一切可能的宣传手段，从色彩鲜艳的传单到雇用年轻靓丽的女孩，分发免费的罐装茶叶，将白玫瑰茶叶打造成家喻户晓的著名品牌。白玫瑰公司还是最早接受现代茶包泡茶方式的包装商之一。他们旗下的纱网茶包在美国人民之中很受欢迎，一个茶包正好能泡一杯茶。这些被称为茶丸的包装形式，正是现代茶包的前身。20世纪初期的美国家庭主妇，会按月购买白玫瑰茶丸。这些茶丸分装在1.5磅重的罐子里，以便储藏；而同一时期的英国饮茶者则对这种便利的发明毫无兴趣。

1946年，一段偶然发生在厨房里的对话，催生出了一个极具标志性的美国茶叶品牌。大卫·比格罗在《爱茶的母亲》一书中，回忆了母亲露丝·比格罗在他小时候讲起的喝茶趣事：“她记得有一种混合茶，曾经流行于殖民时期的南方地区。最初的配方是把茶、橙皮和甜味香料混合起来泡饮。母亲觉得这个搭配很不错，便决定试着改进配方。经过几个星期的实验，母亲调配出了一种让她和许多朋友都爱不释手的混合茶。

露丝和大卫·比格罗母子二人

注：1946年，他们在曼哈顿的厨房里，创造出康适茶。这款茶一跃成为美国混合茶的代表产品。

在一次社交活动中，她的一个朋友称赞这款茶‘露丝，人们一定会对你这款茶赞不绝口的。’母亲听了这句话以后，灵光乍现般地想到了康适茶这个名字。它不仅恰到好处地暗示了她的茶很受欢迎，又表明这款茶能得到大家的注意和赞许。”露丝·比格罗的想法完全正确，康适茶上市以后立刻引起了热烈的反响。就这样，著名的 R.·C.·比格罗茶叶公司在露丝·毕格罗位于纽约市曼哈顿区的厨房里诞生了。如今，它已经成长为仅次于立顿的美国第二大茶叶包装商。

立顿工厂的包装车间（1919 年拍摄）

注：随着欧美两地茶叶销售量的增长，托马斯·立顿将他的美国茶叶包装业务转移到新泽西州霍博肯的一家工厂中；这间立顿工厂的机械化程度相当之高，满足了立顿公司日益增长的生产需求。

自 20 世纪初起，茶具已经成为绝大多数英国家庭的必备器具，由茶杯和杯托、糖缸、牛奶盅、茶壶、小碟子以及用来放置蛋糕、面包和黄油的托盘组成；

有的茶具套组还会备有松饼盘（一个配有圆顶盖的盘子，底部设计有盛装热水的封闭隔间。这样的设计可以让黄油酥饼和松饼借由下层的热水保持温热）。家庭茶具的套数和质量取决于主人的社会地位和财富。

正如莱斯利・刘易斯在《1912—1939 年的乡居生活》一书中所描述的，“那时她生活在埃塞克斯的祖父母就拥有着各种样式的茶具：时兴的桌布配色从纯白色变成了米色，素简的刺绣被保留了下来；此后又流行起带有彩色条纹的粗亚麻布。家里有一个黄铜三脚架，架子上有一个配了盖的新艺术主义风格的托盘，盖纽上装饰着一粒异形珍珠；冬天的时候架子会放在火炉旁，托盘里备着热司康饼、小面包、酥皮面包、热黄油吐司或凤尾鱼吐司。还有一套能够折叠收纳的木制糕点三层架，那 3 个用木棍串起来的盘子上，一般会放上空盘子和饼干。喝茶的桌上通常会有一盘薄切的黄油面包、一罐缇树果酱，有时还有三明治。镀金套绿色镶边的白色茶具在家中用了许多年……后来又有了一套精美的罗金汉瓷器具——一份银婚纪念礼物，主体是深粉色，装饰有白色和金色的格子图案，但这套茶具太易碎。它的结局自然也带着悲剧的色彩，取而代之的是一套结实耐用的黄色镶边韦奇伍德瓷器。椭圆形的桃花心木托盘，中间嵌着贝壳，黄铜的把手就放在母亲的跟前。托盘上放有一把仿格鲁吉亚早期形制的银茶壶、爱尔兰风格银糖缸和带着小足的牛奶盅、饮茶时配套的瓷质废水盂以及将要奉给客人品茶用的杯子和杯托。用来烧热水的是一把仿 18 世纪风格的维多利亚式银制大水壶，由于长时间的使用和摩挲，水壶表面已经变得古朴雅润。”

在 20 世纪 30 年代再版的《比顿夫人的烹饪秘诀》中，特意指出：“‘在家喝茶’多用小桌，仆人奉茶时，首先要放一杯在女主人手边，通常也是由她向其余人分发茶水。一切准备工作就绪之后，负责送上器具的一个或数个仆人，便要退离房间，参加聚会的绅士们则要在一旁耐心等候。”

和维多利亚时代一样，20 世纪的客厅茶会依然主要在矮桌上举行。作为当时的典型刊物，1926 年的《妇女与家庭》杂志中就有一幅插图，描绘了“高度适于安乐椅或沙发的，印度式黄铜矮桌”。此外，用藤编、纸塑和纸绳工艺做成的木质矮桌也时有出现。

1906 年版《家务管理》的插画

注：伊莎贝拉·比顿被认为是维多利亚时代有关家庭和烹饪著述的集大成者。她所著的《家务管理》一书首印于 1861 年，此后成为近一个世纪以来每位年轻主妇的必读书籍。该图展示了当时典型的美式茶桌，上面摆放有一把用酒精炉加热的小型茶炊。

比顿太太还提出："茶具通常需要放在银托盘上，盛装热水的小银壶或者瓷壶则要单独放在底座上，茶杯也要选择小的。在邀请了较多客人或者安排了音乐及其他表演的特殊场合中，茶水就不能像在家的会客室里那样奉出，而应在午后休憩或者客人中途转场去享用茶点时，以自助餐的形式摆放在餐厅中，以便客人拿取"。

20 世纪的 100 年中，英美两地的银匠们生产过各种各样的茶具：刻有茶叶公司名称的手柄和勺头，状如小铲子的茶勺、糖夹和糖勺，盒装成套的茶点刀和茶匙，蛋糕夹和用于盛装美味糕点和法式蛋糕的碟子；也有专门为给新鲜出炉的松饼、黄油吐司、酥饼

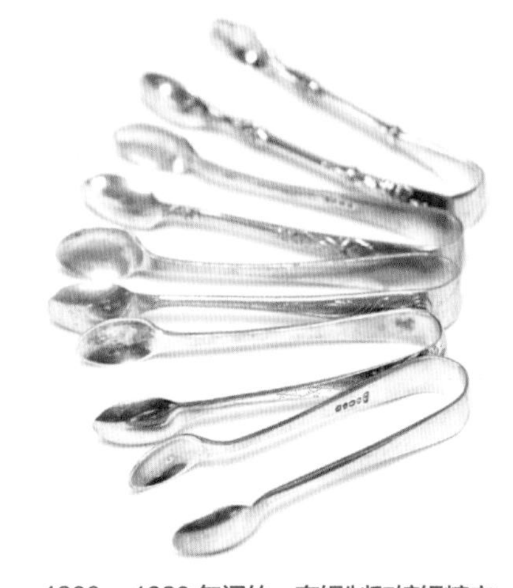

1900—1920 年间的一套银制和镀银糖夹

和佐茶蛋糕保温而设计的带盖碟子。无论是否配有专门的托架，这一时期的茶滤随着茶包逐渐占领市场，开始从茶桌上失去踪迹。用来摆放收纳银茶壶及其配套的热水壶，糖缸和牛奶盅的银盘则仍在生产。

一如饮茶活动初见于英美两地时，20世纪的发明家依然对创制新型茶壶抱有兴趣。在20世纪初期，就出现了各种奇妙与怪异并存的新式茶壶。例如，1903年发明的“芬顿专利”银茶壶，配有装茶叶的内胆，茶汤沏好就可以将之提出来；1905年发明的“简而美”茶壶，在茶汤沏好后，将把手向后倾斜，就可以做到茶水分离；诞生于1916年的立方体茶壶则是专为在远洋客轮上泡茶而设计的；1930年，利昂斯公司为自家的茶店设计出能够更快出汤的双嘴茶壶。除此以外，陶质茶壶、内衬金属的茶壶套、防滴漏壶流、金属壶流和自锁壶盖也逐一问世。商人们甚至创出了可叠放茶壶、野餐用铝壶（此类材料并不推荐用于制作茶壶）、玻璃茶壶、电热茶壶（最早发明于1909年）、内置滤网的单人茶壶以及包括房屋、汽车、动物、房间内景、家具、政客和流行明星形象在内的各种新奇造型的茶壶。总而言之，茶壶的传统造型艺术在20世纪中被不断突破、拓展，甚至出现过难以名状的特例。

幸运与缺憾茶壶

注：20世纪80年代，英国的幸运与缺憾陶艺师公司创造了许多漫画造型的茶壶，其中包括以撒切尔夫人和罗纳德·里根等政治人物的漫画形象为题的作品。本图正是以里根总统为题，由俄亥俄州霍尔陶瓷公司在美国生产制造的。

受到了新艺术主义运动中维也纳分离主义流派的影响，明顿陶瓷公司创制的“分离主义者瓷器”以造型高大，绘饰图案色彩鲜艳、线条自由流畅著称。北爱尔兰的贝尔里克瓷厂曾制造出精美异常，以贝壳、珊瑚和海胆为造型的薄纸瓷壶。皇家道尔顿瓷厂在1907年，以贝类为设计灵感，创制出贝壳型盐釉陶壶。

在这一时期，为儿童设计制造新奇的茶壶和茶具套组，也是许多英国陶瓷商关注的领域。韦奇伍德公司根据波特小姐的故事，设计出的兔子瓷器系列直到今天都非常受欢迎。德文郡陶瓷厂以摇篮曲《单纯的西蒙》为题，设计出著名的“单纯的西蒙茶壶”。其中，主人公西蒙那个上翘的鼻子正好被塑造成壶流，用以倒出茶汤。斯塔福德郡陶瓷厂设计的“住在鞋壶里的老太太”型茶壶，同样能给孩子们在喝茶时带来乐趣。雪莱公司以梅宝·露西·阿特威尔为设计主题；贝斯威克陶瓷公司以米老鼠和唐老鸭并排骑双人自行车画面为图案，结合查尔斯·狄更斯小说中的人物造型，生产出一系列趣味十足的茶壶。科尔克劳夫瓷器有限公司则以大象为造型主体，并让当时著名的印度男演员萨布作为大象骑士坐于其上，设计出一把可爱的茶壶。沙德勒也烧制过“穿蓬蓬裙的女士”系列主题茶壶。据传，英王乔治五世的玛丽皇后[①]也拥有一把。

产于1910年的一副镀银茶滤

到20世纪末，带有内置茶囊的茶壶越来越常见。对于饮茶的行家们而言，这样的茶具更加有利于茶水分离，以便在泡茶时控制浓度。此时的爱茶人逐渐开始明白，如果将茶浸在热水里太久，茶汤就会变得过于浓强且苦涩。同时，经过长期的选用，少数几家公司生产出的陶质、铁器、瓷质、土陶质地、骨瓷和相对出现较晚却很快受到青睐的玻璃质地茶壶，则尤为爱茶人所偏爱。另外，对于不需要泡一整壶茶的人而言，也有不少可以让他们方便喝到一杯现泡散茶的器具，

① 译注：原文为Queen Mary，结合上下文，这里应该指的是生活在19—20世纪的玛丽皇后，而不是荷兰的玛丽女王。

如内置了茶囊且带有盖子的马克杯。

除茶壶的造型、质地以外，为了让泡好的茶汤尽可能地保持温热，英国人还发明了茶壶套。尽管已知最早的茶壶套出现在 18 世纪，但直到 20 世纪，才随着主妇们开始自己动手编织[①]，在饮茶器具中获得一席之地。手工艺者的加入带来了新的造型和装饰方法，创造出既实用又美丽的茶壶套。1940 年的《家庭漫谈》杂志就刊登过茶壶套的编织图案，并附文称："依照近日的局势来看，要为每个迟来的人提供现泡的热茶已经绝无可能，那么给茶壶配上毛套就是战争时期的必要选择。图中这件以钩针织就、手工精巧的茶壶套，实用之余还十分美观。"

20 世纪末，传统茶会所需的优雅器具（如茶壶、茶壶套、绣花桌布、茶点小刀、甜点叉和茶会餐巾）都被束之高阁，或者卖进了古董市场。与运用现代化的方法在马克杯、水杯中冲泡茶包相比，传统英式茶具似乎已经带着一抹悲伤，失去了立足之地。与此同时，曾经繁盛的英国陶瓷产业开始外包给中国，斯塔福德郡的陶瓷制造商也逐渐退出了市场。那些停止了转动的制陶转盘，安静地见证着那往日的辉煌。

茶包的崛起 The Teabag

20 世纪前 1/3 的时间里，美国的酒店和茶室都会自制便于冲泡、清理的茶丸：取一匙茶叶，放在便宜的薄纱袋里，用棉线绑紧以后留一截线绳在外。茶商们很快就发现了这个方便、易推广的泡茶诀窍。截至 20 世纪 30 年代，已经有 10 多

① 译注：茶壶套多用毛线织成，由茶壶的女主人制作。

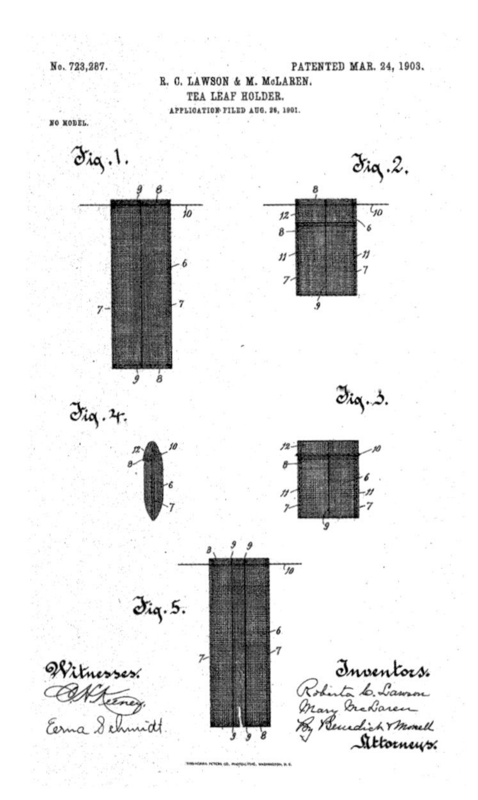

网孔茶囊的美国专利图样（由两位威斯康星州妇女发明，绘于1903年）

个美国茶叶包装商给加工厂里配备了巨型袋装机；24小时不停地旋转，每台机器每天可生产的茶丸多达1.8万个。很快，这种“一次一杯茶”的奇景就遍布美国家庭的厨房，商店货架上散装的干茶开始退出历史的舞台。

现代茶包的前身可以追溯到1897年，当时就有美国人为一种带有网孔的泡茶器具申请了专利。4年后，来自威斯康星州密尔沃基的罗伯塔·劳森和玛丽·麦克拉伦于1901年为带网孔的布料质地茶囊申请了专利。此后，同类的其他设计就如雨后春笋般地涌现出来。

20世纪20年代，基于美国整体机械制造技术的长足进步，人们制造出了能够生产、打包纱布式茶包的机械。茶包使用的材料从布料转变为强度足够的滤纸，这种纸质材料不但强韧且重量很小，不会影响茶叶内的有效内含物质的溶出，很好地保留了茶汤的颜色和滋味。那时，大多数美国公司生产的是单囊茶包，一般会有两个规格：小号茶包里面装的茶叶大约能泡一杯茶汤，大号则是两倍茶汤。与此同时，20世纪20年代的德国则拥有新发明的康斯坦塔茶包生产机，能够生产出胶合纸质地的双囊茶包，并由德国缇喀纳股份有限公司代理销售。但消费者并不喜欢这种会影响茶汤滋味的胶水。正因如此，在茶包的下一个发展阶段中，20世纪40年代的茶包制造商不约而同地将技术目标定为，生产出不用胶水或订书钉固定的可折叠双囊茶包。

最初获得专利的茶包在进入机械化生产时，只能以颗粒很小的碎茶填充。早期的碎茶如断碎、茶末、碎末等级的茶，都是由卷曲的完整茶叶破碎处理而来。但从事茶叶生产的人们发现，依照如此方法制作的碎茶产量，并不能满足袋泡茶不断增长的市场需求。因此，一种专门为袋泡茶生产碎茶的新工艺应运而生。切断、扯碎和打卷（cut，tear，curl，CTC）红碎茶的生产技术很快被引入茶叶生产体系。20世纪30年代，印度阿萨姆邦的诸多茶园，开始安装并应用上第一批CTC红碎茶机器。用这些机器生产出的红碎茶在冲泡时，不仅浸出效率很高，得到的茶汤颜色红艳浓重，非常适合加入牛奶调饮。

直到今天仍旧是阿萨姆邦最大的茶叶生产商的阿萨姆公司，早在1931年就订购了两台CTC机器；1932年，公司又加购了4台，并维持到20世纪50年代，才又将CTC红碎茶的生产扩大到其他茶园中，同时也增添了数台CTC机器以供生产。随着更多茶园开始引入CTC红碎茶的技术，1956年底传统的（全叶）茶只占阿萨姆公司产品总额的43%。如今，依据全球红茶价格和客户需求，阿萨姆公司和其他当地茶企完全可以在CTC红碎茶和传统的（全叶）茶叶之间来回切换生产技术。

继亚洲之后发展起来的东非地区茶产业中，大多数茶园的产品定位都是适配茶包生产的CTC红碎茶。因此，在肯尼亚、马拉维、乌干达、卢旺达、布隆迪和坦桑尼亚的茶园中，CTC红碎茶产品的比重要远远大于全叶茶。

虽然北美地区的饮茶者从20世纪20—30年代便开始使用茶包，但直到1952年立顿公司为其立体构型的“速泡”（flo-thru）茶包申请专利后，茶包才被引入英国。泰特利公司的英方代表曾于1939年前往美国，并将茶包的概念带回英国，但消费者却对此缺乏兴趣。直到1953年，泰特利公司才真正推出自家的茶包产品。1968年，茶包的消费只占全英国茶叶消费总量的3%，这一比例在1971年上升到12.5%，尚不足以带来大的改变。但是到了20世纪末，袋泡茶在英国的消费量约占茶叶消费总量的96%。

1989年，在被J.·莱昂斯收购后，泰特利公司推出了号称能够泡出全部风味的、著名的圆形茶包。爱茶的人们显然更喜欢外表简约的圆形茶包。相比长方形或方形的茶包，圆形沉入杯底的形态更加可人。泰特利公司茶包的销量，也因此迅速增长了1/3。1996年，布鲁克·邦德公司的PG Tips茶叶品牌推出的金字塔茶包，再一次掀起了袋泡茶市场的波澜。他们宣称金字塔茶包（仅购买这一项专利就超过花费了1600万英镑）能将茶叶冲泡空间扩大50%，就像用茶匙把茶叶投进茶壶里冲泡一样。位于伦敦的帝国理工学院经过测试证实，三角体结构的金字塔茶包的确是最好的选择。40秒的冲泡时间过后，圆形和方形茶包的浸出率只有75%，而金字塔茶包的浸出率则高达87%。布鲁克·邦德公司随后发表声明表示："可见，这种茶包就如同微型的茶壶，能够泡出一杯最好的茶汤，展现PG茶的鲜爽滋味。"

然而茶包的大量使用，让饮茶者再也看不见、摸不着、闻不到茶叶的本味，好像他们与茶包里的茶叶毫无关联。当这些消费品被预先包装好以备随时使用时，消费者与产品的直接联系也被慢慢抹去，对产地和产品源头的认知也大大降低。即使没有过错，在成为超市货架上的某种商品以后，茶也会不可避免地失去了它的浪漫和魅力。

英国工薪阶层之茶 Tea for British Workers

在20世纪开始时，茶就已经成了工人阶级的饮料。尽管在地区间有差异，例如，伦敦工人多偏好喝咖啡，格拉斯哥和利物浦的工人则偏好饮茶；但就整个英国，饮茶还是占据了主导地位的。1974年，贝弗利·尼科尔斯在他的著作《厨房水槽奇遇记》中就提到，喝茶并不仅仅是上流社会的特权。在描述格雷维尔夫人在萨里郡的乡村豪宅波莱斯顿莱西庄园里举行的豪华茶会时，他写道："尽管波尔斯登和议会大厦的茶会在社会意义和历史内含上存在着差距，但这两个活动还是有且仅有一个重要的共同点，那就是茶本身。它温热可口、芬芳馥郁，给人以奇妙而隐晦的安慰。"

歌曲《为茶停驻》的宣传照片

注：20世纪上半叶，当英国工人享受茶歇时，所有的工作都会为之停下。歌曲《为茶停驻》最初由苏格兰歌手杰克·布坎南演唱，并用在1935年的音乐电影《餐具室外》中，该剧的背景其实设定在纽约。

在威廉·克劳福德爵士和赫伯特·布罗德利1938年主持的调查中，他们发现，“将近94%的工人阶级家庭的早餐饮料是茶。在上午茶歇时，有超过50%的人会喝茶，中午也会泡茶，配着午饭一起享用。到下午时分，普通民众和中产阶级则效仿上层阶级，举行茶会来招待朋友和邻居，俨然是一种广泛存在、经济实惠的聚会方式”。

与在此前几百年中雇主们的先例相比，20世纪工人们的饮茶活动依然与他们日间的休息密不可分。1914年，一个在药房工作的14岁的女孩被允许早餐吃4片面包，喝两杯茶，一顿有两道菜的晚餐，品质相当不错；晚饭还会有一小壶茶、3片面包和人造黄油。庄园别墅里的用人们会在侍者大厅、总管的库房或管家的房间里喝茶房间。在菲利普·约克出任北威尔士埃尔迪格的乡绅时，他家的侍者大厅是所有用人的社交活动中心，无论他们的工作地点在楼上还是楼下。梅林·沃特森在《仆役大厅》一书中描述了为何茶会是最重要的一顿餐食，“那些老演员朋友、出访的官吏和鉴赏家、某人的远房亲戚和庄园里的兼职帮工们，都会聚集在那里，厅中摆放着成堆的面包和黄油、果酱和蛋糕，以供人们享用”。

随着时代的进步，人们的工作时长开始缩短，工人们一下班回到家就要喝茶吃点心，进餐时间也因此提前。第一次世界大战以前，晚餐的时间一般是6点或者6点30分；到了20世纪30—40年代，晚餐则提前到在下午5点或5点30分吃。虽然高桌茶会被认为是中低阶层和工人阶级的一顿饭，但富裕阶层也会享用这类茶会，特别是在周末举办大型家庭聚会时。20世纪再版的《比顿夫人的烹饪秘诀》中，对高桌茶会这类饭食的起止时间有所解释："这取决于在此之前的正餐和之后的晚餐时间。"书中还提到了，"蛋糕、果酱、沙丁鱼、罐头肉、黄油吐司、佐茶蛋糕和水果……面包和黄油、西洋菜和萝卜是夏天的好伴侣"。到1950年，各类烹饪书籍都会推荐为高桌茶会为各种美味佳肴搭配饮茶。例如，《好管家手册之高桌茶会餐点》中建议，"用蚕豆配培根酱、土豆和培根砂锅、蔬菜面包、意大利面和蘑菇派、花椰菜派、盐腌牛肉片、烤香肠、奶酪和芹菜鱼火锅，虾子和白煮蛋沙拉"。

及至今天，在工作场所供应茶水茶点几乎是对雇员必不可少的福利。1916年，英国军需部下设的卫生委员会，曾在一本名为《工作时段》的手册中指出："饮茶活动对工人健康和产量绩效都是有益的。"1940年9月，英国劳工部部长欧内斯特·贝文在伦敦为工程管理协会发表讲话时，向在场的听众描述：

> 此前我找到一家大公司为我做了试验……在试验中，他们严格采用我在通知中规定好的时间：上午让工人们休息10分钟，下午休息10分钟，休息时间里都备有茶水茶点。考虑到人们不得不工作到晚上7点，然后才能踏上漫长的回家之路，我要求管理层在晚上6点送来大桶的茶，顺便检查工人们的工作成果……目前，试验已经开展了一个月，我也询问了那家公司的主管，看他是否愿意终止试验。而他表示"绝无可能。您这个试验提高了生产效率，让我赚了大钱了"。

到1943年，全英国超过1万多家工厂的食堂，都在努力确保工人们得到像样的食物和充足的茶水，以支撑他们度过漫长的战时班次。

在最初的办公室茶歇开展起来以后，茶水手推车就出现了。这些名为"茶夫人"的推车无处不在，人们推着推车沿着走廊和办公室走道来回穿梭。这些"茶夫人"在20世纪50—60年代的工厂和办公室中，成为一道人们非常熟悉的"风景线"。1925年，英国工业福利协会和内政部提出建议，"在食堂准备茶水茶点，并通过手推车运送到各个场所的做法，将节省大量时间。其次，运用推车送茶，

庆祝美国总统约翰·F.·肯尼迪首次来到位于爱尔兰杜甘斯敦的祖居地的宴会照片

注：在这个宴会上，总统的远房表妹玛丽·安·瑞恩（图左）在其母亲的注视下，向他递了一杯茶。肯尼迪总统举起了这杯茶，在那个历史性的日子里发表了祝词："让我们为所有美国的肯尼迪家族成员，以及所有留在祖地的族人们共饮这杯茶。"该活动于1963年6月27日举行，此时距离他在得克萨斯州达拉斯遇刺仅有5个月而已。后来，在华盛顿特区为他送殡的游行队伍的仪仗队中，就有曾经为他的来访执行护卫行动的爱尔兰军人。

不仅可以让工人们安心工作，还可以维持各个场所的良好秩序。这种方法日渐成为人们的共识"。到1942年，该机构进一步提出，"将配有保温茶炊的推车安排到各个部门或茶水站，以便人们取用"。

20世纪60年代，随着自动售货机的出现，工作场所中的"茶夫人"推车渐渐销声匿迹。但用塑料杯或纸杯饮用自动售货机所提供的饮料时，总有一股硬纸板的味道，毫无茶味可言，这也体现了用某种便利机器泡茶的问题所在。于是，很多雇主明智地选择用贩售机提供咖啡、热巧克力，水壶和茶包则在办公室的茶水间里单独供应。20世纪90年代，街边自动售货机展柜里，罐装热茶的出现给英国的自动售货机市场带来了发展机会。但英国的饮茶者对茶水口感极为挑剔，完全无法接受在金属罐里被放置了数小时的茶水，这个罐装热茶的创意自然也被淘汰了。

20世纪到来以后，英国家庭内部的茶叶消费状况也发生了很大的变化。爱德华七世时期，英国的富裕阶层每天的饮茶时间相对固定。成长于埃塞克斯地区布伦特伍德附近的朝圣者庄园的莱斯利·刘易斯在其著作《乡居生活》中，对于当时的家庭饮茶活动有着详细的记述："家里的女管家会叫来已婚的夫妇或单身的女士们，一起在早上喝茶吃饭，虽然食物只有少许的面包和黄油。"

随着时代的变迁，驱使仆役的奢华生活在许多家庭生活中已然消失，女仆们泡茶时紧张到发颤的双手被一种叫作"泡茶器"的自动机器所取代。人们将它放在床边，一旦到了预设的时间，内置的定时器会触发机器，煮沸的热水会淋入放好茶叶的茶壶中。这让人们可以在与家人共进早餐、喝茶或咖啡之前，先在卧室里独享一杯热茶。

借由一位坐在床上悠闲地喝茶读书的英国女士形象，鼓励人们全天候饮用印度茶的宣传画

对于中上层阶级来说，下午茶已经演变为一种正式活动。现场必需备有3层的蛋糕塔，有服务人员送上一盘盘三

明治、薄切的面包和黄油、司康饼、黄油吐司和其他甜点。罗尼·格雷维尔夫人就因为举办下午茶会而颇有名气，无论在伦敦城查尔斯街的宅邸中，还是在波莱斯顿莱西庄园里，她的茶会里都是高朋满座。贝弗利·尼科尔斯就在其著作《厨房水槽奇遇记》中描述过格雷维尔夫人茶会的盛景："我偶尔也会坐在那张最时尚、最华丽、最奢华，闪烁着熠熠光辉，且在一众家具中最令人印象深刻的茶桌边上……在波莱斯顿莱西庄园里，5点的茶会就要在5点准时开始，而不是拖延到5分钟以后。这就意味着，要来参加茶会的西班牙大使必须从紫杉大道出发，匆匆赶路赴约。那位不知名姓的财政大臣疾步地离开办公区，后面还跟着几位上议院议员。这些绅士家中的女眷同时也要从自己卧室里的贵妇椅上起身，取下平放在额头的芳香抗皱纹美容垫，出门前往庄园，最终在某个小会客室中，落座于茶桌前。"

在同一历史时期中，美国人对下午茶活动的举办时段，则有着不同的认定。例如，1905年，克里斯蒂娜·泰尔胡恩·赫里克出版了《现代烹饪技巧和家庭食谱大全》一书，她认为：

> 在午餐和晚餐之间上茶的习俗，正是从英国传入美国的。无论高低贫富，下午用茶几乎都是英国国内生活中不可缺少的惯例。而在美国家庭中，由于普遍是在6点用晚餐，那么"5点喝茶"的习俗就缺少了生根的土壤。但富裕阶层的人们却能接受这一习惯，且深受女大学生、单身女郎、艺术家，还有所谓的波希米亚文化圈的青睐。这项活动也慢慢从下午5点简单的茶歇时刻，演变成为"茶会"，且精心设计娱乐活动。因此，尽管一般的美国人民并不真的需要在午餐和晚餐之间享用茶水和茶点，但那一杯下午茶却很受人欢迎，也迅速流行开来。

一本发行于20世纪30年代名为《家庭笔记》的英国杂志，曾给读者描述玛丽皇后的茶会："每当在白金汉宫举办下午茶茶会时，皇后陛下虽不戴帽子，却会戴着长手套，静静地走入客人中间与他们聊天。有时儿媳约克公爵夫人会陪她的身边，有时则是某位宫廷侍女在旁侍奉。茶水茶点通常摆在绿色会客室中，使用的茶具则是白绿相间的斯波德陶瓷茶具。茶会的场地里到处摆着鲜花，茶点中有着十分可爱的小蛋糕，还有三明治、糖果、水果和热司康饼，就连摆盘的方式都是十足的引人垂涎。”曾任宫廷内侍的查尔斯·奥利弗在《白金汉宫的晚餐》一书中写道：“英式茶歇的仪程由已故的玛丽皇后订立，这也是她一天中最喜欢的时光。侍者们必须在下午 4 点前将所有的东西备好，三明治、蛋糕和饼干以十分引人食欲的手法，摆在闪亮的银盘上，用灵活平稳的手推车推向席间。”

在诺森伯兰郡的沃灵顿庄园里，下午茶大多摆在中央大厅里。庄园主人的后裔波琳·道尔在回忆录《家住沃灵顿》中，讲述了祖父母健在时，家中茶会的传统习俗：“祖母特里维廉夫人常常亲自沏茶。在给各杯倒茶以前，她会在杯托上放一小勺热水，以防茶杯滑落。奶盅也放在桌子上，但从来不会先向杯中倒入牛奶！在茶会上，人们吃得十分精致，有薄切的面包和黄油，小司康饼（应是已经涂了黄油）和蛋糕。那时还没有能够提供服务的商业面包师，所以茶点也都是家中自制的。”

20 世纪早期的美国家庭普遍认为，泡茶是女性嫁人时所必须掌握的一项家政技能。1908 年，有报刊根据这个民间共识，登载了一篇关于如何在家里恰当地设置茶桌的文章：

> 如果预计招待三四位朋友，那么家中茶桌的理想位置就在会客室中。煮水和沏茶的所有器具都应该放在桌子上，以保证热水现用现烧，茶汤非常新鲜且温度适当。
>
> 从点亮酒精灯到放入最后一点柠檬或倒入牛奶，看着一位优雅的女主人泡茶，即使对其他的女性来说，也是一个迷人的场景。对男人们来说，这样的场景则揭示了家庭生活中，令人愉快的一面。因此，一个聪明的姑娘要想觅得佳偶，就该抓住机会，在令人向往的聚会上，让人们看到她备茶的姿态，且务必做得优雅。

正因如此，当时的美国出版了大量关于如何完美地摆设茶桌的书籍。在

1927年出版于波士顿的《饮食仪礼》一书中，露西·G.·艾伦认为：

非正式的下午茶通常不需要使用茶桌，可以让女佣把茶盘搬到会客厅、起居室厅、阳光房或游廊上。实际上，只要有一张能放茶盘的桌子，除餐厅以外的任何地方都可以作为用茶空间。

家中的女主人负责泡茶和分茶，或者由她将泡好的茶水倒给客人们饮用。当然，前者会让与会者感到更加优雅和亲近。茶盘上还需要备有方糖或冰糖、一罐奶油、一小盘柠檬片，茶杯和杯托、茶匙或者茶杯和小碟，以及茶巾也要一同备齐供大家使用。茶点可以选用白面包、面包和黄油组合，或者最简单的三明治（以橄榄、坚果或生菜为夹心），也可提供小蛋糕或华夫饼，太过复杂的食物则不必送上。

夏季在户外准备茶会时，通常会选择冰茶、冰巧克力或潘趣酒为饮品。相比于热茶，这样更为方便，也更容易让人接受。女主人在场的朋友们会将所有茶点摆放好。女佣们则应该适时取走用过的茶杯和盘子，换上干净的器具，还要补充吃空的食物。用作茶桌的桌上要么铺着餐布，要么配有小桌巾，还装饰着鲜花和蜡烛。上面对称地摆着盛有三明治的托盘，其他盘子则用来盛放蛋糕、糖果和咸坚果。

蛋糕同样要放在冰鲜台里，摆上桌以后再传到众人手中。虽然有些茶会上会将纯冰摆出来让人取用，但人们通常更加倾向于冰奶昔。这种冰饮一般也是由女主人的朋友从玻璃碗中舀出，用玻璃冰饮杯盛上，摆放上桌的。为了方便客人享用，桌上也可放上装满蛋糕的篮子和几盘糖果。

安妮·西摩在其1915年出版的《轻松好生活》著作中，同样提到了准备茶点要诀。她提醒家庭主妇不必尝试制作很难成功的英式松饼和司康饼。

下午茶是最合算、最简便的，也是最受欢迎的社交娱乐方式之一。优质好茶、美味的三明治，还有好朋友做伴，就是社交活动最佳起点。点一盏酒精灯用来煮水，配上茶杯和杯托，还有糖缸和奶油罐。茶水的滋味，就取决于个人的口味，时常还能搭配新鲜的吐司和果酱。可惜我们难以成功做出英式烤松饼和苏格兰司康饼。

用买来的盒装饼干拿给朋友佐茶，可以视为主人家的傲慢无礼。那种好似锯末一般的小甜食，也就只能用作哄骗肚肠的小吃。任何现做的食物都比不上新鲜的甜饼干更适合端上茶桌。

精致的食物、上等的瓷器和优雅的房间，都是会客室中完美茶会的重要元素。爱德华七世时期的时尚女性们身上的礼服，同样是茶会上不可或缺的靓丽风景。相较于配有鲸骨束身内衣和蕾丝绑带的宴会礼服和日间礼服，维多利亚时代的茶会礼服旨在让穿着者稍稍感到放松和舒适。爱德华七世时期的茶会礼服则演绎出一种轻盈梦幻的气息，每当身着茶会礼服的女士们轻移莲步，从闺房走入客厅时，总能展现出十足的女性魅力和优雅气息。

爱德华七世成为国王以后，一扫此前维多利亚式的幽暗、沉闷的室内设计风格，那些强化了设计语言中沉郁气质的、柔和而阴沉的色彩、沉重的家具，以及僵硬又古板的礼节，几乎在一夜之间被破除干净。就像索尼娅·吉宝在回忆录《爱德华时代的女性成长》中写道：“突然之间，那些维多利亚时代的家具、床凳、沙发罩衣等，全都消失了。取而代之的是法式风情的贵妃榻、纸绳工艺的椅子、蕾丝窗帘、矮桌和朦胧甜美的色彩……此外，在维多利亚女王统治的时期，父亲是家庭的主导者，男性的品位和喜好自然占据了主导的地位。而在爱德华七世的统治下，女性的地位重塑几近神化。”于是在饮茶这种最具女性气质的活动里，女性开始穿着材质薄透、剪裁宽松，行走间灵动飘逸的茶会礼服（常被称为茶袍）。选用的衣料也相应地变为纱皱雪纺或丝绸细布，再以蕾丝或缎带包边，用水晶、黑玉（又称煤玉）或金色流苏装饰其上。

1902年，埃瑞克·普里查德夫人在《雪纺热潮》中给出了关于茶会礼服在设计和穿着方面的意见：“我们不能穿着衣袂纷飞的华服在伦敦的街道上漫步，但在会客厅里，当茶壶在下午5点响起歌声时，我们要穿上这些带着诗意的袍服。”她认为，茶袍起源于日本，如果运用上“日本的色彩、希腊的线条和法国的轻盈风格”，就能做出完美的礼服。

20世纪之初，人们普遍对来自远东的设计风格大感兴趣。1910年，举办于伦敦的英日博览会，强化了日本风格对英国室内设计、花园风格塑造、时尚和家居设计的影响。茶会礼服受到宽袍大袖和服的影响，也就不足为奇了。

茶会礼服造价昂贵，自然需要由奢华的布料和材料制成。普里查德夫人非常清楚这类衣物的成本，她表示：“对需要精打细算的人，在打造一件茶会礼服的时候，往往需要巨细靡遗、不辞劳苦地考虑

两件来自纽约大都会艺术博物馆的美式茶会礼服

注：这两件礼服充分展示了爱德华七世时期，抛弃了束身胸衣以后，流行起来的宽松、下摆飘逸的礼服风格。它们分别制作于1901年（上图）和1907年（下图）。

物料成本。丝质细布是非常优质的材料，尤其对需要定制适合自身的、特殊色调的人。印花细布则非常适合制作‘帝国’风格的茶会礼服……因此，礼服预算有限的姑娘们，你们大可不必坐下来，为无法获得一件理想的茶会礼服而哭泣。”

随着第一次世界大战的爆发，爱德华七世风格的“黄金时代”在 1914 年悄然结束，人们的生活方式也发生了永久性的变化。茶会礼服退出了历史的舞台，转而与鸡尾酒礼服或“午后礼服”融合在一起，转化为一类长度稍短、袖长及肘，具有 V 领造型或以阿帕奇围巾装饰的礼服。有些礼服还配有长腰带，或者较短的曳地裙摆。选择的面料仍然以柔软的轻薄丝绸为主，类似的还有乔其纱、蕾丝和雪纺，礼服的线条则更为简单化和更直线型。

20 世纪 30 年代，人们开始推广及踝或小腿长度的裙装，认为这类衣服相当适合舞会、晚宴和茶会。时尚画片中，以奢华居所里的优雅茶会为概念，打造出充满诗意和诱惑力的画面。此时的人们认为在海滨度假胜地品茶的时候，最合适的服装要数高级服装定制品牌沃思缝制的连衣裙：“让我们前往另一方世界，那里有阳光照在含羞草和杏花上。名胜酒店里，在俯瞰着蔚蓝的地中海的休息室中，一群穿着迷人的女孩在等着喝茶。”1930 年 7 月的《时尚》杂志中曾刊文，对在茶会中重现的、轻薄的午后礼服发表乐观的看法：“去年夏天，当我们去到丽兹酒店里喝下午茶时，坐在我们前后左右的女士们几乎都穿着朴素的绉纱绸面料。当时，我们坐在角落里悄声哀叹优雅的茶会礼服的衰落。大约一天前，我们又回到了同一间茶室，不禁感到惊喜至极。整间房中的女士们都穿上了精致柔和、色彩鲜明的衣裙。相较于此前几年，她们看起来要美多了。”

随着第二次世界大战的战火燃烧到伦敦，伴随着 20 世纪 40 年代响彻城市上空的空袭警报声，所有英国人都生活在战争的阴云下，不再有时间享受优雅的下午茶。时尚杂志偶尔会以 10 张优惠券和 13 畿尼的价格，刊发以“女主人、茶会、精美礼服”为主题的文章或广告。至此，茶会礼服逐渐被人们抛弃。

利昂斯公司在 1959 年撰写了一份商业报告，回顾半个世纪以来该公司在茶室经营领域的成绩，并指出："利昂斯茶室在整个伦敦地区都负有盛名。"这项事业的成功很快让利昂斯公司意识到，举家"外出就餐"不仅是一种正在流行的"狂热"行为，而且很快将要成为稳定的社交习惯。

一张 1905 年的明信片，展示了伦敦体育馆里的富勒茶室

注：这是当时城市茶室的代表。这些茶室大多以优雅、宽敞、轻松为主体风格，其间的女服务员则身着传统的黑白制服。

在格拉斯哥，凯特·克兰斯顿的"茶室小帝国"自她在 1901 年经营一家"茶馆"，并在格拉斯哥第二国际酒店经营一家露台茶室起，一直运行良好。当她在索奇霍尔街一栋改造过的公寓楼里开办柳树茶室时，她以新奇又富有刺激感的视觉语言，将美妙的光感和色彩设计融合在一起，大胆运用粉色、银色、浅灰色和白色创造出的空间感，让每个来店中喝茶的顾客都兴奋不已。

与她合作的设计师麦金托什，使用其著名的梯式靠背椅，在大房间中营造出独立的私人空间；借助装饰板、墙面饰带、灯光和镜子，共同创造出一种梦幻般的整体效果。格拉斯哥的报纸《百利报》对此做出报道，认为这家茶室在布局和颜色方面比其他所有店铺都更加出色。克兰斯顿小姐在如此奢华的空间中，将舒适感很好地融入整体环境设计。

当凯特·克兰斯顿用亚麻桌布和精致的柳条花纹瓷器装点茶室同时，内部装饰更为平常的空气面包公司的茶室，却以朴素的大理石平台和桌面，以及更重、更耐用的茶杯和杯托，获得了巨大的成功。1925年，詹姆斯·博恩在《伦敦巡游者》杂志上写道："我喜欢空气面包公司的茶室。尽管我也毫不讳言它的缺点，但那里有一种家庭般、维多利亚式的生活气息。我很愿意在那朴素而正经的气氛中，享用对健康有好处的食物。"

伦敦城中豪华大气的兰斯伯勒酒店内景

注：该酒店是由1991年海德公园角的圣乔治医院改建而成。酒店的棕榈厅重现了爱德华七世时期茶室音乐厅的辉煌景象，室内以天窗照明，用盆栽棕榈树遮阴。这类造景手法在20世纪早期的伦敦和纽约城中的许多酒店都能见到。

利昂斯茶室依然以富丽堂皇为主要风格，延续下来的豪华餐饮、毛绒椅子和棕榈厅里的管弦乐团，打造出富足而迷人的气息。美国作家西奥多·德莱塞在1913年记录下他自己第一次进入皮卡迪利摄政街，探索位于丽晶街的一家利昂斯街角餐厅，并被其规模和正式程度所震撼的经历："尽管这里强调着中产阶级的消费属性，但是它的主体是一间阔大的房间，按照宫廷舞会的风格装饰齐整。天花板上悬挂着巨大的水晶灯，其间垂挂着许多棱柱形玻璃，阳台上还摆着奶油色配金色的桌子……我领着各式各样的富人顾客进入餐厅，被身形瘦高、举止庄重且身穿礼服的英国侍者逗得直乐。"

利昂斯茶室参考大酒店的茶室风格，设置了很多宽敞通风的棕榈厅、休息室和音乐厅。每天的下午茶时段都能听到棕榈厅传来的三重奏演出、弦乐四重奏或音色柔和的钢琴演出。

1908 年 1 月 28 日星期二的《早报》中报道了新开的华尔道夫酒店，报道说："一进酒店，人们的注意力就立刻被吸引到宽敞的棕榈厅之中——那是一间如同花房一般，被玻璃穹顶笼盖的厅堂，大理石地台四周被光影投下的彩色（浅绿色和白色）格栅装饰得异常舒适，让眼睛也能得到放松。"

与此同时，越来越多的人开始在周末和假期中，以骑自行车、乘火车或者步行的方式，前往乡村休闲。每当此时乡间小路和海边沙滩上，随处可见来此"一日游"客人。饥肠辘辘的游客通常在下午需要享用茶水茶点，便会经常光顾当地的茶园。不少带有漂亮花园的主人瞅准商机，用乡村常见的木质或熟铁桌子、长凳和椅子招待顾客，让他们在草坪和露台、假山和攀缘玫瑰之中落座。不远处的百合池、古典雕像和水壶，都为这些极其朴素的地方增添了趣味。

20 世纪上半叶，美国人对"茶室"的印象，大多指向全家人前往某一栋独立的、经过改造的历史建筑或客栈里用餐的经历。这类场所基本都以提供简单的自制食物为特色，食物通常是某种甜点。很多早期的茶室始于私家住宅，主要的顾客是在周末寻找家常菜来品尝的旅行者们。与英国茶室运动不同，许多美国茶室的核心服务不是提供热茶和司康饼，而是冰茶和鸡肉沙拉。

在食品安全和健康的相关法律出台之前，家庭主妇们也可以在自家的前窗悬挂广告牌，欢迎食客进入客厅用餐，并向客人收取费用。那些惯于为教堂晚宴和公民活动烹饪餐食的妇女发现，此时只要去做自己最熟悉的事情，就能轻易进入商业餐饮行业。这些初出茅庐的企业家足不出户就能满足无数过路旅客的饮食需求，并且获得收入。

在新英格兰地区，有些公司橱窗上的广告牌会简单地写着“T 房”，很多妇女和家庭进入其中享受无酒精的饮食服务。招牌上的“T”字是“节制禁酒”的代号，在悬挂这类招牌的地方，用餐者不会受到正在喝啤酒或白酒的同席用餐者的骚扰。这种对于女性友好的环境有助于消除当时社会中男女不平等的现象。包括英国和美国在内，这种不平等在男性主导的社会中，有着数百年的根源，早已根深蒂固。

20 世纪以来，尽管知识不断普及，大多数公共餐馆仍然是男性的据点。如果没有父亲、丈夫或兄弟等男性亲属的陪同，女性在全国各地旅行时甚至都很难就餐。作家艾米莉·波斯特就曾记录过这一不平等的现象。1915 年，她和一位女性朋友一起驾车穿越美国，在内布拉斯加州奥马哈的一家餐馆里，她们被拒绝入座，因为缺少了“绅士”的陪同。久而久之，茶室就成了女性绝佳的避风港，这种温馨热情的氛围直接促成了茶室行业在英美地区的百年流行。

与凯特·克兰斯顿引入查尔斯·雷尼·麦金托什的新艺术美学改变格拉斯哥茶室外观的方式类似，新兴的美国茶企经营者抛弃了杂乱复杂的维多利亚式装潢风格，拥抱了正在新英格兰、芝加哥和南加利福尼亚州蔓延的工艺美术运动。纽约西 40 街上的名利场茶室和马萨诸塞州埃德加敦镇上的工艺美术小屋和茶园，正是这种现代风格的两个主要案例。

殖民地复兴风格是 20 世纪 20 年代美

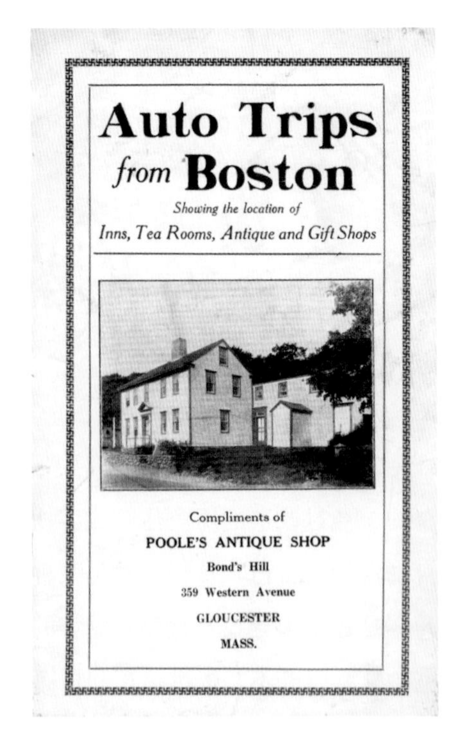

方便的折叠地图

注：这本波士顿指南能够帮助女司机们在白天的旅行中游览波士顿的村庄和景点，并且引导她们找到最好的客栈、茶室和古董店。

国茶室运动的另一个主要主题。从波士顿运到洛杉矶的风向标、铜壶和装饰了古董的石壁炉，为当地茶室增添了历史的魅力。那些茶室的名字里通常写有“ye”或“olde”字样。位于马萨诸塞州康科德的黄灯笼茶馆和伊利诺伊州辛斯代尔的老纺车茶室，都以“享受自然之美”等充满正能量的口号来吸引客人。

马萨诸塞州境内最适合开茶室的地区，莫过于从科德角到安角半岛之间，风景如画的各个小镇了。时至今日，美国历史最悠久的建筑之一仍然隐藏在温汉姆村里安静的小街上。100 年前，周末出游的波士顿家庭都需要行驶在温汉姆的公路上。当地的慈善团体发现了游客们的饮食需求，并决定对此善加利用。

1912 年，一群精力充沛的妇女聚在一起，从温汉姆乡村改善协会购买了一家马具商店，兼营茶室和商铺，出售妇女们的手工艺品、果酱和果冻。温汉姆茶馆与商贸行就此成立。直到今天，这家机构仍然在为温汉姆乡村改善协会提供茶水、餐饮服务，并为之筹款。

在当时的人看来，农村茶馆缺乏现代便利设施是理所当然的。这些茶馆之中

温汉姆茶馆与商贸行的茶馆

注：1912 年，温汉姆乡村改良协会的妇女会员们收购了一家市中心的马具店，并将其改造成一间茶室。她们白天在那里向途经村庄，前来郊游的波士顿家庭出售当地的手工制品、果酱和果冻。很多人相信这是美国最古老的茶馆。

有很多不通水电，除了壁炉或柴炉，也没有加热器。室内照明需要用到煤油灯或蜡烛，烹饪则是靠烧木头的烤箱或三头油炉。1920年的《女性的家庭伴侣》杂志中发表观点："茶室里不应过多使用电器。"这个观点本身并不能左右时代的发展。1940年，开办在肯塔基州哈罗德斯堡附近的沙克尔酒店前室的蓝鸟茶室，安装了一套新型供暖系统，以后就可以全年营业了，茶室的经理对此赞不绝口。

1938年，作家米尔顿·麦凯在《星期六晚报》上发表了一篇关于茶室的文章。文中，他从男性的角度完美地描述了现代茶室的场景：

> 包括我自己在内的许多男人，都对带有纺车标识的牌子感到厌烦，可以说是某种"纺车病"吧。比如，当他们经过门上挂着一个纺车轮子，或在前院摆了两个绿色玻璃瓶的旅馆时，就会猛踩油门。邓肯·海因斯认为，这种对茶室没来由的恐惧心理，会让男人错过很多美食。某些最美味的乡间餐馆恰好同乱七八糟的古董买卖搅和在一起，比如，萨拉阿姨的被服设计藏品收集铺子。如果有哪个男人能鼓起勇气走进去，那么他就有可能遇到最好吃的家常菜。密苏里州加拉廷的麦克唐纳茶室就是这类特色餐馆中，最有名地方之一。

正如凯特·克兰斯顿深刻影响了格拉斯哥的茶室运动，密苏里州加拉廷的弗吉尼亚·麦克唐纳等茶人也为美国乡村茶室的发展打下了基础。历经7年，战胜了肺结核病之后，面对着大萧条时期失去家庭的痛苦，这位坚强的女性鼓起勇气，将一家铁匠铺改造成美国十大茶室之一。早在记者们将麦克唐纳茶室的励志故事传播出去以前，饥肠辘辘的食客们就已经在麦克唐纳茶室之外的小路上排场大，准备用茶了。

《堪萨斯城星报》的一位评论员对此报道说：

> 她店中的布丁轻如夏日云朵，那些美味至极的食物口感轻盈得仿佛可以一口气吹走。麦克唐纳夫人的茶室从不提供啤酒或其他带有酒精的饮料。茶

室中一切都极为精致，吃饭用的刀叉和瓷器上的图案都是她用心挑选过的，富丽又雅致。桌子上铺着的桌布和茶巾非常干净透亮，没有哪个客人能忍心用它们来擦手指。

随着人们对麦克唐纳茶室的追捧与日俱增，越来越多的人开始向麦克唐纳夫人询问菜谱和布置茶室的建议。最终，她出版了一本名为《茶室之内》的食谱。其中没有记载司康饼或柠檬凝乳的配方，但却写入了佐茶饼干、果酱、三明治、各类肉食和炖菜的菜谱，当然还有各种蛋糕、布丁、派和冰饮的制作说明。麦克唐纳夫人还在书中公布了自家冰茶的做法：

弗吉尼亚·麦克唐纳在密苏里州加拉廷茶室的户外留影

注：她历经磨难，终于创业成功的故事激励了全国各地的妇女。她们纷纷响应，在家乡开设了大大小小的茶室。

> 我们的茶采用冷泡法。每加仑的冷水，要配上两盎司的橙黄白毫红茶。将茶装进一个宽松的茶包，放入容器里，可以选择陶瓷、玻璃或者精瓷等。放入冰箱静置24小时以后，长时间浸泡得到的茶汤会呈现出漂亮的、类似波本威士忌的汤色，不仅汤色清澈，且毫无絮凝或发黑的现象。为了保证质量，茶室往往会在星期一准备星期二的茶汤，并以此类推。

在这个时代，茶室也并不都是以价格划算为特点的。一份20世纪20年代的酒水单子就揭露了一个惊人的事实：在某些茶室里，客人也会愿意花50美分买一个三明治，40美分买一份鸡肉沙拉，还有20美分的番茄浓汤。这个价格与许多大城市餐馆的价格一般无二。相比之下，乡村茶室的管理费用较低，人力成本

20 世纪 30 年代，克拉克 · 盖博在洛杉矶一家餐厅用餐时，他的一位演员同伴给他的杯中加满了茶

也更低，所以利润更高。对于许多第一次进入商界的女性来说，这算是一个诱人的机会。

而且绝大多数经营者认为，为了吸引到顾客而打出降价广告是不明智的。路易斯维尔的一家茶室老板在 1922 年就曾解释：“钱包鼓鼓的人才是她想要的客户，因为她无法操持迎合那些吃自助餐或食堂饭食的人群。”一位科德角茶室的老板在 1915 年直言不讳地说：“来抱怨价格的人通常都不是令人满意的那种人。”

美国茶叶学校 American Tea Schools

20 世纪 20 年代之后，随着越来越多的女性加入经营茶室，这一新的商业计划，茶室管理技巧的相关课程也开始出现。位于纽约市西 39 街的韦尔茶室管理学院面向公众开设了一门完整的课程，内容涵盖了茶室管理的主要问题——菜单规划、食谱、设备购买、份额控制、会计和人事管理。课程在茶点方面也给出了建议，三明治内馅可以包括辣味奶酪、鸡肉片和黄瓜碎；沙拉组合可以包括水果、鸡肉或芹菜以及菠萝；甜点部分则推荐佐茶蛋糕、司康饼、肉桂吐司、枣糕条和柠檬冰。至于茶单，则列出了时人最爱的几款：橙黄白毫红茶、锡兰红茶或

英式早餐红茶。

为了方便起见，培训学校还进一步指导学员应该提前将要沏的茶叶打包起来，做成茶丸备用。学习手册里还写明，一磅散茶大约价值45美分，两码（约1.82米）长的奶酪纱布则只值2美分。那些节俭茶室老板在教员的指导下，学会把奶酪布切成5×5英寸的正方形布片。做茶丸时，要在每个布片上放入满满一茶匙的茶叶，再用绳子绑好。每个自制茶丸放入10盎司的水中，泡出的茶汤就足够浓了。这样一来，每位客人饮茶的物料成本也只有0.5美分，同时从每位顾客身上获得9～10美分的可观利润。

有的备茶指导手册还建议茶室的经营者，给自家的茶叶冠上一些复杂又高级的名字如白孔雀或银雉，这样可以给茶室带来一些高级感。它同时也警告人们："不要使用平淡无奇或蠢笨的名字，如塔布家或滴露客栈。"

位于华盛顿特区的刘易斯酒店管理培训学校茶室研究中心的推广手册

注：这座现代化的培训机构被誉为"有史以来酒店和茶室行业最大的培训基地"。这本1923年的推广手册向专业茶室经营者（主要是女性）保证，经过培训以后，他们可以在轻松愉快的环境中，从事体面舒适的工作，且年薪丰厚。

在当时的美国茶室运营培训学校中，刘易斯酒店管理培训学校茶室研究中心可以说是最成功的。这家培训机构总部设立在华盛顿特区，由玛丽·凯瑟琳·刘易斯运营管理，作为当时舆论捧上神坛的培训机构，顶着"有史以来，酒店和茶室行业最大的培训基地"的头衔。学校的毕业生遍布全美各大城市、度假胜地，甚至包括那些无人问津的穷乡僻壤。他们把风车磨坊、谷仓、林间小屋、加油站、马厩和私人住宅改造成日进斗金的私家餐馆。经营者接受的培训涵盖了茶室经营的各个细节。在家具方面，选用殖民风格折叠桌和温莎椅是“最合宜的选择”，正如刘易斯培训学校发下来的讲义中所说，温莎椅美观、轻便、易于清理，适合在任何地方搭配使用。

刘易斯培训学校曾出版过题为《斟茶为财》的宣传手册。这本只有50页的刊物，在开篇就印着鼓舞人心的喊话：

> 茶室是女人的主场。从几年前开始，先驱者们从一个个微不足道的小茶室开始，为后来人开辟了一条通往巨量财富机会的道路。在今天，这个机会可以让成百上千个妇女从繁重沉闷的文员工作或家务劳动中解脱出来，进入广阔的新天地，获得自由和独立的事业。我们的高速公路系统，在“好路运动”之后变得平坦通畅，乡间小路也宽绰平整。驾驶汽车出门旅行成为新时尚，便捷而轻松。于是，数以千计的小客栈在公路两边拔地而起，为路过的游客奉上“杯中甘霖”。

这本五颜六色的小册子丝毫不吝于使用充满诱惑力的前景展望，进一步美化了茶室经营企业的境况：

> 这是一份欢快愉悦、自尊自强且能让你尽情享受的职业，同时也是一个能够给你丰厚回报的事业。在茶室中工作，你能在社区中获得人人钦羡的社会地位，赢得他人的尊重和敬佩。同时，一个业务熟练的茶室经理一天的收入，往往能够抵得上许多其他工作一周的收入。大多数茶室经理一周能挣35～50美元，其中不少人的年收入在3000～5000美元之间，甚至还要更多！

第二次世界大战期间，茶室运动的步伐开始放缓，入店用餐的食客越来越少。战后，美国家庭日益加快的生活节奏改变了人们的就餐习惯，免下车餐厅和快餐店恰好满足了人们追求快速便捷的饮食需求。茶室里节奏缓慢的经营方式，难以追赶当时迅速加快的生活节奏。随着时代的变迁，现代家庭开始在电视机前的折叠桌上用餐；慢慢地，宴会餐桌、用餐礼仪和席间轻语，都成为旧日的记忆。茶依然是寻常的饮品，但主要的用途是用来制作冰茶。这种茶饮并不需要太好的原料，通常是浓缩茶粉或廉价茶制成的茶包。可以说，战后 40 年的美国茶室文化与酒店茶会，其实与主流文化格格不入。

直到 20 世纪 90 年代，得益于现代茶室先驱珀尔·德克斯特、詹尼弗·彼得森和雪莱·理查森在美国各地举办的研讨会，人们开始重新审视、爱上茶室文化，茶叶的相关培训也再次出现。华盛顿礼仪学校的创始人多萝西娅·约翰逊，敏锐地发现了当代茶桌礼仪更新迭代的迫切需求，并于 1996 年开办了茶与礼仪认证培训课程。互联网产业成熟之后，为满足新的学习需求，在线课程应运而生。被束之高阁逾 50 年以后，茶知识的培训再次回到公众视野。与此同时，美国人也重新在各种风格的茶室中，体会到"世外桃源"般的精神享受。

在 20 世纪 20 年代的美国茶室运动时期，吉卜赛人的茶室是一种独特的腐烂现象，这种现象可以追溯到 19 世纪 80 年代。当时，许多移民妇女在美国的主要城市中建立了算命公司。这一做法遭到普遍反对，国家甚至通过颁布法令来禁止为算命、占卜服务付款。为了规避法律的制裁，吉卜赛妇女将算命活动搬进了茶室。只要在茶室里，消费超过 25 美分，就可以免费享受算命服务。

1935 年出版于纽约的活页乐谱《吉卜赛小茶室》
注：歌曲展现了茶室中以茶渣为他人占卜爱情运势的特色，浪漫气息浓郁。

20 世纪 20—30 年代，这类吉卜赛茶室在纽约、波士顿、克利夫兰、圣彼得堡、堪萨斯城和洛杉矶落地生根。位于芝加哥西门罗地区的吉卜赛茶室，可能是该市的第一间茶室；位于西兰道夫街的桑给巴尔花园茶室则是另一间早期算命茶馆。1929 年创建于新奥尔良法国区的杯底密语茶室也以算命、占卜特色服务立足坊间，提供“算命、灵迹解读和好茶”；时至今日，茶室生意依然兴盛，这座美国最古老的茶室之一，仍然保持着自己最大的特色。

在大多数女性会戴手套购物、男性戴帽子出门的时代，美英两国的百货公司都开始接受茶室运动，并将这种与购物活动联系紧密的休闲方式，作为展示品位和礼仪的标志。百货公司内部的茶室为零售商提供了一个让顾客在店内停留更长时间的机会，从而促进销售，培养客户的品牌忠诚度。

费城沃纳梅克百货公司于 1902 年开业，并以新茶室为噱头，向公众表示将提供“进口好茶和古雅的服务”。1904年，位于纽约先驱广场的梅西百货也开设了一家日本茶室。但是美国第一家开进百货公司的茶室要追溯到芝加哥的马歇尔菲尔德百货商店。这个名字对今天的伦敦购物者来说，非常熟悉。1890年，芝加哥马歇尔菲尔德百货商店的经理哈里·戈登·塞尔弗里奇将莎拉·哈林招入麾下，并将她派遣到百货商店的新项目中。莎拉·哈林在当时可以算是一位典型的美国女性，是商人的妻子，也是一位母亲。在为新项目招聘员工时，哈林不招出身优渥的，也不要贫苦困难的。她需要的是“温柔贤淑”“经历过人生挫折”的淑女，还要知道如何烹调“美味菜肴”，并能够负责每天为店里备菜和运送。

最终，马歇尔菲尔德百货商店里的第一间茶室在开业时，菜单上只有少数几样，茶室里也只有15张桌子和8位女服务员。事实证明，哈林挑选员工的眼光很独到，这些人不仅表现良好，更有人在未来成就了一番事业。其中，负责供应姜饼的哈丽特·蒂尔登·布雷纳德，在未来成立了一家优秀的餐饮企业，即家庭美食协会。莎拉·哈林则一直担任该店茶室的经理，直到1910年才离开茶室，开了一家属于自己的餐厅。她在业余时间还成功申请了餐厅洗碗机的专利。

水仙茶室

注：水仙茶室是哈林经营管理的6个茶室之一，位于芝加哥马歇尔菲尔德百货商店的7楼。该商店前经理哈里·塞尔弗里奇在搬到伦敦以后，开办了属于自己的美式百货商店。店内特意设有茶室，方便伦敦的女士们来此消费。

马歇尔菲尔德百货商店的新茶室在成立之初，就广受好评。1893年，商店在瓦巴什街的附属建筑落成开放时，正好赶上世界哥伦比亚博览会召开，茶室就乘势搬进了新店面。这间店面可以容纳300个座位，占据了4楼一整层空间。后来这里被命名为核桃厅，并以此为旗舰店向外扩展，旗下曾一度拥有6间茶室。

后来，哈里·塞尔弗里奇以100万

美元的价格套现了马歇尔菲尔德公司的股票，搬到伦敦生活。1909 年，他在牛津街上开了一家百货公司，用美国人的方式经营，打造出最轻松的购物氛围，这让传统的伦敦人大吃一惊。而后在合伙人撤资退出时，塞尔弗里奇得到了一位富有的伦敦茶商的支持，于 1908 年注册成立了塞尔弗里奇有限责任公司。这家独特的商店于 1909 年开业，占地面积为 4.2 万平方英尺。后来，该商店的营业面积扩张到 2 倍于此。赛尔夫里奇是第一家向顾客开放使用店内洗手间的公司。他的思路是鼓励顾客在百货商店内逛上数小时，并且将芝加哥的茶室和餐厅模式复制到伦敦。商店开业数月不到，其中的棕榈苑餐厅就成为伦敦女士们共进午餐的最佳地点。

茶舞会 Tea Dances

正如饮茶流行文化的变化会连带改变人们的购物习惯和性别定位，20 世纪初，一种舞蹈传入英美地区以后，掀起的热潮也极大影响了当时的舞蹈行业。起源于阿根廷，经欧洲的时尚中心区域传入英国的探戈，激起了人们对异国的时髦舞蹈的极大兴趣。包括茶舞会在内的社交场合中，也已经有人开始跳起这种激情四射的舞蹈。1912 年，在伦敦欢乐剧院的舞台上，公演英国的第一支探戈，人们争相去往剧院观看名为《阳光女孩》的舞蹈表演。此时的伦敦剧院、餐馆和酒店中都有人开课教授探戈，正如《舞蹈时代》所刊载的文章所说："探戈！探戈！探戈！探戈！我们现在只有探戈……如今我们有探戈主题的日场舞会、茶会和晚宴……我不禁想问，这样的热度能持续多久？" 1920 年，该杂志发文回望说："1914 年的伦敦……见证了探戈发展的顶峰……当莫里斯和弗洛伦斯・沃尔顿在王后面前跳起探戈时，就连批评家们都在这个6月的夜晚中缄默不言。”

开业于1908年的伦敦华尔道夫酒店的棕榈厅，后来成了茶舞会的热点举办场所

伦敦奥尔德维奇的华尔道夫酒店开业于1908年，很快就成了举办茶舞会的主要场所之一。1913年，比阿特丽斯·克罗齐埃在《探戈及其舞蹈技巧》中记述了当时举办茶舞会的盛况：“星期三下午4点30分到7点30分之间，在华尔道夫酒店那美轮美奂的白金配色舞厅中，都会有茶舞会，欢声笑语溢满大厅。高高的白色柱子在房间的墙壁以内几英尺的地方伫立，在大厅两边形成长长的柱廊；柱廊里摆着小型茶桌，每桌可以坐下2～6个人。人们可以在舞曲的间隙中喝上一杯最优质的茶，或者整个下午都安坐一旁，看其他人跳舞。”

同样在1913年，《每日快报》报道了在11月28日举行的另一场活动：“探戈茶舞会正风靡全城。人们不禁发问，左邻右舍的太太们会不会继续满足于待在家里，搞些普通客厅茶会，或是打扮一新，在舞会上跳几支探戈。昨天，伦敦皇宫剧院里举行了探戈茶舞会开幕式，在一众相似的娱乐活动中可谓独树一帜。”这场开幕式表演的服装由著名法国时装设计师帕奎因设计打造，头饰则是由梅森·刘易斯负责。《星期日泰晤士报》在相关报道中，赞美舞会的礼服“是代表了时尚界的最高成就”。探戈舞的动作大开大合，舞者腿部的动作不能受限。因此，裙装的正面开叉要在膝盖以上，整体剪裁也要优雅灵动，配套穿着的探戈舞鞋上缀连着缎带，交叉绑定在露出的脚踝关节上方。

比阿特丽斯·克罗齐则对茶舞会的配饰穿搭多有点评：“由于英国文化中没有在下午戴上白手套的习俗，裸露手掌便成为英国人的着装习惯之一……女孩们在喝茶时往往会摘掉手套，来不及戴上它们就去跳舞。”对于男性，克罗齐则建议：“穿着普通礼服即可。依照惯例，男士需要身穿白色绗缝衬衫配黑色背心，下着深灰色条纹裤子，外罩一件长燕尾服，脚蹬黑色长靴。许多男士会给鞋靴搭配上鞋罩，上面钉缝的纽扣同样也可以起到装饰的作用。”

英国人对茶舞会的热情一直延续到20世纪20年代初，但随着鸡尾酒酒会开始在上流社会流行起来，茶舞会也逐渐失去了活力。尽管如此，华尔道夫酒店棕榈厅依然会举办公共茶舞会，并且成为这一类活动的代名词。1939年，德军飞机在酒店上方投下燃烧弹，炸毁棕榈厅的玻璃屋顶以后，华尔道夫的茶舞会终于辉煌不再。40多年以后，随着饮茶活动的复兴，茶舞会才在1982年秋天，重新回到公众的视野之中。

美国酒店里的茶会 American Hotel Teas

很多美国大城市都曾在20世纪早期兴建高级酒店，约翰·雅各布·阿斯托于1904年在纽约第五大道主持建造了圣里吉斯酒店。1906年，在纽约中央公园的入口对面建起的广场酒店，至今依然是地标性建筑物。6年后，它的姐妹店科普利广场酒店在波士顿落成。在西海岸，费尔蒙特酒店从旧金山地震的灰烬中升起，1906年正式开门迎客。1920年，位于密歇根大道上的芝加哥德雷克酒店，接待了城中1/3游客。

从地震和火灾的废墟中新生的月桂厅茶室，位于旧金山费尔蒙特酒店内，建成于1906年旧金山大地震之后一年

这类高级酒店接待的客人大多是锦衣而行的富裕人士。他们大多很熟悉伦敦酒店的棕榈厅茶室——用大理石柱撑起开阔的空间感，彩色玻璃天窗投下自然的采光。厅中的茶桌相互间摆得很

近，但又有天然或人造的棕榈树隔开，某种程度上保证了人们谈话的隐私权，为对话双方提供了无人偷听的安全感。

波士顿的科普利广场

注：波士顿的科普利广场酒店于 1912 年，在波士顿美术博物馆的旧址上开业。其中的酒店茶室很快就成为后湾地区富裕阶层居民最爱的休闲场所。

酒店茶室宫殿般的环境氛围成为纽约、波士顿和旧金山等大城市中，家境优渥的居民享用下午茶和聊八卦绯闻的奢华舞台。亨利·詹姆斯在小说《一位贵妇的画像》中，描绘了这些早期茶室的座上宾，是如何纵情恣意地享受生活的：“在下午茶中消磨的几个小时，是生活中少有的惬意而满足的时光。”出生在纽约的詹姆斯与波士顿社会名流伊莎贝拉·斯图尔特·加德纳，是相交一生的挚友，后又移居英国拉伊。因此，他对这两片大陆上的饮茶习俗都有很深刻的体验，也非常懂得午后茶会的精髓——暧昧情愫和八卦丑闻才是那些奢华饮食最好的调味剂。

在这些高档消费场所饮茶的花销很大，很少有工薪阶层能负担得起。在科普利广场酒店 1910 年的菜单上，一杯茶要价 25 美分，精选的汤、小三明治、意大利面、面包和各种口味的冰品等小食，价格在 15 美分到 60 美分不等。虽然他们不提供司康饼，但可以花 15 美分点到英国松饼。相比之下，在同时期的快餐厅中，饱餐一顿也只需要 15 美分。

和伦敦城中类似，在美国大城市的酒店中举办由整支管弦乐队配乐的茶舞会同样大受追捧。但美国酒店对于入场宾客的性别限制，则与伦敦完全相反。如果没有女士陪同，男士会被拒之场外。年轻的宾客和大学生挤满了舞池，学着当时最新的舞步，如狐步舞。报刊专栏作家在用丰富精彩的文字，向人们描绘着舞会中宾客身上的华服美饰和欢声笑语。借由这些文章，茶舞会很快在美国成为街知巷闻的活动项目。

正如《纽约时报》1908 年 2 月 9 日刊登的文章所述，当地慈善机构也经常选择酒店作为联欢茶会的举办场所：

> 米尼奥拉城中的广场酒店将于 2 月 11 日（星期二），为巴哈马的拿骚医院举办大型慈善茶会。此次活动由奥利弗·H.·P.·贝尔蒙特夫人、小威廉·K.·范德比尔特夫人、威廉·B.·利兹夫人及其他几位共同计划，并负责出售门票。酒店创始人之一弗雷德里克·斯特里先生将酒店底层的全部空间都预留了出来，让参会的慈善人士喝茶娱乐。这场茶会票价定为 1 美元，参会宾客在酒店办公室购票以后，就可以凭票享用茶水和蛋糕。此外，当天早些时候还将有一场特殊午间剧目——《风流寡妇》在新阿姆斯特丹剧院上演。为了配合茶会，小威廉·K.·范德比尔特夫人将该演出整场包下，待看完剧目以后，将前往广场酒店参加茶会。

从 1907 年成立起，广场酒店的茶会就是纽约城中，上流社交活动的顶峰之作。酒店中宫殿般华贵的大厅被简单直接地命名为“茶室”，名门望族如范德比

芝加哥德雷克酒店坐落在美国最繁忙的购物街之一，密歇根大道上

注：酒店几十年如一日地延续了下午茶的服务项目，环境富丽堂皇，并配有竖琴演奏。

尔特家族和贝尔蒙特家族也是这里的常客。除此以外，广场酒店下午茶的传奇色彩也来自文学作品。例如,《了不起的盖茨比》中的尼克·卡拉维和乔丹·贝克的某次谈话，就发在“茶室”中。

与广场酒店有关的文学人物中，最出名的也许是埃洛伊丝。这位只有 6 岁的女主人公是由多才多艺的好莱坞名人，凯·汤普森和插画家希拉里·奈特共同创作出来的。1948 年，汤普森在一次彩排活动中迟到，有人向她尖锐地质问道:“你以为你是谁，竟然迟到了 5 分钟？”汤普森当即回答道:“我是埃洛伊丝，我今年 6 岁。”于是就有了角色。

1955 年，汤普森撰写了《埃洛伊斯：写小大人儿们的书》，由西蒙和舒斯特出版社发行，上架之后立即成为畅销书。广场酒店为吸引儿童，给这位古灵精怪、聪明又莽撞的小女孩虚构了酒店住客的身份，并于 1957 年在酒店内单独设置了“埃洛伊斯雪糕屋”。酒店也因此接到了许许多多小女孩打来的电话和拜访要求——孩子们想和埃洛伊斯通话或者见面。工作人员对此只能说:“很抱歉，你刚刚和她错过了。如果你看到埃洛伊斯，请告诉她，我们找到她那双丢失的鞋子了。”为了向孩子们证实自己所言不虚，工作人员还会拿出一双玛丽珍鞋。酒店的棕榈厅甚至还拟定了一份“埃洛伊丝菜单”。时至今日，经过翻新的棕榈厅也保留了“埃洛伊丝茶会”套餐，特色茶点有迷你三明治、司康饼、纸杯蛋糕和草莓。

尽管爱茶人在 20 世纪初充分享受了茶的乐趣，但 20 世纪 50 年代以后情况发生了改变。英国通过立法，保障了工人的最低工资和工作条件，却也让经营

茶店的成本大幅提升，削弱了人们投资经营茶室的意愿。餐饮业者为了迎合大众需求的变化，转而开始经营自助咖啡吧。1955 年 1 月，联合烘焙公司通过竞标，成功收购空气面包公司，接手了他们在伦敦主要商业街的商铺和餐厅。许多大城市的高级酒店中，能够勉强提供的下午茶服务，只剩下一壶茶包泡出的茶水和一块让人毫无食欲的袋装蛋糕。

然而，在英国的部分地区，特别是英格兰西南部、苏格兰和约克郡，仍然保持着茶室传统。例如，在康沃尔和德文郡，人们可以享用到丰盛的奶油、自制蛋糕和用“真正”的散茶冲泡的茶水。20 世纪 70 年代，由国家管理的许多名胜古迹开始向游客提供传统茶饮服务。经营者在建筑物的厨房、谷仓、柑橘园和烘焙室外设立茶室，并根据当地食谱，选用本地食材，制成传统茶点供人选购。事实证明，对于所有的英国游客和大多数外国人来说，如果没有在这些高贵典雅的住宅、城堡和美轮美奂的花园中享用一杯好茶，吃些三明治、司康饼和蛋糕等茶点，那么这半天的旅游行程就不算圆满。

和英国一样，美国茶文化也在 1960—1990 年几乎消失殆尽。1966 年,《纽约时报》经过长期的跟踪调研，于 2 月 9 日以《夫人，茶泡好了》为题刊登了一篇报道。这篇报道从记者发现时代广场旁边的高级酒店，阿尔冈昆酒店的下午茶中不再供应司康饼，只有腌鱼块和川宁伯爵茶包的故事开始，揭示了当时美国茶文化的萧条：

> 阿尔冈昆酒店总经理安德鲁·安斯帕奇向记者表示，“客人要的茶点简直五花八门。英国的松饼、荷兰的咖啡蛋糕、维也纳的摩卡慕斯，有些熟客还会点我们美味的蜂蜜面包。用茶包有问题吗？”他继续说，“目前也只能这样。我们至少还能正正经经地用茶壶泡茶，不是吗？至于茶叶，能有五六种不同的茶叶供人选择固然很好，但是一般美国人只喝橙黄白毫茶，就这么简单。”
>
> 如果客人点茶，大多数酒店都会提供，但很少有酒店鼓励客人这么做。只有少数几家会专门供应茶饮和茶点，因为很多酒店经理们都发现，茶饮业务的盈利太少了。自从新威斯顿酒店倒闭以后，就没有哪一家酒店能让客人

坐落于纽约的时尚中心——第五大道的华尔道夫酒店

注：该酒店拥有一座装饰极具艺术风格的大堂，其中布置有饮茶空间。自 20 世纪 30 年代落成以来，这里就是纽约城中的热门景点。钢琴演奏家科尔·波特曾在这里驻场演奏，这张 20 世纪 90 年代拍摄的照片里，左侧露出的钢琴就是他曾弹过的那一架。

坐在软扶手椅里，面对着炉火，喝茶放松了。

旧金山作家诺伍德·普拉特将茶包消费量的激增描述为当代茶饮者“急速堕向底层”的表征。回望过去，他说：“茶叶的浪漫情怀已被消磨殆尽。”这位写下美国第一本葡萄酒书籍——《葡萄酒圣经》的作家对于各种饮料都有兴趣。旧金山 G. S. 黑利茶叶公司的老板迈克尔·史毕兰曾向普拉特介绍“特种茶”，他本人从很早开始就提倡为特种茶贸易从业者成立茶叶贸易协会。普拉特了解之后发现，茶叶和葡萄酒一样有着万般变化，于是他编写了《爱茶者的宝库》一书。1982 年，该书以散文集的形式出版，书中集中展示了茶叶背后丰富多彩的历史故事及其对艺术和文化的深刻影响。此后不久，1983 年 11 月 30 日发行的《时代周刊》，发表了题为《好茶者势利，好咖啡者偏狭》的社论，标志着纽约地区好茶匮乏的局面达到了顶点。文中写道：

俄勒冈州波特兰的伊莱恩·科根太太，最近在来信中向本刊抱怨，她在纽约游览期间，到餐馆点茶时，对方总是给她上一杯热水和一个茶包。“他们似乎完全不懂”，她说，“一杯像样的茶需要用茶壶冲泡……对我来说，回到太平洋西北部的家乡，几乎是一种解脱。在那里，就算吃最普通的晚餐都会用茶壶给客人泡茶，还能拿出多种风味的茶让人选用。”

科根夫人有两点说得很对：第一，她的话语隐隐点出了咖啡偏执者的存在。他们认为，那些“爱喝茶的势利小人”是一群“不够美国”“女里女气”或“无事生非”的人。万幸，这种偏执正在消解，越来越多人开始选择喝低咖啡因咖啡，并勇于为自己特殊的口味发声。第二，即使喝茶的人不再面临被人嘲笑女性化或炫富的风险，但是茶的品质问题依然存在。愿意点茶是一码事，能喝到茶就是另一码事了。一间餐厅的点评分数基本可以等同于它的茶叶服务水平。

在评分靠后的餐馆里，作为一个爱喝茶的人，科根太太面对端上桌面的热水和茶包，感到郁闷和烦躁。而且在这类餐馆里，热水通常都只是温热的，无法将茶叶的滋味泡出来。带外茶还要更糟，泡沫塑料杯里面泡着没了形状的茶包，茶汤看起来就像一杯热的碘酒。

稍好一点的餐馆会用小钢壶泡茶，看得出来他们是想要泡壶好茶给顾客，甚至不用客人要求就会放上柠檬。但这个小壶里能装的水几乎刚够一杯，如果泡的时间长了，茶汤量还要更少。而且由于壶流短粗，倒茶时必然溅出。

在评分靠前的餐馆里，提供的茶叶种类多样，茶壶大小合宜，壶里装着滚烫的热水。如果浇到柠檬上，那水温都可以将之烫熟。至于四星茶，只要想一想，都能感觉出一种舒适和文明气息，但是四星茶很难找到。就算能找到茶叶，也不见得能好好享受。一位爱茶人曾给我们讲了她的一个经历，“有一次，我在市中心一家不错的餐厅吃完午饭后，我点的茶也端上了桌，还是用一把很好的瓷壶泡着。我倒好了茶，加了柠檬和糖，然后坐在座位上慢慢品着，满意极了。几分钟后，我的杯子已经空了一半。一位非常尽职的店员走过来，给我续满了咖啡”。

生活在康涅狄格州索尔兹伯的约翰·哈尼将《时代周刊》的这篇文章反复研读了很多次。这位前海军陆战队队员，康奈尔大学酒店管理学院的毕业生最近从他的导师英国侨民斯坦利·梅森手里，收购了一家名为塞勒姆茶馆的小店。斯坦利·梅森和他的父亲都曾在伦敦的茶叶市场里做过学徒，其兄弟还曾出任英国著名茶企布鲁克·邦德的总裁。哈尼公司拜读过诺伍德·普拉特的《爱茶者的宝库》一书，并坚信美国人会重新燃起对优质散茶的热爱。

认真研读了《时代周刊》的文章和普拉特的书后，哈尼打电话给曼哈顿区华尔道夫酒店的餐饮经理。他表示可以为酒店培训员工，能让他们像几十年前那样正确地泡茶，并可以在周六下午给大堂里的休闲区提供相关服务。酒店同意了他的计划。此后几年，他不断前往纽约，与酒店客人交谈，鼓励负责下午茶的员工。没用多长时间，他与华尔道夫酒店成功的合作就引起了其他酒店的兴趣，美国下午茶的复兴也悄然开始。

作为美国茶文化复兴的发源地，旧金山湾区诞生了一批极富创意和少数族裔多样性的茶叶企业。在他们的共同努力下，旧金山的茶文化热度远高于其他地区。茶叶包装商如G. S. 黑利茶叶公司、茶叶共和国、里弗斯、红与绿和丝绸之路等，都在湾区扎根。

詹妮弗·绍尔在《向茶而行》一书中写道：“在旧金山湾区生活着一批茶叶专家。他们具有世界顶尖的专业水平，包括从帝国茶院的罗伊·方到孔子后裔、持有中国评茶员证书的洪梅，再到来自里千家基金会[①]的克里斯蒂·巴特尔。里千家基金会旨在为想要前往日本学习日本茶道的人提供机会和帮助。”

在中国度过童年时光的方罗伊，仍能记得在他每天早上上学的途中，都要路过一群工人。他们围坐在火堆边，用无柄的小杯喝着茶。当他在青少年时期随家

① 注：里千家是日本茶道宗师千利休嫡传子孙传承的日本茶道流派，在日本和世界均享有盛誉。

詹姆斯·诺伍德·普拉特（左）和方罗伊（右）在旧金山御茶苑的老店里品尝乌龙茶

人移民到加州时，这种生活场景就离他而去了。尽管后来他拥有了一家利润丰厚的拖车公司，但他总有股强烈的意愿：把真正的亚洲饮茶文化带到他的新家——旧金山。

方罗伊的御茶苑于 1993 年 7 月 4 日开业，给旧金山带来了极富特色的好茶，这座城市也渴望着能品尝到好茶。罗伊的茶单在大洋这一头的国度中，绝对与众不同：精品龙井茶、昂贵的上等乌龙茶、陈年普洱茶和精致纤细的白毫银针。当然，他开出的价格自然也是前所未闻的高昂。开业第一周就有一位当地的华裔老太太，为此厉声斥责他，“这种茶叶开价高得离谱，同样的茶在中国城的任何其他店铺里，都可以用合理的价格买到”！这位老太太不明白的是，罗伊的茶是在美国其他任何地方都买不到的稀有茶，许多旧金山人都急切地想买回家里品尝。

罗伊泡乌龙茶的时候一定会用功夫泡法“每个人都知道中国武术也叫功夫，”他说，“但实际上功夫的概念几乎适用于生活的各个方面。它教育人们要学会忍耐、反复练习，打磨自己的技巧直到完全掌握。”

与此同时，在肯塔基州的佩里维尔，这座改变了南北战争局面的小村中，雪莱·理查德森正在她重建的希腊复古风格的家中（榆树客栈），准备下午茶。基于她对曾去过的欧洲茶室的印象，雪莱打造了自己独具风格的茶室。这位当过教师的音乐家开办的茶室在1990年开业时，就引起了当地客人的好奇心，于是当地客人纷纷前来探访。2002年，英国茶叶委员会在《最佳茶室与茶店名录》一书中收录了雪莱的茶室。这也是北美地区首次有茶室登上这一推荐名录，全美各地的茶叶爱好者一时间纷沓而至。约翰·哈尼注意到榆树客栈并发表评论："如果你能在波旁酒之乡卖出茶水，那就可以在任何地方卖好它！"

冈仓天心在《茶之书》中写过："当我们尝试在无解的生活中，寻找某种出口时，茶道则恰好可以提供一分温柔的可能。"1996年，在这段饱含深意的文字的鼓励之下，米歇尔·布朗和琳达·纽曼开办了他们的第一家茶馆，地址就在华盛顿特区繁忙且族裔文化多样的杜邦环路社区附近。

在学茶一事上如饥似渴的布朗和纽曼，很快给自己树立了一个非常宏大的目标——在这个由大学、政府机关和大使馆组成，各种文化、思潮包容并蓄的社区中，分享茶叶的当代故事。这两位最早推广茶叶的先驱，怀着传教士般的信念，带领年轻观众了解散茶，而不是推荐茶包了事。早在美国其他茶人关注之前，他们二人已经开始宣传未曾拼合其他产区产品的特种绿茶和乌龙茶。这对搭档只用了15年时间，就在华盛顿特区开拓出4家茶室。

茶道

长青茶室距离西雅图繁忙的派克市场只有几步之遥。同时，在相对偏远的州和地区，如乔治亚州、田纳西州、明尼苏达州和华盛顿州，茶室开始出现。诚然有顾客是冲着衣香鬓影的环境，而非茶和司康饼来到茶室；但没有人能无视历史悠久的饮茶仪式所带来的身心放松和灵魂涤荡，及其凝聚人心的力量。

到了 1994 年，哈尼注意到了新一轮美国茶叶革命的曙光。同年，他在康涅狄格州索尔兹伯里组织了一场茶叶峰会，邀请了他认识的所有热爱特种茶的人。40 人参加了开幕式，包括埃伦·伊斯顿、南希·林德梅尔、简·佩蒂格鲁、詹姆斯·诺伍德·普拉特、珀尔·德克斯特、乔·西姆拉尼、马库斯·沃尔夫和布鲁斯·理查德森。一年后的第二次会议中，出席人数增加了一倍。到 1996 年，近 300 名欢欣鼓舞的茶人出席了在拉伊、纽约举行的周末活动。来自不同地区的

棕榈厅

注：在伦敦，如果说还有一个名字可以指代下午茶，那一定就是丽兹。自从塞萨尔·丽兹 1906 年设计出了棕榈厅以来，丽兹酒店的茶会吸引着来自世界各地的游客。如今，进入这美轮美奂如宫殿一般的厅堂时，绅士们依然需要西装革履，在登上台阶进入宫殿之前，仍然必须穿上外套和领带。随着 20 世纪的结束，酒店开始流行预订，丽兹方面也增加晚上 7 点 30 分的座位，以满足预订的需求；特别是那些热衷于体验真正英式下午茶的美国人，哪怕已到傍晚时分。

茶人，在彼此对茶的热情中备受鼓舞。这些内心笃定的茶人毫不吝啬地将自己的知识传播到美国的各个角落，当代美国的茶文化运动就此拉开了序幕。自1999年起，与崭露头角的美国茶文化相比，老成持重的英式饮茶方式，仿佛蒙上了一层时代的灰尘。

珀尔·德克斯特在康涅狄格州苏格兰村的一栋18世纪的房子里，开了一间名为英国老茶屋的茶室。在其丈夫詹姆斯·丘吉尔·斯特里特的帮助下，她将自己对茶叶和文字的热爱融合在一起，形成了北美第一本面向茶叶消费者、装帧精美的杂志《茶》。作为出版商的斯特里特全力辅助妻子，并于1994年6月成功发行杂志《茶》。杂志的创刊号上刊登了有关伊丽莎白二世女王在英国开设新茶厂的文章，介绍了茶包纸制造商、中国古代茶人陆羽和米丽亚姆·诺瓦莱在曼哈顿新开的茶叶沙龙。

20世纪80年代的伦敦，人们对茶的兴趣重新燃起，催生出新的茶叶企业，这其中就包括简·佩蒂格鲁在伦敦克拉彭开设的茶室：饮茶时光。此时的她和两位合伙人根本想不到，自己对茶的热情将要和其他茶人一起，共同成就一番即将重焕青春的文化事业。伦敦考文特花园新开了一家名为“茶馆”的茶叶零售店。在伦敦北部的芬奇利区，学院农场的旧奶牛场恢复了它明信片画片一般的美景，并在周日对外提供茶水服务。在格拉斯哥，安妮·穆尔赫内在苏奇霍尔街的原址上，重建了查尔斯·伦尼·麦金托什著名的豪华客房。几个月前，伦敦华尔道夫酒店恢复了茶舞会，丽兹酒店也开始举办周末茶舞会。

20世纪80年代，简·佩蒂格鲁在克拉彭开办了自己的茶室享受饮茶时光

英国的茶爱好者们有时会思考，为什么1983年所有这些活动都在英国汇聚？也许是快餐店数

量过度饱和、随处可见的塑料桌面、毫无差别的服务反馈；或许是大多数人打从心底就不喜欢城市里快节奏的生活；也可能是社会本身再一次需要沉静下来，放松地感受一杯茶中的意趣。

尽管人们重新对茶投以热情，但在伦敦城里却很难找到传统气息浓郁的好茶馆。杂志《笨拙》在1987年7月刊登的文章中就提到了这个问题，但也称赞了某些茶室："要想喝到一杯真正好的茶，自然有必要去约克郡……贝蒂茶屋恰恰就是一个卓越的例证。茶屋整体的装饰风格精致优雅，一应男女侍者的穿着仿佛来自19世纪，整洁利落、黑白配色的服装。他们对待工作的态度也承袭了旧时代的礼貌与端庄。"然而茶行业的未来并不取决于旧日的影响。爱德华七世时期顾客所喜爱的事物，对今天年轻的饮茶者而言，也可能是费解而无趣的。

除了贝蒂茶屋，饮茶服务质量上乘的场馆也还是有的，但只有深谙此道的茶客才可能找到。伦敦的大酒店基本都有很棒的下午茶服务供应，如多切斯特酒店、克拉里吉斯酒店和华尔道夫酒店等。但酒店的服务重心是举办活动和食物供应，而不是茶本身。这类场所的茶单大多循规蹈矩，毫无新意，一般只有传统的英式拼配茶，可能会有烟熏味的正山小种或者大吉岭拼配茶。如果泡的是散茶，取适量以后就投入壶中，冲入沸水之后任其浸泡，直到客人喝完或弃掉茶汤。这就意味着，即使第一杯倒出来的茶大致能保持原有的风味，随后的几杯茶就会过浓了，喝起来又苦又涩，难以下咽。

大约也是在这个时段，美国和日本游客也开始沉迷于英国下午茶的历史和传统，不少团体和个人都奔赴英国深入学习。很遗憾，他们其实经常是坐在塑料面板的桌子旁，就着笨重又粗陋的杯子，有的甚至直接用马克杯；还要喝下冲泡手法糟糕、茶包质量低劣、半点风味都没有的茶水。他们目力所及，周遭的环境更是无法让人享受到美感。

面对这样的情况，英国茶叶委员会立即介入，尝试让优质茶室重新回到地图上。首先，英国茶叶委员会成立了英国茶室评定委员会，承袭并发展多年前的工作——全国范围内寻找优秀的饮茶空间；其次，他们以非常严格的标准检查已有的评定准则。另外，他们主动邀请茶室负责人加入英国茶叶委员会，从而帮助游

唐娜·卡兰位于纽约曼哈顿的茶叶旗舰店前台

注：本店在 1997 年开业时，就以品茶空间为特色。店主人绝佳的时尚触觉将茶再次与衣着光鲜的优雅女人联系起来，成就了 70 多年以来，时尚与茶的首次重聚。

客享受到最好的饮茶服务，而不是在糟糕的店铺里浪费时间。英国茶室评定委员会出品的指南里一间茶室、茶馆等机构会有一页的篇幅，写下详细情况。今天的爱茶人，可以通过浏览网站、根据地图来搜索定位那些提供优质服务、精品茶叶、环境宜人且气氛温馨的茶室和酒店休闲区。

1997 年，布鲁斯·理查德森在《辉煌灿烂的英国茶室》一书中写道，“爱茶的人一眼就能找出诚挚服务的茶店和茶馆：壶里现泡的茶水必然醇厚顺滑；佐茶的司康饼、三明治、糕点和甜点必定刚刚出炉，摆盘也是用心考量过的；室内的环境布置能让人安心坐下，连谈话的声音都会随之温柔、低沉起来”。

总而言之，20 世纪后期的茶行业在大西洋两岸呈现出不同的发展态势：美国一边是如火如荼、蓬勃发展，英国这边则是不温不火，稳步行进，但双方都还是在向着复兴当地茶文化的方向走去。真正给茶产业投下催化剂的好消息正在一步步靠近。当代茶产业复兴的齿轮因为茶与健康生活密切关系的揭示，而飞速转动起来。

在20世纪的最后几年里，关于茶的健康功效，一个强有力的消息开始从具有科学家身份的茶叶消费者那里传播出来。人们逐渐开始从另一个角度审视、认可茶叶。随着“国际茶与健康研讨会”在华盛顿特区召开，美英两国茶叶委员会共同协调组建的国际联合科研项目组，也宣告正式成立。该项目组中的主要研究单位包括莱纳斯·保林研究所、美国癌症协会和美国农业部。1997年，科学家发表报告称：“茶有清热、镇静和提神的功效。它为人体摄取每天保持最佳健康状态所需的液体，提供了一种非常令人愉快的方式。茶叶中含有包括氟在内的微量元素和维生素，配合均衡的饮食，可以补充人体日常所需的营养物质……如今已有越来越多的证据表明，茶叶中含有抗氧化物质。这些化合物在预防癌症和心血管疾病中能够发挥重要的作用。”

1997年，在华盛顿举行的茶与健康国际研讨会上，塔夫茨大学抗氧化剂研究实验室主任杰弗里·布隆伯格正在回答记者的提问

不久之后，世界各地的新闻机构就以类似“为了健康干一杯”“每天一杯保健康”“茶：当今社会时尚又健康的终极饮料”和“一杯清茶如何帮你战胜癌症”等标题，广泛报道茶的健康功效。鉴于人们普遍认为绿茶的健康功能要强于红茶，一系列绿茶产品在20世纪90年代末，开始出现在超市的

货架上。产品上大多印着:“绿茶是天然低咖啡因产品，同时也含有具抗氧化效果的茶多酚类物质。”虽然低咖啡因的说法并不算准确，但茶多酚的存在却是无可争议的。曾经对茶叶习以为常的消费者现在开始认识到，茶是一种时髦而健康的饮品，能够替代咖啡和酒水。

茶室行业奖章

注：英国茶叶委员会向全国范围内符合一定标准的茶企会员，颁发资质证明。资质考核的内容包括泡好一杯茶。

护肤品和化妆品制造商也很快开始考虑，如何将茶的健康潜力投入自己的产品。行业中的几家国际化大公司不约而同地推出了多种含有茶叶提取物的产品。甚至顶级香水商也新增了含有红茶和绿茶的产品。这主要因为红茶和绿茶的香气物质很适合作为基调，能和其他的组分相得益彰。当然，茶的文化象征意义也是一个因素。

当时装设计师唐娜·卡兰在1997年推出一系列家居器皿，并在其曼哈顿茶店中拓展出茶吧业务时，同时推出了一套盒装的中式茶壶和品茗杯，并且附上一段话:“泡茶以诚，动作虽简却能静心平气。备茶、奉茶、品茶之道存之久矣，是以宽心顺意、凝神聚气，全尔真也。”

1993年，英国茶叶委员会就国内公众对茶的认知问题，进行了一项调查。结果表明，老年人对茶叶的热情要高于其他年龄组。但对茶的认可度的调查结果，却没有出现年龄差异——几乎受访消费者都认为茶具有非常高的价值。他们认为茶是一种非常方便和健康的饮料，热量低、天然且不含任何添加剂；能够放松身心和恢复精力，还能解渴，适合全天候、多场合饮用。1994年,《时代周刊》和《国际茶报》都刊登了记者乔纳森·马戈利斯的一篇文章。他在文中指出:“茶仍在平静地主导着英国文化，饮茶的仪式遍及我们社会生活的每一个领域。茶壶成了所有阶级的标志。”

随着20世纪90年代的结束，茶叶开始褪去沉重古老的历史形象，真正成为一种美味、健康的饮料，这才是最有意义的变化。不再尘封于过去的定位，茶以年轻化的姿态和我们一起走进了21世纪。

曼哈顿下城的炮台公园丽思卡尔顿酒店的“能量茶”是为了迎合那些在谈判数百万美元交易时享受下午茶的华尔街高管

六
21世纪初
英美茶事

声名鹊起的美国茶人 The Rise of the American Tea Smith

21 世纪的第一个 10 年里，美国的茶叶销量稳步增长。如今，近一半的美国人每天都会喝茶。就地区差异而言，美国南部和东北部的饮茶风俗最浓。全美茶叶饮品消费习惯则相对统一，85% 的人习惯喝冰茶，65% 以上的人习惯用茶包泡茶。

特种茶品牌的成长提高了美国茶文化的知名度和产值，为满足顾客不断提高的消费预期，许多历史悠久的茶叶公司都在包装和广告方面不断改进。尽管专门的茶叶销售场所创造的销售额仍仅占整体茶叶消费额的一小部分，但由新一代茶人所开创的茶叶企业，正在为美国茶产业的未来铺平道路。

史蒂芬·史密斯也许永远不会像托马斯·川宁或托马斯·立顿那样青史留名，但他的故事却展现了新一代西方茶叶企业家的成长轨迹。1972 年，史密斯与当时在俄勒冈州的波特兰市经营花草茶店铺的亲戚合作，共同创办了名为思达茶的茶叶公司。当时，没有经过任何正规的茶叶行业培训的两位合伙人，共同打造出花草茶和茶叶混合调配的拼配茶产品，在当地天然食品商店中很受欢迎。在方兴未艾的花草茶市场上，他们唯一的竞争对手是位于科罗拉多州博尔德市，名为“诗尚草本”的新兴茶企业。史密斯注意到诗尚草本为他们的茶产品精心创作了人物和故事，产品本身也起了令人印象深刻的名字，如睡前茶和红色冲击。史密斯也想过给自家的产品做出类似的调整，但他很快意识到思达茶的品牌档次更高，售价也是诗尚草本的产品所无法企及的水平——第一批思达茶出品的每盒 20 包的产品，售价在当时高达 1.79 美元。

1980年，史密斯卖掉了他在思达茶的股份，并在14年后创办了自己的第二个茶品牌——泰舒。他曾说：“这个新品牌吸收了诗尚草本所具有的新时代气质，杂糅了神秘主义气息，再用轻松幽默的风格重新加以阐释。在喝茶时带给人们欢笑和开怀，是我们一贯的宗旨”。但事实上，新品牌旗下的产品名称并不会告诉消费者每种特制拼配茶的成分，清醒、禅定、冷静之类的名字，旨在告诉消费者茶包的饮用体验。

咖啡业巨头星巴克自1999年起，便主动寻求提升其茶叶产品的质量。于是，该公司以900万美元的价格收购了泰舒茶，并连续几年聘请泰舒的品牌创始人史密斯，担任星巴克茶叶部门负责人。从星巴克离职以后，史密斯在法国南部地区休养了相当长的一段时间。在那里，他重拾自己对茶叶的热情，并于2009年回到波特兰，在一家有100年历史的铁匠铺里，创办了一家名叫“做茶人史蒂芬·史密斯”的新产线。新品牌的产品精选专用混合植物原料，调制以小规格包装的拼配茶，每种产品都可现场配制、包装。在星巴克从业的经验告诉史密斯，美国消费者可以为特制的茶产品付出更高的价格。新品牌每盒15包的拼配茶产品售价11.99美元。

21世纪以来，美国饮茶者也开始意识到，并不是所有的茶具和环境铺陈都必须采用英式风格。在旧金山，萨莫瓦茶室成为加州新茶运动的优秀代表。这家茶馆将注意力更多地放在茶叶品质上，抛却了传统饮茶空间的奢华风格。创始人杰西·雅各布斯目前在旧金山湾区开办了3间萨莫瓦茶室，致力于融合国际茶文化和餐饮文化。

专业茶叶品牌“茶人史蒂芬·史密斯”

注：随着一个又一个茶叶品牌的成功打造，史蒂芬·史密斯对美国茶文化的影响也与日俱增。图中展示的是他的第三个作品。

穿过海湾大桥，伯克

利区的茶风更浓，这在很大程度上要归功于于温妮。她幼时生活在香港，培养出了饮茶的习惯。从绿茶到红茶，各种口味的茶她都很喜欢。搬到美国生活以后，她发现很难在当地买到高质量且没有调配其他植物的茶叶，便决定亲自从其他国家采购茶叶。在她的茶店中，于女士会在清水泥风格、铜制盖碗造型的茶台上提供来自全球各地的茶叶，甚至还有全美罕见乌龙茶产品。

在加州伯克利的茶店中，于温妮正从她的品茶吧台中，分发珍贵的茶样，并给顾客提出恰当的饮茶建议

2002年，茶叶在纽约市风靡一时，著名音乐人和词曲作者理查德·梅尔维尔·霍尔，在下东区开了一家茶馆，名叫纽约茶。这位人称莫比的音乐人曾在全球售出超过2000万张专辑，并在20世纪90年代早期，凭借他创作的电子舞曲而广受好评。莫比对茶的喜爱溢于言表，他曾经解释过他开设茶馆，并几乎将自己的客厅都搬过来的原因：

> 我当时想，好吧，你已经卖出了很多唱片，走遍世界各地演奏自己的音乐，然后下一步又该干什么呢？开个保龄球馆？水上公园、海豚马戏团，又或者开一间茶馆？至于我为什么会想开茶馆？因为没有理由不开啊！开一家酒吧，我可能就会开始酗酒。而且我觉得，如果我开启一项健康的事业，比如做茶馆，不仅能喝到好喝的茶，又有利于我的健康，这就是当下人们常说的“双赢”。在这里，人们往来穿梭，喝茶吃饭，真好。

1990年4月，在去机场的路上，创立了服饰品牌“香蕉共和国”的梅尔·齐格勒遇到了比尔·罗斯韦格，开始了一场关于茶的对话。巧合的是，他们二人当天同乘一班飞机。这场关于茶叶的对话在飞机上延伸开来，两人一拍即合，当即

萨莫瓦尔茶室

注：最初，该茶室位于旧金山的传教区和卡斯特罗区之间，是现代美国茶运动的典范之一。

决定成立一家茶叶公司。几天后，这间尚在计划中的公司被命名为茶叶共和国（REPUBLIC OF TEA）。他们玩笑般地将罗斯韦格任命为茶叶共和国的发展部部长，齐格勒是茶叶部部长，齐格勒的妻子被任命为设计负责人，冠以“魅力”部长的头衔。

在华盛顿国家大教堂南塔，美轮美奂的厅堂中每周都有下午茶活动

注：如此独一无二的活动，是参观大教堂是必不可少的行程。

飞机上的谈话虽然有幽默的调侃，但这两位商人早期的通信表明，他们对茶的热爱是坚定不移的，并且希望吸引热爱咖啡的美国公众去品尝茶，享受茶，“小口小口地品，而不是大口大口地喝”。他们还构思过一个儿童茶产品系列，将重点放在茶叶本身，并尝试将饮茶生活回归到东方哲学的语境中。齐格勒经常使用“禅商”这个词。然而，茶叶共和国蓬勃发展的业务很快就遇到了障碍。齐格勒和罗斯韦格都发现，新的产品很难打入一个由诗尚草本把控的市场。那句“天下熙攘，茶可清心”的论调，已经先入人心。虽然市场有利可图，但生产出可行茶产品并非易事。他们的商业计划也就只能停滞不前。

1990 年 7 月，罗斯韦格在一家设计公司开始了新的工作。一年以后，他才能够专注于创造新的茶叶产品和制订可行的商业计划。罗斯韦格和齐格勒前往伦敦，在此找到了能够符合他们想法的特殊茶叶，并发现了一种能制造出完美配适于筒状茶罐的圆形茶包的机器。回到美国以后，这两位伙伴，迅速找到了投资热和一群“未来部长们”。1992年1月茶叶共和国成立，并迅速成为全美高档市场、书店和零售店中，市场占有份额最大的特色茶包品牌之一。

780年，陆羽撰写《茶经》，成为历史上第一位记载茶叶历史和烹茶方法的学者。

但21世纪以来，消费者对茶叶种植和制造、茶叶贸易、茶具、茶叶与健康研究以及海量的茶叶术语等知识，有了更浓厚的兴趣。与此同时，来自不同国家的创新茶叶，伴随着当地独特的风俗和语言，也开始走入大众的视野。因此，将当下已经积累并且还在不断累加的信息汇总起来，并重新形成一部茶叶通识巨著的时机已经成熟。

詹姆斯·诺伍德·普拉特、印度茶叶专家德文·沙阿和拉维·萨托迪亚编写了《茶叶辞典》。在莉莉·塔利斯·张（Lily Talise Chang）和中国茶叶专家陈宗懋的帮助下，经过项长达6年的研究和写作。读者可以在其中了解未知的术语和知识，也能读到作者为饮茶新手提供的建议和他自身在茶文化中的认知和经验。

1987年8月18日，第一家星巴克咖啡店，连同今天的西方咖啡文化，就这样在一个星期一早上诞生了。星巴克的创始人霍华德·舒尔茨立志于改善人们的咖啡消费体验。他以西雅图为起点，至今已经在全球发展出15000家连锁咖啡馆，舒尔茨一手打造的“星巴克效应”最终将咖啡馆和咖啡销售提升到前所未有的水平。

由于西方的茶文化与咖啡文化历来有着密切的联系，星巴克自然也不会忽略茶产品的盈利能力。另外，在21世纪之初，美国民众开始重拾对茶的兴趣。在两种因素的综合作用下，星巴克集团斥资6.2亿美元收购了在北美地区拥有300家连锁茶叶店组成的茶叶品牌Teavana。该品牌起源于亚特兰大市桃树街，一家名为大象茶的小型独立茶叶店铺。

大象茶

注：虽然最初被命名为大象茶，但Teavana的品牌形象已经延伸到它的标志中：图中的修士盘着腿，手上拿着一杯茶。

2013年10月24日，位于纽约曼哈顿的Teavana概念店正式开门营业，星巴克创始人舒尔茨亲临现场剪彩。这家新店是星巴克旗下第一家茶叶专营店。与1658年茶叶第一次在伦敦咖啡店亮相的情况不同，茶在这里是唯一明星。尽管这次是咖啡文化为美国茶文化的复兴铺平了道路，但在这个茶叶的主场中，咖啡却没有出现在菜单上。

当美国逐渐成为新时代茶文化的引领者，英国人也开始意识到本国的茶叶消费量的萎缩趋势：从人均3.7杯下降到3.1杯一天，英国茶叶理事会随之决定用实际行动来促进本国的茶叶销售。2002年3月31日，有消息称，模特兼时尚偶像凯特·摩斯将成为英国新的茶叶代言人。有新闻报道："秉持享乐主义生活观的名模凯特·摩斯，此前一直以热爱香槟和其他奢侈消费品而闻名于世。近来，她开始坦言自己开始沉迷于一些更平凡的事情，如茶。凯特表示自己现在每天要喝10~15杯茶，她将在英国茶文化的复兴运动中起到表率作用，引领人们重新去体验这种饮料时尚滋味。英国茶叶理事会认为，在25~34岁的年轻女性消费者中，凯特对于茶的喜爱将有助于影响其中的'主要受众'。泡茶喝茶不仅是为长辈亲属准备礼物，而是一种健康时尚的饮品。"

在凯特·摩斯为英国茶文化复兴运动代言的两年间，英国茶叶理事会组织并参与了一系列时尚活动来推动进程，比如，为著名时尚设计师亚历山大·麦奎因策划伦敦邦德街的新店开业活动。这样就可以确保在各种活动之后，凯特和朋友们喝茶的照片会出现在年轻人爱看的杂志上，明确地传达出："茶很时髦，是年轻和成功的名片，时尚名人也爱饮茶！"

伯克利酒店的时尚下午茶

注：在21世纪第一个10年里，伯克利酒店的时尚下午茶是所有伦敦潮流人士的午后活动首选。为了呼应近年来突破传统的创新主题，这里下午茶的菜单上并没有司康饼。

通过英国茶叶理事会组织的第一个茶事活动“白茶与钻石”派对，白茶产品的形象在英国社会中获得了很大的提高，英国各地的茶馆和茶室开始在店内提供白茶。白茶的价格随着其知名度的提升也就水涨船高，每罐茶叶的单价通常比传统的英式早餐茶或伯爵茶要高四五倍。这进一步引起了民众的好奇，他们不断提出问题，比如，什么是白茶？它是从哪里来的？它是怎么生产出来的？为什么价格这么贵？为什么白茶和我们通常喝的拼配茶产品在口味和价格上会有如此大的差异？为什么我们以前从没听说过这个茶？

正如大卫·德比希尔在2007年2月21日《每日电讯报》网络版上发表的社论所示，这项广告计划奏效了：

> 曾几何时，在许多家庭里，品啜一杯不加糖的泰特利茶就代表了精致茶饮的最高境界。如今那些紧随时尚的老饕们，又找到了更为独特、昂贵的饮品来滋润喉咙。

英国茶叶理事会与凯特·莫斯的合作计划还包括开办展览和出版一本名为《我的那杯茶》的图书。书中主要展出各国摄影师所拍摄的，一些名人在非常规的情况下喝茶的照片。例如，模特乔迪·基德在马上喝茶的场景；萨迪·弗罗斯特戴着一副茶包做成的耳环，并且穿着一件用茶染出的英国地图的T恤衫；裸体模特躺在放满了茶包的浴缸中，洗茶浴的场景；在另一张照片中，一个只穿袜子和袜带，头戴一顶茶壶套的年轻人以巧妙的坐姿坐在一间空屋里。在他旁边，写着比利·康纳利的一句名言：没有童心之人，万不可信！

《我的那杯茶》图书（由英国茶叶理事会出版社出版）

茶叶健康运动 The Tea 4 Health Campaign

当凯特·摩斯代言的时尚饮茶运动结束以后，英国茶叶理事会又推出一个新的茶文化运动理念。这场运动以饮茶与健康的生活方式之间的联系为基础，集中宣传和推广国际上关于茶与健康的研究成果，不断加深人们对茶的健康功效的认识。英国茶叶理事会委托专人设计了一个“tea-4health”（饮茶为健康）标志，努力向消费者传递“每天饮用4杯及以上茶水，将有助于保持身体健康”的健康理念。在这场茶文化运动中，英国茶叶理事会在伦敦的轨道交通和地铁网络中，进行了一个月的广告宣传。数百万人在每天上下班的路途中见到“tea–4health”的标志，以及一系列关于健康和茶叶的广告海报。这样大量投放的广告，自然引起了消费者的注意，也让他们了解到茶不仅仅是他们长期以来所喜爱的解渴饮料，其保健功能也同样出色。世界多地的茶叶公司开始在各自的拼配茶产品中增加调入更多的绿茶。条件允许的公司，还会在产品包装上加入关于茶与健康方面的文献资料。

21 世纪以来，虽然英国本土老牌的茶叶大公司依旧只出售茶包产品，但在其国内各地也出现了一些小型的独立茶店、茶室和茶吧，销售散茶产品。在美国，英国茶叶品牌的命运转折在很大程度上，是源于当地充满活力的新型茶叶企业家所做的、具有开创性的作品。这些新的拼配师设计出新的包装方式，内装的茶叶品质也相当卓越。而且他们还坚持向消费者提供茶叶相关知识培训教育，不仅热情满满，还坚持不懈。

1997 年，康沃尔郡的特雷戈南茶园里栽下了英国本土的第一批茶树。这些茶树于 2005 年出产了第一批春茶。这些真正意义上的英国茶，最终在百年茶店福南梅森以每千克 1500 英镑的天价售出。

同样在 2005 年，塔拉·卡尔克拉夫特在伦敦诺丁山地区开办了一间时尚茶馆，后又因某些原因搬到了考文特花园，并成为一家主营零售茶叶的企业。在开办茶馆时，塔拉注意到:“如今的市场上有着一个空白领域……没有一家现代英国零售企业意识到高品质茶叶的价值。咖啡厅在英国到处都是，而且他们提供的茶叶品质低劣得令人震惊。即使是那些拥有高额投资、装备有高档咖啡机、培训员工学会制作意式浓缩咖啡和卡布奇诺的高级餐厅，似乎也安于给顾客提供劣质茶。茶在这些地方，完全被无视了。”

伦敦梅菲尔绘叶书茶铺的老板蒂姆·德奥菲

蒂姆·德奥菲在自己学茶的过程中发现，人们对于优质散茶的兴趣在日渐提升，并于2005年在伦敦梅费尔地区创办了一家专门供应高品质茶叶的零售茶店——绘叶书茶铺。蒂姆希望通过自己的努力，为能够手工做出最优质茶叶的种茶制茶人，在保护其文化传承上贡献一分力量。第一步就是在他的茶叶包装上，标记出内装茶叶的出处。2008年以后，绘叶书茶铺里所有的茶产品上，都写着种茶制茶人的姓名，尽管其中许多人都只是规模很小的生产者，甚至茶园的种植面积还不到5英亩。

2006年，玛丽安娜·哈吉·乔治奥在巴恩斯开设了著名茶店——橙黄白毫，她曾感叹：“那时在偌大的伦敦城里，无法找到像样的茶叶店。人们一味地追捧咖啡，为之有很多精美绝伦的咖啡店开业，却没有人正视茶的价值。”

詹妮弗·伍德于2007年开始了她的茶叶电商企业“广东茶叶公司”。她曾说：“几十年来，我们一直在喝朋友家里出产的绿茶和乌龙茶。我想把这些产自中国台湾茶园的好茶带到英国，与这里的人分享；更希望这些顶级手工茶能够随时可得，并让更多的英国人能够品尝到英国早餐红茶以外、滋味惊艳的各种优质茶叶。”

卡斯·阿里于2008年在加的夫港开设滑铁卢茶室，他立志从这里出发“走遍各地茶区，寻访世界上最好的茶。通过沟通促进顾客对产品的认知，以消费者视角思考，理解并帮助他们拓宽饮茶的观念，以及诚实地告知他们，所买茶叶的产地和采收日期。”

2011年，特蕾西·博文顿在米尔顿·凯恩斯地区创立了第一家伦敦之外的连锁茶馆茶猴。她创立茶猴的初衷是为了让人们能够聚集在一起，喝茶谈天。因此，博文顿把她的茶馆戏称为“原始聊天室”，因为“这就是我们在茶猴聚会时想要做的事——共同享受品茶和分享他人的乐趣”。

川宁公司的代表史蒂芬·川宁

注：自1706年开业以来，川宁公司在河岸街边的大门已经成为公司的标志性建筑。如今以史蒂芬·川宁为代表的、英国最负盛名、传承10代的茶叶家族仍然在这个行业中耕耘。老茶店里加装了品茶台，今天顾客们可在此品尝川宁公司的茶叶和拼配茶产品。

2008年，拥有300年历史的川宁品牌推出了更多的优质散叶茶，包括中国台湾乌龙茶、白茶和普洱茶，以及一个用金字塔形纱袋包装，名为“茶枕”的特色三角茶包产品系列。公司在宣传稿中表示：“每个‘枕头’都包裹着优质的茶叶，并以精致透明的网袋制成，可以最大限度地保证消费者品尝到如同传统散茶产品一样最清新、最浓醇的茶水。”该公司还对位于伦敦中心地区的河岸街老店大举改装，引进并培训新员工，扩大了散茶产品谱系，推出书籍等，并将玻璃茶壶和泡茶配件也纳入商品范围。当然，他们还打造了一个全新的品茶台，供顾客们品尝店里的各种茶。

20世纪末以来，茶叶逐渐呈现复兴的态势，美国和英国的厨师也开始尝试以茶叶入菜。站在创新前沿的厨师们开始在厨房里发掘茶叶作为美味和甜点佐料的潜力，让茶叶的身影出现在菜谱、鸡尾酒和巧克力中。伯克郡肥鸭餐厅的老板，英国名厨赫斯顿·布卢门塔尔，制作了伯爵红茶拼中国红茶口味的十字餐包、小种红茶熏鲑鱼和绿茶慕斯。电视名师贾米·奥利弗创出了绿茶三文鱼。品酒师、名厨辛西娅·戈德在波士顿出版了《茶水充盈》独特的食谱，书中的菜谱都有将茶作为美食的基本成分。

辛西娅·戈德

注：波士顿 L' Espalier 餐厅的常驻调酒师和品酒师，专长为以茶入酒。

在酒精和鸡尾酒的世界里，英国著名酒厂必富达的首席酿酒师德斯蒙德·佩恩在制作公司的必富达24杜松子酒时，为了使酒浆的滋味更加出色，就以茶为灵感，选取日本煎茶和中国绿茶调入其中。

茶叶知识培训 Tea Education

在21世纪，美国的茶叶促进运动涉及了教育培训领域，这正是培育美国社会中充满活力的茶文化的关键点之一。2003年，原定名为“带我爱茶”的世界茶叶博览会，在拉斯维加斯召开。在这场盛会中多达4000名国际茶叶专业人士会聚一堂，分享了茶产业的最新趋势。2005年，美国茶叶研究会推出了一项评茶进修项目，让学员们在学习过程会中品鉴来自世界各地的优质茶叶，并为学员颁发相应的证书。

伦敦克拉里奇酒店下午茶的环境

2006年，简·佩蒂格鲁开始在伦敦为来自世界各地的爱茶人和专业人士讲授茶叶大师班，课程每月一期。其中，绝大多数参与者是茶叶公司的老板或员工、在酒店从事茶水服务的工作人员、需要进修的茶叶拼配师和资深的业余茶叶爱好者。此外，简开办的茶叶知识课程还吸引着酿酒师、品酒师、巧克力和咖啡专家、厨师、陶艺师、健康从业者、草药师和芳香治疗师等。从学员职业背景的多元化可以看出，各行各业的人们已经开始认识到茶对于他们各自的工作领域的意义。

在20世纪最后的10年中，伦敦地区提供下午茶服务的酒店中越来越多。进入新千年以后，各大酒店开始在棕榈球场、会客厅和休息室里摆上茶桌，能够为每壶价格高达50英镑或60英镑的茶买单的客人追逐着潮流，狂热地涌入酒店，享受着酒店的茶，还有美味的三明治、司康饼、糕点和香槟。2012年，英国点评网专门撰文《豪华下午茶——是高桌茶会还是公然明抢？》讨论高价版的传统下午茶：

伦敦克拉里奇酒店的下午茶

豪华装修和白银级服务，真的能与一杯咖啡和几块蛋糕的巨幅提价相匹配吗？2012年茶叶公会奖的得主名单于上周公布，萨里的彭尼希尔公园酒店和水疗中心榜上有名，其提供的茶水价值28~45英镑不等。而同样获奖的约克郡诺萨勒顿的贝蒂茶室，一杯下午茶则需要花费32.95英镑。但真正会用萨默塞特凝块奶油搭配饼干，甚至是纯手工制作庆典司康饼还要数伦敦的酒店。在备受追捧的丽兹酒店里，下午茶最好提前几个月预订，起价为42英镑。如果额外喝点汽水，价格会涨到64英镑。至于伦敦最贵下午茶奖，则应该颁给兰斯伯瑞酒店。他们提供的下午茶里包括一杯顶级库克香槟，价格也飙升到85英镑。

位于密歇根大道的半岛酒店下午茶场景
注：顾客可以在品茶的同时，欣赏芝加哥天际线的壮丽景色。

基于有如此多的人会去消费精致下午茶，各大酒店和茶室之间为了竞争可谓使出了浑身解数。他们为了博关注、吸引流量，专门聘请厨师为节日、主题和场合设计茶叶茶点，如母亲节、情人节、温布尔登网球锦标赛、切尔西花展、女王登基庆典、皇室婚礼、西区最新开幕的新舞台演出等。

除了通过精心设计菜单来确保食物壮丽的、几乎戏剧化的食用体验，酒店的餐饮经理们还将重点放在茶单上，以便为顾客提供源自世界不同地区的优质茶。除了提供那些常规的茶如本店特色茶、英式下午茶和伯爵红茶，现在很多酒店还能提供比较少见的茶产品，如中国白茶、绿茶、乌龙茶、来自不同国家和地区的红茶，甚至还有中国黑茶、普洱茶等。那些茶单上通常还写着关于每种茶的详细信息——产自哪里、滋味和香气特征、适合搭配哪些食物。酒店的工作人员接受过良好的培训，能够向客人解说茶产品的特点，应对问题和建议，并确定哪种茶适合特定的客人或食物搭配。

2011 年，英国《每日邮报》也对此做出过报道：

如今，酒店的下午茶生意盛极一时，人们从未如此追捧过这种美味的饮品和点心组合。对于英国这样一个几乎将茶视为非官方国饮的国家而言，我们理应庆祝下午茶重新走入大众的视野，并掀起了饮茶热潮。这种简朴的饮品用自己的方式，打破了多年来咖啡文化甚嚣尘上、咖啡店在全国的大街上如雨后春笋一般涌现的固有格局。目前，下午茶已经成为首都伦敦各大顶级酒店的重要服务内容。有些酒店一天需要制作6轮茶点，才能满足顾客。

随着这种英国人最喜爱的消遣活动迅速重回流行，各大酒店都表示，客户预订量大幅上涨。以朗廷酒店为例，下午茶的预订量在过去一年里上升了20%。客人必须提前两个月预订，以确保餐位。体验下午茶，已经成为来到伦敦的游客和外来购物者必要打卡的项目。各行各业的商业领袖们则选择将商业会议和茶会合并。相较于传统的早餐会或漫长的晚餐，这无疑是一种时尚而轻松方式。

尽管在下午时分，将舞伴带到舞池，在美味的三明治中展示华尔兹、探戈或恰恰的熟练舞步的想法，并不被广泛认可是下午茶活动的一部分；但华尔道夫酒店的茶舞会，依然在20世纪80—90年代非常流行。2003年，华尔道夫酒店易主，宏伟的棕榈庭院已经关闭，茶舞会也随之结束。直到这家酒店在2008年宣布重新开业，茶舞会才作为酒店百年店庆的一部分，得以重现。

在人们对下午茶与日俱增的狂热，和各类舞蹈席卷全国的风潮共同作用下，华尔道夫酒店的活动取得了巨大成功，促使该酒店在当年每月都举办一场茶舞会。伦敦市中心的公园巷酒店紧随其后，还为茶舞会的场地聘请了一组5人乐队，来现场伴奏。

茶舞会重新走入英国各地，市政厅、剧院、社区中心、舞厅、茶室和公园都成为茶舞会的场地。2005年，特拉法加广场的一场茶舞吸引了数百名年龄、外貌、身材各异的人。人们各自找寻舞伴在蓝天白云下沐浴着阳光翩翩起舞，悠然品茶。这场被吉尼斯世界纪录收录的活动中，共有195对舞者同时起舞，创造了有史以来规模最大的露天茶舞会。

伦敦考文特花园皇家歌剧院，有着玻璃圆顶的保罗·哈姆林礼堂内，正在举办茶舞会

正如英国温切斯特茶企“茶（Char）”的创始人大卫·哈泽尔丁所说：“人们对高品质茶叶的兴趣和消费量正在迅速增长，包括绿茶和小种茶。尽管我们还有很长的路要走，但旅程已经开始了。”

在美国和英国以及世界上许多国家中，人们对茶的热情与日俱增，愈发关注新的品茶体验和相关知识，尤其是在特色茶叶、茶具设计、茶叶公司、茶店、茶馆、茶叶经典、书籍、杂志、网站和节日习俗等领域。

对于那些在21世纪高速发展的社会中，期望找到内心的宁静与安定的人来说，喝茶正是能够让人放慢脚步的一种方式。当今的茶人们正在以充足的热情和决心，让茶的美好精神能够浸润商业、文化和社区等多个社会层面。

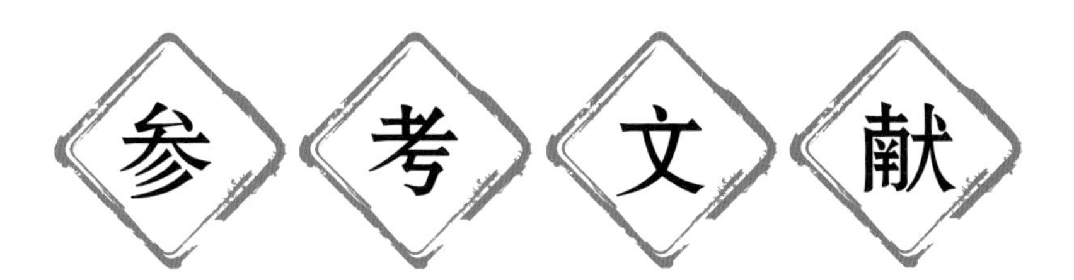

An Essay on tea, sugar, white bread and butter (Salisbury, 1777)

An Essay on the Nature, Use and Abuse of Tea (London, 1722)

The Etiquette of Modern Society (London, 1881)

Good Housekeeping's 100 Ideas for Breakfast and High Tea (London, 1948)

Tea Gardens and Spas of Old London (from an original text of 1880) (London, 1965)

Tea on Service (London, 1947)

The Good and Bad Effects of Tea Considered (London, 1758)

Acland, Eleanor, *Goodbye for the Present* (London, 1935)

Adburgham, Alison, *Shops and Shopping 1800–1914* (London, 1964)

Archer, Thomas, *Queen Victoria, Her Life and Reign* (London, 1901)

Armstrong, Lucie Heaton, *Etiquette and Entertaining* (London, 1903)

Armstrong, Lucie Heaton, *Good Form: A book of everyday etiquette* (London, 1889)

Austen, Jane, *Mansfield Park* (London, 1814)

Austen, Jane, *Northanger Abbey* (London, 1818)

Austen, Jane, *Sense and Sensibility* (London, 1811)

Austen, Jane, *The Watsons*, manuscript abandoned 1805 (London, 1927)

Baillie, Lady Grisell, *The Household Book 1692–1733*, ed. R. Scott–Moncrieff (Edinburgh, 1911)

Bankes Family Archives, Dorset County Record Office, Dorchester

Barrie, J.M., *The Admirable Crichton* (London, 1902)

Barrie, J.M., *Peter Pan* (London, 1911)

Bartley, Douglas Cole, *Adulteration of Food* (London, 1895)

Bayard, Marie, *Hints on Etiquette* (London, 1884)

Bayne Powell, Rosamund, *Housekeeping in the Eighteenth Century* (London, 1861)

Beeton, Isabella, *The Book of Household Management* (London, 1861)

Beeton, Isabella, *Mrs Beeton's Cookery* (London, 1939)

Beeton, Samuel Orchart, *Beeton's Complete Etiquette for Ladies* (London, 1876)

Benfey, Christopher, *The Great Wave* (New York, 2004)

Beverley, Michael, *One the Use of Tea and Coffee* (London, 1879)

Bigelow, David C., *My Mother Loved Tea* (Fairfield, Conneticut, 2008)

Bone, James, *The London Perambulator* (London, 1925)

Boswell, Sir Alexander, *Edinburgh, or The Ancient Royalty* (Edinburgh, 1810)

Bott, Alan John, *Our Fathers 1870–1900* (London, 1931)

Boulton, William Biggs, *The Amusements of Old London* (London, 1901)

Bowes, John, of Cheltenham, *Temperance as it is opposed to Strong Drinks, Tobacco, and Snuff, Tea and Coffee* (Aberdeen, 1836)

Brewer, John and Porter, Roy, *Consumption and the World of Goods* (London, 1993)

Briggs, Asa, *Friends of the People* (London, 1956)

Brontë, Anne, *Agnes Grey* (1847)

Brown, John Hull, *Early American Beverages* (New York, 1966)

Buchannan, A.P., *A Proposal for Enabling the Poor to Provide for Themselves* (1801)

Burnett, John, *Liquid Pleasures* (London, 1999)

Burnett, John, *Plenty and Want – A Social History of Diet in England from 1815 to the Present Day* (London, 1966)

Burney, Fanny, *Evelina* (1778)

Burney, Fanny, *The Journals and Letters of Fanny Burney,* ed. Joyce Hemlow et al. (Oxford, 10 vols, 1972–)

Butler, Robin, *The Arthur Negus Guide to English Furniture* (1978)

Byng, John, *The Torrington Diaries*, ed. Bruyn Andrews (London, 1954)

Campbell, Lady Colin, *Etiquette of Good Society* (London, 1893)

Campbell, Duncan, *A Poem Upon Tea* (London, 1735)

Carp, Benjamin, *Defiance of the Patriots: The Boston Tea Party & the Making of America* (Yale, 2010)

Carter, Rev. Henry, *The English Temperance Movement 1830–1899* (London, 1933)

Carter, William, *The Power of Truth* (London, 1865)

Chippendale, Thomas, *The Gentleman and Cabinet Maker's Director* (London, 1754)

Clayton, Michael, *The Collector's Dictionary of Silver and Gold of Great Britain and North America* (London, 1971)

Cobbett, William, *Cottage Economy* (London, 1822)

Cooper, Charles, *The English Table* (London, 1929)

Couling, Samuel, *History of the Temperance Movement in Great Britain from the Earliest Date* (London, 1862)

Crawford, Sir William and Broadley, Sir Herbert, *The People's Food* (London and Toronto, 1938)

Cross, Arthur Lyon, *Eighteenth Century Documents Relating to the Royal Forest, the Sheriffs and Smuggling* (New York, 1928)

Crozier, Gladys Beatrice, *The Tango and How to Dance It* (London, 1913)

Cummins, Joseph, *Ten Tea Parties* (Philadelphia, 2012)

Cuthbert, Alex, A., *Memories of Garliestown* (Dumfries, 1908)

Davies, David, *The Case of the Labourers in Husbandry* (London, 1795)

Dawes, Frank Victor, *Not in Front of the Servants* (London, 1973)

Day, Samuel Phillips, *Tea: its Mystery and History* (London, 1878)

Defoe, Daniel, *A Tour thro' the Whole Island of Great Britain* (London, 1724–1726)

Dickens, Charles, *David Copperfield* (London, 1850)

Dickens, Charles, *Little Dorrit* (London, 1857)

Dickens, Charles, *The Pickwick Papers* (London, 1837)

Diprose, John, *London Life* (London, 1877)

Donovan, J.P., *Tea in Prose and Poetry* (London, 1929)

Dower, Pauline, *Living at Wallington* (Ashington, 1984)

Drake, Francis Samuel, *Tea Leaves* (Detroit, 1970)

Drummond, Jack Cecil, *The Englishman's Food* (London, 1994)

Duncan, Daniel, *Wholesale advice against the abuse of hot liquors* (London, 1706)

Ebery, Mark and Preston, Brian, *Domestic service in late Victorian and Edwardian England* (Reading, 1976)

Ellis, William, *The Country Housewife's Family Companion* (London, 1750)

Emerson, Robin, *British Teapots and Tea Drinking* (London, 1992)

Evans, John C., *Tea in China* (New York and London, 1992)

Fiennes, Celia, *The Journeys of Celia Fiennes 1685–1698*, ed. Christopher Morris etc. (London, 1947)

Fletcher, Ronald, *The Parkers at Saltram 1769–1789* (London, 1970)

Forrest, Denys, *A Hundred Years of Ceylon Tea 1867–1967* (London, 1967)

Forrest, Denys, *Tea for the British* (London, 1973)

Forrest, Denys, *The World Tea Trade* (Cambridge, 1985)

Fortune, Robert, *A Journey to the Tea Countries of China* (London, 1852)

Fromer, Julie, *A Necessary Luxury: Tea in Victorian England* (Athens, Ohio, 2008)

Fussell, George Edwin, *The English Countrywoman* (London, 1981)

Galsworthy, John, *The Forsyte Saga* (London, 1922)

Garway, Thomas, *An Exact Description of the Growth, Quality and Vertues of the Leaf TEA* (London, 1660)

Gaskell, Mrs Elizabeth, *Cranford* (London, 1853)

Gaskell, Mrs Elizabeth, *Mary Barton* (London, 1848)

Geijer, Erik Gurstat, *Impressions of England 1809–1810*, translated by Elizabeth Sprigg and Claude Napier (London, 1932)

Gemelli–Careri, Giovanni Francesco, *Travels through Europe* (1686)

George, Mary Dorothy, *London Life in the Eighteenth Century* (Harmondsworth, 1925)

Girouard, Mark, *The Victorian Country House* (London, revised edition, 1979)

Glanville, Philippa, *Silver in England* (London and New York, 1987)

Godden, Geoffrey Arthur, *Oriental Export Market Porcelain* (London, 1979)

Graham, Frank, *Smuggling in Cornwall* (Newcastle–upon–Tyne, 1964)

Greenberg, Michael, *British Trade and the Opening of China 1800–1842* (Cambridge, 1951)

Griffin, Leonard, *Taking Tea with Clarice Cliff* (London, 1996)

Grosley, Pierre Jean, *A Tour to London* (Dublin, 1772)

Hamilton, Henry, *History of the Homeland* (London, 1947)

Hanway, Jonas, *A Journal of the Eight Days' Journey to which is added An Essay on Tea* (London, 1757)

Hole, Christina, *English Home Life 1500–1800* (London, second edition, 1949)

Honey, William Bowyer, *Dresden China. An introduction to the study of Meissen porcelain etc.* (London, 1934)

Houghton, John, *A Collection for the Improvement of Husbandry and Trade* (London, 1693)

Hunter, Phyllis Whitman, *Jappaned furniture: global objects in provincial America* (New York, 2009)

Hussey, Christopher, *English Country Houses: Mid-Georgian 1760–1800* (London, 1956)

Huxley, Gervais, *Talking of Tea* (London, 1956)

James, Diana, *The Story of Mazawattee Tea* (Bishop Auckland, 1996)

James, John, *The Memoirs of a House Steward* (London, 1949)

J.B. (Writing–Master) *In Praise of Tea* (Canterbury, 1736)

Kakuzo, Okakura, *Book of Tea,* edited by Bruce Richardson (Danville, Kentucky, 2011)

Kalm, Per, *Account of His Visit to England ... in 1748*, translated by J. Lucas (London, 1892)

Keith, Edward, *Memories of Wallington* (Paulton and London, 1939)

Kemble, Fanny, *Records of Later Life* (London, 1882)

Keppel, Sonia, *Edwardian Daughter* (London, 1958)

Kerr, Robert, *The Gentleman's House* (London, 1864)

Kinchin, Perilla, *Taking Tea with Mackintosh* (San Francisco and Fullbridge, Maldon, 1998)

Kitchiner, Dr William, *The Cook's Oracle* (London, 1823)

La Rochefoucauld, François Duc de, *A Frenchman in England 1784*, ed. J. Marchand (Cambridge 1933)

The Lady at Home and Abroad (London, 1898)

Lettsom, Dr, *The Natural History of the Tea Tree with Observations on the medical qualities of tea, and effects of tea-drinking* (London, 1772)

Levi, Leone, *Wages and earnings of the Working Classes* (London, 1885)

Levinson, Marc, *The Great A&P* (New York, 2011)

Lewis, Lesley, *The Private Life of a Country House* (Newton Abbot, 1980)

Lillywhite, Bryant, *The London Coffee Houses* (London, 1963)

Lipton, Sir Thomas Johnstone, *Leaves from the Lipton Logs* (London, 1931)

Lyons Company Archives, *The London Metropolitan Archives*

Macdonald, John, *Memoirs of an Eighteenth-Century Footman, 1743–1779* (London, 1927)

MacGregor, D.R., *The Tea Clippers* (London, 1952)

Macquoid, Percy and Edwards, Ralph, *The Dictionary of English Furniture from the Middle Ages to the Late Georgian Period*, 2nd revised edition (Woodbridge, 1986)

Mair, Victor, and Hoh, Erling, *The True History of Tea* (London and New York, 2009)

Maitland, Agnes, *The Afternoon Tea Book* (London, 1887)

Malcolm, James Peller, *Anecdotes of the Manners and Customs of London during the Eighteenth Century* (London, 1808)

Margetson, Stella, *Leisure and Pleasure in the Nineteenth Century* (London, 1969)

Mason, Simon, *The Good and Bad Effects of Tea Considered* (London, 1745)

Mennell, Robert O., *Tea: An Historical Sketch* (London, 1926)

Mintz, Sydney W., *Sweetness and power, the place of sugar in modern history* (New York, 1985)

Misson, M., *M Misson's Memoirs and Observations in His Travels over England 1688–1697*, translated by Ozell (London, 1719)

Montias, John Michael, *Artists and Artisans in Delft* (Princeton and Guildford, 1982)

Morris, S., *History of Temperance Teetotal Societies in Glasgow* (1855)

Morse, H.B., *The Chronicles of the East India Company Trading to China 1635–1834* (Oxford, 5 vols, 1926–1929)

Mundy, Robert Godfrey C., *English Delft Pottery* (London, 1928)

Nichols, Beverley, *Down the Kitchen Sink* (1974)

Nye, Gideon, *Tea: and the Tea Trade* (London and New York, 1850)

Nylander, Jane C., *Our Own Snug Fireside: Images of the New England Home 1760–1860* (New Haven and London, 1994)

Ovington, John, *An Essay upon the Nature and Qualities of Tea* (London, 1699)

Palmer, Arnold, *Moveable Feasts* (Oxford, 1952)

Pepys, Samuel, *Diary*, ed. Robert Latham and William Matthews (London, 11 vols, 1970–1983)

Pimlott, John Alfred Ralph, *The Englishman's Holiday. A Social History* (London, 1947)

Porter, George Richardson, *The Progress of the Nation*, 2nd edition (London, 1847)

Pratt, James Norwood, *Tea Dictionary* (San Francisco, 2010)

Pratt, James Norwood, *The Ultimate Tea Lover's Treasury* (San Francisco, 2011)

Pritchard, Mrs Eric, *The Cult of Chiffon* (London, 1902)

Purchas, Samuel, *Purchas His Pilgrimes* (London, 1625)

Purefoy, Elizabeth, *The Purefoy Letters* (London, 1735)

Reade, Arthur, *Tea and Tea Drinking* (London, 1884)

Richardson, Bruce, *The Great Tearooms of Britain* (Danville, Kentucky, 2008)

Robinson, E. E., *The Early History of the Coffee House in England* (1896)

Rugg, Thomas, *The Diurnal (1659–1661)*, ed. William L. Sachse (London, 1961)

Rugg, Thomas, *Mercurius Politicus* (London, 1659)

Russell, Rex C., *The Water Drinkers in Lindsey 1837–1860* (Barton–upon–Humber, 1987)

Sackville–West, Victoria Mary, *Knole and the Sackvilles* (London, 1922)

Scott Thomson, Gladys, *Life in a Noble Household 1641–1700* (London, 1937)

Scott Thomson, Gladys, *The Russells in Bloomsbury 1669–1771* (London, 1940)

Shore, Henry N., *Smuggling Days and Smuggling Ways* (London, 1892)

Short, Thomas, *Discourses on Tea, Sugar, Milk, Made-Wines, Spirits, Punch, Tobacco* (London, 1750)

Singleton, Esther, *Dutch New York* (New York and London, 1968)

Smith, Edward, *Foreign visitors to England and What they have thought of us* (1889)

Sommer, Beulah Munshower and Dexter, Pearl, *Tea with Presidential Families* (Scotland, Connecticut, 1999)

Southey, Robert, *Commonplace Book*, ed. Rev. J. Wood Warter (London, 1849–1851)

Southworth, James Granville, *Vauxhall Gardens* (New York, 1941)

Stanley, Liz, *The Diaries of Hannah Cullwick, Victorian Maidservant* (1983)

Strickland, Agnes, *Lives of the Queens of England* (London, 12 vols, 1840–1848)

Swift, Jonathan, *Directions to Servants in general* (London, 1745)

Swift, Jonathan, *The Journal of a Modern Lady* (London, 1729)

Swinton, Georgiana Caroline Campbell, *Two Generations*, with a preface, ed. Osbert Sitwell (London, 1940)

Tannahill, Reay, *Food in History* (St Albans, 1975)

Teetgen, Alexander, *A Mistress and Her Servant* (London, 1870)

Tegetmeier, W.B., *A Manual of Domestic Economy* (London, 1875)

Thompson, Flora, *Lark Rise to Candleford* (London, 1945)

Thompson, E.M.L., *English Landed Society in the Nineteenth Century* (London and Toronto, 1963)

Thornton, Peter and Tomlin, Maurice, 'The Furnishing and Decoration of Ham House,' *Furniture History Society* xvi (1980)

Trevelyan, George Macaulay, *History of England* (London, 1926)

Trevelyan, Marie, *Glimpses of Welsh Life and Character* (London, 1894)

Tschumi, Gabriel, *Royal Chef* (London, 1954)

Twining, Richard, *Observations on the Tea & Window Act and on the Tea Trade* (London, 1785)

Twining, Richard, *The Twinings in Three Centuries 1710–1910* (London, 1910)

Twining, Sam, *My Cup of Tea* (London, 2002)

Twining, Stephen H., *The House of Twining 1706–1956* (London, 1956)

Ukers, William, *All About Tea* (New York, 1935)

Ukers William, *The Romance of Tea* (New York and London, 1936)

Vaisey, David George, *The Diary of Thomas Turner 1754–1765* (Oxford, 1984)

Von Archenholz, Johann Wilhelm, *A Picture of England* (London, 1789)

Walkling, Gillian, *Tea Caddies* (London, 1985)

Walsh, John Henry, *A Manual of Domestic Economy* (London, 1890)

Waterson, Merlin, *The Servants' Hall* (London, 1980)

Watkin, Pamela, *A Kingston Lacy Childhood; reminiscences of Viola Bankes* (Wimborne, 1986)

Weatherstone, John, *The Pioneers 1825–1900* (London, 1986)

Wesley, John, *Letter to a Friend Concerning Tea* (London, 1748)

Whitaker, Jan, *Tea at the Blue Lantern Inn* (New York, 2002)

Williams, Ken, *The Story of Ty-phoo and the Birmingham Tea Industry* (London, 1990)

The Williamson Letters 1748–1765, Bedfordshire Historical Record Society

Wilson, Constance Anne, *Food and Drink in Britain* (London, 1973)

Wissett, Robert, *A view of the rise, progress, and present state of the Tea Trade in Europe* (London, 1801)

Woodforde, Rev. James, *The Diary of a Country Parson 1758–1802*, ed. John Beresford (London, 1949)

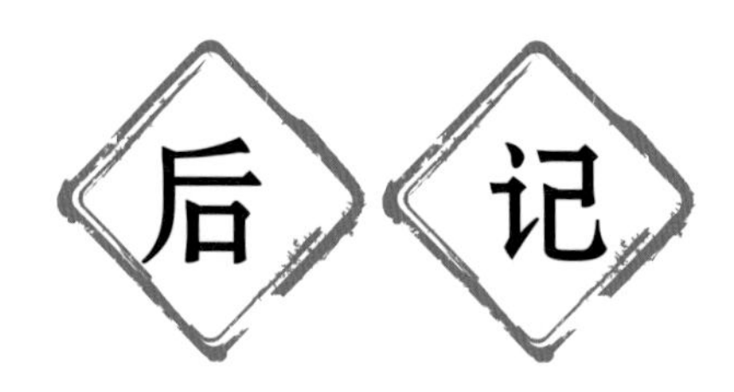

后记

本译著由安徽农业大学蒋文倩、沈周高、张群翻译并负责统稿，许朝杰负责校对和编辑整理。

本译著在中国科学技术出版社的精心组织、协调下，由符晓静、张敬一、王晓平等编辑和专家团队通力合作、共同努力，并在安徽农业大学茶与食品科技学院李大祥教授的审校指导下，终于得以顺利完成，在此一并对他们表示衷心感谢。同时，还要衷心感谢本书的原文作者简·佩蒂格鲁、布鲁斯·理查德森，他们为译著的出版提供了高质量的原著。最后，特别感谢中国科学技术出版社为此次译著出版所作的精心组织、协调和安排。

由于译者水平有限，疏漏之处在所难免，恳请广大读者批评、指正。

2022 年 3 月 9 日